TOOL
ツール活用シリーズ

電子回路シミュレータ
LTspice
入門編

素子数無制限！動作を忠実に再現！

神崎康宏 著
Yasuhiro Kanzaki

CQ出版社

はじめに

PCで電子回路の動作が確認できる

　電子回路入門者にとって，電子回路の動作をPC（パソコン）でシミュレートし，思いついたアイデアを検証できることも夢の一つでした．現在では，1970年代に開発されたSPICEをベースに各社から回路図エディタが組み合わされ，使いやすい回路シミュレータが多く発売されています．

　この回路シミュレータは，電子回路の初心者にとってわかりにくい電子回路の中の電流の流れ方，電圧の変化のようすなどを，PCの画面に表示してくれます．自分で組んだ回路が教科書で示された原理に従ったきれいなカーブや波形を表示します．回路の値を変えてシミュレーションすると，値の変化に応じて結果も変わり法則の仕組みが良くわかり，数式では実感できなかった電子回路の仕組みの理解に大いに役立ちます．

無償でこれらのシミュレータが利用できるようになる

　しかし，以前はこれらのシミュレータは高価で初学者や初心者が簡単に入手できるものではありませんでした．それでも，これらの回路シミュレータの評価版が無償で提供されているものもありました．この評価版を利用し，教科書にあった法則が目の前に再現され大いに満足したこともあります．しかし，評価版は，機能や扱える回路の規模が制限されており，少し大きな回路や実際のデバイスのモデルを複数利用すると制限条件を超えて利用できなくなり，熱心に利用する気にはなかなかなれませんでした．

　そのような中，リニアテクノロジー社から，機能制限のない回路シミュレータが無償で提供されるようになりました．リニアテクノロジーのデバイスについては問い合わせに応じてくれますが，他社のデバイスのシミュレーションについてのサポートはありません．でも，他メーカのデバイスのSPICEデータを取り込み，シミュレーションする方法などもユーザーズ・ガイドやヘルプに明記されています．

　メーカの直接のサポートはありませんが，ドキュメントがしっかりしていて，始終バージョンアップが行われています．使いやすい回路シミュレータが手元のPCで利用できるようになりました．

LTspice の入手からインストールまで基本的な使い方を説明

　本書では，LTspice の入門編として，初心者の方を対象に入手方法，インストール，回路図の描き方，実際のシミュレーションを行うための方法について詳しく説明しています．

　回路シミュレータを使ったことがない方でも，CR 回路の充放電のようすや周波数特性の測定などから始まり，ダイオードの整流回路，トランジスタの動作，OP アンプによる増幅回路などについて，基本的な電子回路を例にして具体的なシミュレーションを行いながら説明しています．

　初心者でも本書の説明を読み PC 上で例に示す回路のシミュレーションを実際に操作し確認することで，LTspice の豊富な機能を使いこなすための糸口が得られます．そして，自分のアイデアに基づく回路のシミュレートもできるようになります．期待して挑戦してください．

　第 10 版では LTspiceXVII 用に対応しました．その後 2023 年に LTspice24 へのアップデートがあり，シミュレーションの高速化と，アイコン形状，表記などの変更が行われました．併せてアナログ・デバイセズが提供するライブラリとユーザ作成のライブラリは分離され，より安全性が高められています．

　この変更では，見た目の変化はありますが基本的な操作方法には差がありません．しかし，初心者にとっては機能には違いがなくても見た目に差があると戸惑うかと思いますので，本書のサポートページで新しい表示を示し，変更に対応しました．

- 本書のサポートページ

　　https://www.denshi.club/ltspice/2015/03/ltspice1.html

　本書は最新の LTspice の入門書として引き続き利用できるものになっています．説明に影響のないキャプチャ画面の一部，LTspice XVII のフォルダ名の旧表示も残っていますが，LTspice の発展の経過がうかがえるものとご許容いただけたら幸いです．

● **第 1 章　LTspice の入手，インストール**

　第 1 章で，アナログ・デバイセズ社の Web ページから LTspice を入手する方法を具体的な手順で示してあります．ダウンロードしたファイルを実行しインストールします．Windows XP では問題にならなかったセキュリティ管理も，最新の Windows ではプログラムのインストールの際にセキュリティ管理が厳しくなっています．セキュリティ強化への対応については，コラムで解説しています．

● 第 2 章～第 4 章　LTspice の回路図作成とシミュレーションの基本操作

　第 2 章から LTspice の基本的な操作について説明し，第 3 章では，標準の部品やデバイスを利用して回路図を作成する方法を説明しています．必要に応じて目次の見出しを確認しこの第 2 章，第 3 章を参照して回路図の作成方法を確認することができます．

　第 4 章から，実際のシミュレーション例をわかりやすい CR 回路を実例として，回路図の作成から，テスト信号の設定，シミュレーションの実行，結果の表示とシミュレーションに必要な基本的な事項を説明しています．

● 第 5 章～第 7 章　LTspice の各信号源，AC 解析などに関連した機能の説明

　第 6 章以降 LTspice の各機能を掘り下げて説明しています．第 5 章では理想的な挙動を示す汎用の OP アンプを利用して周波数特性を調べています．第 6 章では，電圧源からパルスを作成する方法を詳しく説明しています．

　第 7 章では正弦波の作成方法を説明し，CR フィルタが正弦波の周波数にどのような影響を与えるか調べています．

● 第 8 章～第 13 章　デバイスを中心にした説明

　第 8 章では，AC-DC アダプタなどで利用される，ダイオードによる整流回路を中心に LTspice のシミュレーションの説明を行っています．この中では整流回路の負荷をパラメータ変数として設定し，負荷が変動し出力電流が変わったときに整流回路の各ポイントの電圧，電流のようすがどのように変動するかシミュレーションするパラメトリック解析についても説明してあります．

　第 9 章ではデフォルトのトランジスタを利用した場合の理想的な挙動と，実在のトランジスタを利用した場合の挙動について，その違いと条件などをシミュレーションして確認します．

　第 10 章では，リストにないトランジスタの追加方法を示し，各社が Web ページの技術情報として公開しているトランジスタなどの Spice の .model パラメータを入手し，LTspice で利用する方法をトランジスタの Spice モデルを中心に説明しています．

第11章では，これら新しく追加されたトランジスタを利用して，トランジスタの増幅回路の動作点を検討するパラメトリック解析を行っています．

第12章ではトランジスタの増幅回路の部品の精度のばらつきによる，増幅器としての増幅度などの特性に対する影響を調べるモンテカルロ解析の説明を行っています．

第13章では，OPアンプの反転増幅器の増幅回路のAC解析による出力特性を調べています．実際の汎用のOPアンプLM358と，レールtoレールの電源電圧まで出力の振幅が得られるOPアンプの出力の振幅状態を確認するためのシミュレーションの方法などを具体的に説明しています．個別のOPアンプのSpiceデータがあれば実際のOPアンプ特性の差がシミュレーションで確認できることが実感できます．

◆ **方形波発振回路**

その後，OPアンプによる方形波の発振回路を作成し，FFT解析で方形波の周波数の成分分析を行います．

◆ **ハイカット・フィルタ**

この方形波の高調波をカットするOPアンプによるアクティブ・フィルタの回路のシミュレーションを行い，周波数特性を調べます．

方形波発振回路とアクティブ・フィルタを組み合わせた正弦波発振回路のシミュレー

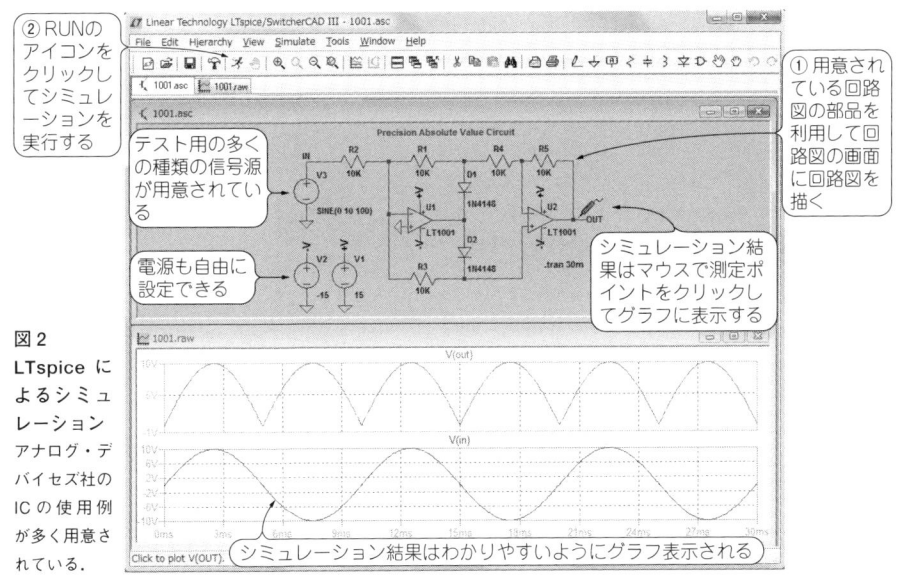

図2
LTspice によるシミュレーション
アナログ・デバイセズ社のICの使用例が多く用意されている．

ションを行い，生成された正弦波のFFTによる周波数の成分分析を行っています．

Appendixでは，各社のWebなどで公開されているSpiceモデルを導入する方法を説明しています．

以上第1章から，第13章まで順番に回路図を作成し，シミュレーションを実行しその結果を確認することで，LTspiceの必要な基本機能の利用方法の習得は完了しています．シミュレーションしたい回路を回路図に描き，シミュレーション条件を設定してシミュレーションしてください．

疑問な点，不明なことがありましたら，本書のサポートWebが，
　　https://www.denshi.club/ltspice/2015/03/ltspice1.html
にありますので，遠慮なくお問い合わせください．

謝辞

CQ出版社の吉田伸三氏，手塚哲氏には本書の作成するきっかけを作っていただき，その後も多くの助言により本書を完成することができました．また浅学の身の著者の原稿を注意深く読んでいただき，多くの助言を頂いた中村俊夫氏によって記述がより掘り下げられ有益な記述を多く追加することができました．厚くお礼申し上げます．

またパートナーの洋子により不明や記述のわかりにくい部分の指摘を得て，修正を繰り返しわかりやすいものになったのもいつものスタイルです．

2020年10月　神崎康宏

LTspice24に対する本書の対応

　第10版では第1章を全面的に書き替え，その他にも修正を加えLTspiceXVIIに対応しました．LTspice24ではバージョンアップのシミュレーション速度の向上以外には大きな変更はありません．アイコンの変更，レイアウト変更は一瞬戸惑いますが，機能に変更はなく，基本的な操作方法については同じですので対応はWebのサポートページで行うことにしました．

　そのため，本文内のLTspiceXVIIをLTspice，Control PanelをSettings，Edit Simulation CommandをConfigure Analysis，Select Component SymbolをComponentへの書き換えは見出し以外行っていません．また図の差し替えも多大な時間を要するため行っていません．読み替えていただければ幸いです．

CONTENTS
目次

第1章
LTspice の入手およびインストール … 15
1-1 ── LTspice のアップデート … 15
1-2 ── アナログ・デバイセズ社のホームページから入手 … 16
　　　アナログ・デバイセズの LTspice のページにアクセス　16
　　　アナログ・デバイセズのメイン・ページからダウンロード　16
1-3 ── ソフトウェアのダウンロード … 18
1-4 ── ダウンロードした LTspice を実行しインストール … 19
　　　LTspiceXVII.exe を起動する　19
　　　ライセンスの同意とインストール先フォルダの確認　20
　　　column 1-A　オーバーライトまたはアップデート　21
　　　column 1-B　LTspice のバージョンの推移と本書の対応　22
1-5 ── ドキュメント・フォルダにサンプル，ライブラリを複写 … 24
　　　Program Files フォルダにインストール後，ドキュメント・フォルダにコピー　24
　　　コピーの開始　24
　　　バージョンの確認　27
　　　column 1-C　LTspice の技術情報の入手先　26
　　　column 1-D　実際に利用するライブラリとサンプルはドキュメント・フォルダに　28

第2章
LTspice の初期画面 … 29
2-1 ── LTspice の起動 … 29
2-2 ── LTspice の初期画面とメニューに用意されている機能 … 29
　　　メニュー・バー　File　31
　　　メニュー・バー　View　31
　　　メニュー・バー　Tools　32
　　　メニュー・バー　Help　36
2-3 ── 標準で用意されている主な部品 … 37
　　　CR などの部品はツール・バーから直接クリックして移動できる　37
　　　コンポーネントとして必要なその他の部品　37
　　　コンポーネントを選択　39
　　　アナログ・デバイセズ社のテスト回路が用意されている　40
　　　column 2-A　LTspice24 の主な改善点　42

第3章
LTspiceを使ってみる① 回路図エディタの編集ツール … 43
- 3-1 ── LTspiceでシミュレーションを行うには … 43
  - 回路図エディタの起動 43
  - 回路図エディタの基本操作 44
  - コマンド実行などの制御 45
- 3-2 ── ツール・バーから部品を回路図に配置する … 47
  - デバイスの設定 47
- 3-3 ── 回路図のデバイス，部品の回転や反転，配線などの処理 … 50
- 3-4 ── 回路図のデバイス，部品の複写，移動など … 52
- 3-5 ── 配線後には接続の確認 … 55

第4章
LTspiceを使ってみる② 回路を作成する … 57
- 4-1 ── CR回路の回路図を回路図作成画面で作成する … 57
  - column 4-A 起動しても利用できないアイコン 59
- 4-2 ── 各デバイスの値を設定する … 64
- 4-3 ── 各デバイスの設定値，表示のみ編集する場合 … 66
  - 抵抗値のみの設定 66
  - コンデンサの容量のみの修正 67
- 4-4 ── シミュレーションの条件を設定し，実行する … 67
  - シミュレーション・コマンドの設定 67
  - AC解析の設定 68
  - シミュレーション結果 69
  - マウスで回路の測定ポイントをクリックして結果を表示 70
  - CRのフィルタ回路の動作が確認できる 71
  - スケールの変更 71
  - グラフの拡大したい範囲をドラッグする 72
  - キーボード・ショートカットの変更 74
  - ショートカット・キーを旧バージョンに戻す方法 74
  - column 4-B 数値のスケール単位 71

第5章
LTspiceを使ってみる③
汎用のOPアンプ・モデルでシミュレーションする … 75
  - アナログ・デバイセズ社のOPアンプのモデルのほかに汎用のモデルも用意 75
- 5-1 ── シミュレーションのための主な信号源 … 75
  - 電圧源，電流源も豊富 75

5-2	汎用 OP アンプをコンポーネントから取り出す	76
	OP アンプの仕様の設定　79	
	電源および信号源の追加とラベルで配線　80	
	電圧源と OP アンプの電源入力に同じ名前のラベルを設定　81	
	マウスの右ボタンをクリックするまでいくつでもラベルを設定できる　82	
5-3	はだかの OP アンプの周波数特性をシミュレートする	82
	周波数特性のシミュレーション条件を設定　82	
	AC 解析の条件　83	
5-4	シミュレーションの実行と結果の表示	83
	ユニバーサル OP アンプ 2 レベル 3a のシミュレーション　84	
5-5	フィードバック回路を付加した OP アンプのゲインのシミュレーション	85

第 6 章
LTspice を使ってみる④
シミュレーション信号源の作成（1） ……… 87

6-1	電圧源を各種の信号源として設定する	87
	パルス出力　88	
	Voltage で作成するパルス　90	
	ファンクション（Functions）欄のパルスをチェック　90	
	ファンクションの仕様の設定・変更　91	
	シミュレーションのストップ・タイムの設定　92	
	グラフ表示の色を変えてみる　93	
	スケールの表示を変更する　94	
6-2	電圧源で設定したパルスを出力してみる	95
	電流の測定　95	
	負荷に接続しないと電流は流れない　96	
	パルスを利用すると　96	
	column 6-A　抵抗に流れる電流の方向と抵抗の両端の電圧差を直接測る	98

第 7 章
LTspice を使ってみる⑤
シミュレーション信号源の作成（2） ……… 101

7-1	*CR* フィルタをシミュレートする	101
	正弦波の設定　101	
	CR フィルタ　101	
	AC 解析の設定　101	
	掃引信号の大きさを設定　102	
7-2	*CR* フィルタの周波数特性を **AC** 解析でシミュレートする	104
	シミュレーションの開始　104	

　　　　グラフのウィンドウの拡大表示　104
　　　　タイル表示から全面表示　105
　　　　グラフの表示をドラッグして拡大する　106
　　　　ドラッグを終えると表示が拡大される　108
　　　　同様に 10kHz の位相の値を読み取る　108
7-3 　信号源としての正弦波の設定 …………………………………………………………… 108
　　　　正弦波の設定　108
　　　　信号電圧と周波数を設定する　109
　　　　10kHz の正弦波の出力信号を設定　110
　　　　シミュレーション時間の設定　110
　　　　column 7-A　SINE の設定項目　109
7-4 　シミュレーション結果の表示とグラフの波形の取り扱い …………………………… 111
　　　　シミュレーション結果の表示　111
　　　　マウスでクリックして追加表示　111
　　　　ダブル・クリックで単独表示　111
　　　　波形を比較できるよう加工して追加　112
　　　　ドラッグすると移動量が表示される　116
　　　　OUT2 については 100Hz の正弦波をシミュレート　116
　　　　column 7-B　.Measure コマンドでシミュレーション結果を読み取る　117

第8章 ダイオードの動作と平滑化回路 ……………………………………………………… 119
8-1 　AC アダプタの AC 電源をシミュレート ……………………………………………… 119
　　　　シミュレーションは AC100V をトランスで低電圧化したものを利用　120
　　　　AC 電圧の表示は通常実効値　120
8-2 　ダイオードによる整流回路（ダイオードを 1 本使用） …………………………… 121
　　　　ダイオード 1 本では入力の半分しか整流できない　122
　　　　ダイオードを実物のモデルにする　123
8-3 　グラフ表示のペインを追加 ……………………………………………………………… 125
　　　　追加したペインにグラフを表示する　125
8-4 　ダイオードによる半波整流回路に平滑回路を追加する …………………………… 128
　　　　デバイスのパラメータを変化させてシミュレートしてみる　128
　　　　コンデンサと抵抗の負荷を接続　130
8-5 　パラメトリック解析　特性値のパラメータを変化させシミュレートする ……… 131
　　　　負荷を変化させてシミュレートする　131
　　　　負荷の抵抗の値を変数にする　132
　　　　コマンドの表記　132
　　　　変数の指定方法　133
8-6 　ダイオードによる全波整流回路 ………………………………………………………… 134

　　　　センタ・タップ方式の全波整流回路　137
　　　　平均値，実効値（RMS）を求める　138
　　　　平滑コンデンサの容量を検討する　138
　　　　ステップ動作のトレースの選択　141

8-7 ブリッジ・ダイオードの全波整流回路で±安定化電源を作る …………………… 143
　　　　プラス電源　143
　　　　マイナス電源　144
　　　　アナログ・デバイセズ社のデバイスを探すには　144
　　　　コンポーネントの配置を変える　145
　　　　シミュレーション結果　147
　　　　マイナス電源のシミュレーション　148
　　　　リプルが少ない場合に出力は安定する　148
　　　　column 8-A　温度の影響を調べる　149

第9章
トランジスタの動作確認 …………………………………………………………… 151
　　　　各タイプのトランジスタが用意されている　151
　　　　ユーザがSpiceモデルを追加できる　151

9-1 デフォルトのモデルを利用する ……………………………………………………… 152
　　　　トランジスタで電流の増幅を行う　152
　　　　電圧源で電源，信号源を準備　152
　　　　入出力ポートのラベルを設定　153
　　　　R2で電圧を電流にしてベースに電流信号を加える　155
　　　　ベース電流の変化に応じてコレクタ電流が変化する　155
　　　　■ 高速のパルスでテストすると　156

9-2 実在のデバイスのモデルを利用する ……………………………………………… 157
　　　　実在のトランジスタのモデル選択　157
　　　　新しいトランジスタを選択する場合　157
　　　　2N3904でシミュレーション　158
　　　　周期を10 μsでシミュレート　158
　　　　1kHzのパルスを入力すると　160

9-3 電圧制御スイッチでトランジスタをオン／オフ ………………………………… 162
　　　　■ トランジスタのオン／オフを行うスイッチ　162
　　　　スイッチ部　162
　　　　電圧制御部　163
　　　　テスト回路　163
　　　　V1はトランジスタの回路に電力を供給する5Vの直流電源　163
　　　　V2の設定　164
　　　　S1の設定　164

実行結果　165
column 9-A　トランジスタの電流増幅　166

第10章
トランジスタの Spice モデルを追加し増幅回路をシミュレーション ……… 169

10-1　── **リストにないトランジスタを利用するための三つの方法** ……… 169
10-2　── **回路図上に .Model ディレクティブで記述** ……… 170
　エミッタ接地回路の出力特性を調べる　171
　DC 掃引の設定　171
　電流の掃引の設定　172
　デバイスをローム社の 2SC1740S にする　173
　シミュレーションの結果　174
10-3　── **Lib ファイルで .Model を指定** ……… 174
　Mylib フォルダを作る場合　174
　ロームの 2SC1940S.lib ファイルを利用する　176
　toragi.lib で 2SC1815 を利用する　179
　PWL による三角波作成　179
　シミュレーションの実行　181
　スイッチング動作　181
　ディジタル・トランジスタ　182
10-4　── **トランジスタのリストに Spice モデルを追加する** ……… 182
　トランジスタの型名を決める　183
　.model パラメータを Standard.bjt ファイルに追加　183
　Standard.bjt ファイルの修正　184
　トランジスタを右ボタンでクリックする　185
　LTspice のバージョンアップ時　186
　LTspice24 からは user.bjt に保存　186

第11章
トランジスタのアナログ信号増幅回路 ① ……… 187

11-1　── **トランジスタによる信号増幅回路** ……… 187
　アナログ増幅回路は入力信号をそのままの形で増大する　187
　AC 解析によりエミッタ接地回路の周波数特性を確認する　188
　AC 信号の大きさを設定　188
　掃引周波数の設定　188
　シミュレーション結果　189
　電源電圧を変動させてみる　190
　シミュレーションの実施　191

　　　　ツール・バーの RUN をクリック　192
　　　　コレクタ電流 / ベース電流の計算　192
　　　　電源電圧 4V くらいまでコレクタ - エミッタ間は遮断　193
　　　　ベース電流が流れるとコレクタ - エミッタ間も電流が流れる　193
11-2 ── **パラメトリック解析によるトランジスタ増幅回路の最適な動作点を調べる** ……… 195
　　　　R3 の値を変化させてテストする　195
　　　　特定ステップの結果を選択する　196
　　　　■ エミック接地回路の正弦波の信号増幅　198
　　　　シミュレーション結果　198
　　　　入出力の波形を追加する　200
　　　　グラフのグリッドの表示　202
　　　　入出力の大きさの確認　202
　　　　最良の条件を選択表示する　204
　　　　column 11-A　トランジスタによる 1 石発振回路　205

第12章
トランジスタのアナログ信号増幅回路 ② ……………………………… 207

12-1 ── **モンテカルロ解析で部品のばらつきの影響を調べる** …………………………… 207
　　　　トランジスタ増幅回路における抵抗のばらつきの影響を確認　207
　　　　モンテカルロ解析用関数 mc(val，tol)　207
12-2 ── **モンテカルロ解析の手順** …………………………………………………………… 208
　　　　ばらつきを確認するデバイスの値を mc(val，tol5) の変数として設定　208
　　　　シミュレーション回数の設定　209
　　　　tol5 の変数の定義　210
　　　　モンテカルロ解析の準備完了　211
12-3 ── **モンテカルロ解析のシミュレーション結果** ……………………………………… 211
　　　　シミュレーション結果　211
　　　　中心部を拡大表示　212
　　　　R1，R4 のばらつきを抑えると　212
　　　　エミッタ接地回路で負荷抵抗の影響　213
　　　　シミュレーションの結果　214
　　　　XR5 の具体的な設定値　214
　　　　出力にエミッタ・フォロアを追加すると　215
　　　　周波数特性の確認　218
　　　　LTspice のシミュレーションでわかること　218

第13章
OP アンプによる増幅，発振，フィルタ回路の
シミュレーション ……………………………………………………… 219

13-1 ── OPアンプの増幅回路のシミュレーション ‥‥‥‥‥‥‥ 219
LT1677の周波数特性　219
反転増幅器の増幅率　219
プラス入力に電源電圧/2の電圧を加える　220
周波数特性の確認　222

13-2 ── 入力信号の大きさを変化させ出力の限界を調べる ‥‥‥‥‥‥‥ 223
LT1677の出力の振幅の範囲　223
レールtoレールの出力　224
汎用OPアンプ　LM358　225
LT1677を置き換える　225
LM358汎用OPアンプの周波数特性　227

13-3 ── OPアンプによる方形波発振回路のシミュレーション ‥‥‥‥‥‥‥ 228
方形波の発振回路　228
CRの充放電で周波数が決まる　228
出力が"H"のとき　228
出力が"L"(0V)のとき　229
充電と放電の時間に差がある　229
レールtoレールのOPアンプを使用すると　230

13-4 ── FFT解析で方形波の周波数成分を確認する ‥‥‥‥‥‥‥ 231
方形波のFFTによる解析　231
LT1677の方形波発振回路で周波数分析　233
方形波のFFT解析結果　236

13-5 ── 方形波の高調波成分をフィルタで削除し正弦波を得る ‥‥‥‥‥‥‥ 236
単一電源動作のための対応　236
正弦波発振回路　236
正弦波のFFT解析　239
信号の周期がわかっている場合　239
FFTの対象範囲を選択する　240

Appendix A　新たなデバイス・モデルを .include ディレクティブで読み込む ‥‥‥‥‥‥‥ 243
Appendix B　マクロモデルのシンボルを追加する ‥‥‥‥‥‥‥ 247
シンボル opamp2.asy を開く　247
シンボル・アトリビュート・エディタの起動　247
アトリビュートの変更　248
ファイル名を変更して保存　249
コンポーネントのリストに表示　250

付属 CD-ROM について ‥‥‥‥‥‥‥ 251

索引　252

電子回路シミュレータLTspice入門編

第1章
LTspiceの入手およびインストール

1-1 ── LTspiceのアップデート

　本書の初版が発行された2009年当時はLTspiceIVが最新のバージョンでした．版を重ねるなかLTspiceの改定が行われ，2016年にLTspiceXVIIが公開されました．LTspiceXVIIは64ビット化により高性能化が図られ，ユニコード対応により回路図などにも日本語の表示ができるようになりました．一方，操作方法などの基本的な取り扱い方法はLTspiceIVの方法がそのまま踏襲されています．

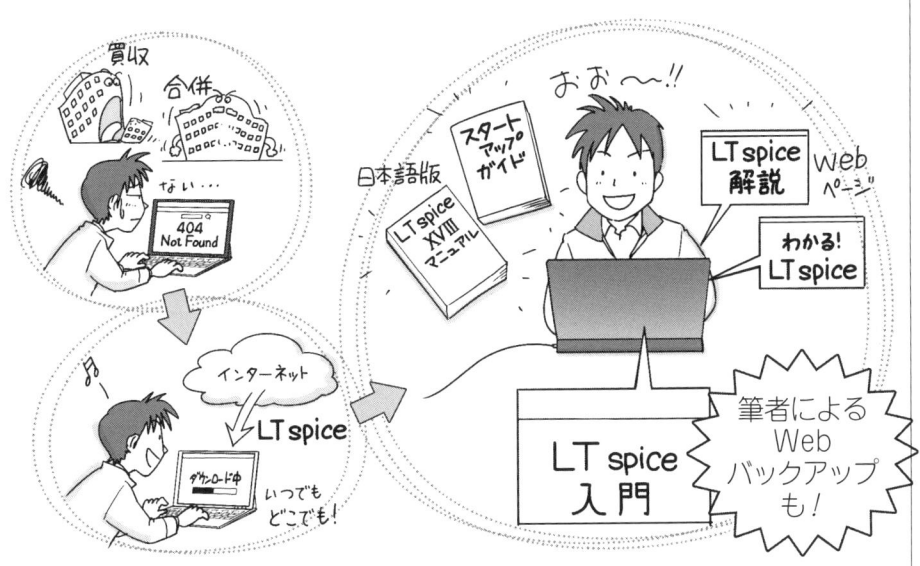

図1-1　LTspiceの環境も整備され，豊富な情報が得られるようになった

その中でリニアテクノロジー社がアナログ・デバイセズ社に買収され経営統合も進み，技術情報公開の仕組みもアナログ・デバイセズ社のWebに統合されました．よって，ダウンロードのページなども変更されています．技術情報の入手先も変わりました．

そのため第10版で本書の第1章をLTspiceXVIIに対応できるように改定しました．第2章以降で扱っている内容については，LTspiceIVの表記と，ライブラリの格納場所が変わったことに関して修正を行っています．それ以外には違いがありませんので，読者が困ることはないと信じています．

1-2 アナログ・デバイセズ社のホームページから入手

　LTspiceは旧リニアテクノロジー社が無償で提供していたSPICEベースの回路シミュレータです．この回路シミュレータは無償で提供されているにもかかわらず，ほかの評価版回路シミュレータのような回路のノード数などの制限がなく，無制限の利用条件で提供されています．また，従来のリニアテクノロジー社に加え，アナログ・デバイセズ社の提供する豊富なデバイスの利用回路が，シミュレータのサンプル例として提供されています．

　初心者でもいろいろな回路のシミュレートを容易に体験できます．Webサイトが統合された2018年4月以降は，アナログ・デバイセズ社の図1-2のページからダウンロードできます．

　LTspiceは2023年11月にLTspice24にバージョンアップされました．インストールの基本操作は変わりませんが，表示が変わっている箇所もあり初心者には戸惑うこともあるかと思いますため，サポートページを用意しました．次のページを合わせて参照ください．

　https://www.denshi.club/ltspice/2024/05/ltspice1ver4.html

● アナログ・デバイセズのLTspiceのページにアクセス

　LTspiceをキーワードにしてインターネットのWeb検索を行うと「LTspice|設計支援|アナログ・デバイセズ-Analog Devices」の項目が検索結果画面で上位に表示されます．その項目をクリックすると，図1-2に示すページが表示されます．

　LTspiceXVIIのインストール・ファイルは，このページにあるLTspiceのダウンロード欄の「Windows 7, 8 and 10用ダウンロード」をクリックして入手します．このページでは，このほかにLTspiceデモ回路，資料として「LTspice初心者ガイド」，ショートカット集，LTspiceのビデオなど，必要な情報を入手できます．

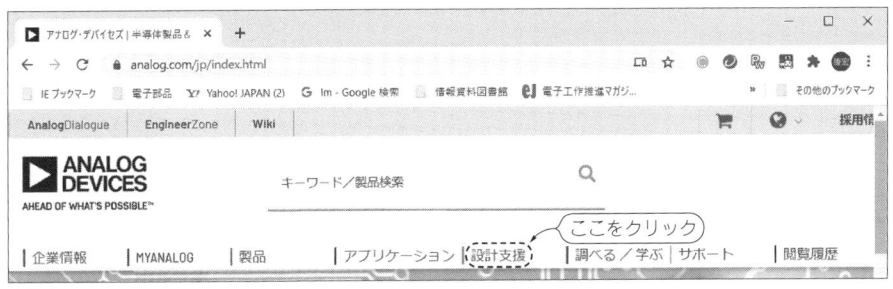

図1-2 アナログ・デバイセズ社のLTspiceのダウンロード・ページ

図1-3 アナログ・デバイセズ社のメイン・ページの上部

● アナログ・デバイセズのメイン・ページからダウンロード

アナログ・デバイセズ社の図1-3に示すメイン・ページからも,いくつかの経路でLTspiceのダウンロード・ページにアクセスできます.

https://www.analog.com/jp/index.html

設計支援のタグをクリックして,表示される設計支援のメイン・ページの設計/設計

1-2 ── アナログ・デバイセズ社のホームページから入手　17

ツールにあるLTspiceをクリックすると，LTspiceのダウンロード・ページが開きます（図1-4）．これで，いずれかの方法でアナログ・デバイセズ社のLTspiceのダウンロード・ページにたどり着けます．ブラウザのChromeとEdgeを利用してダウンロードしてみます．

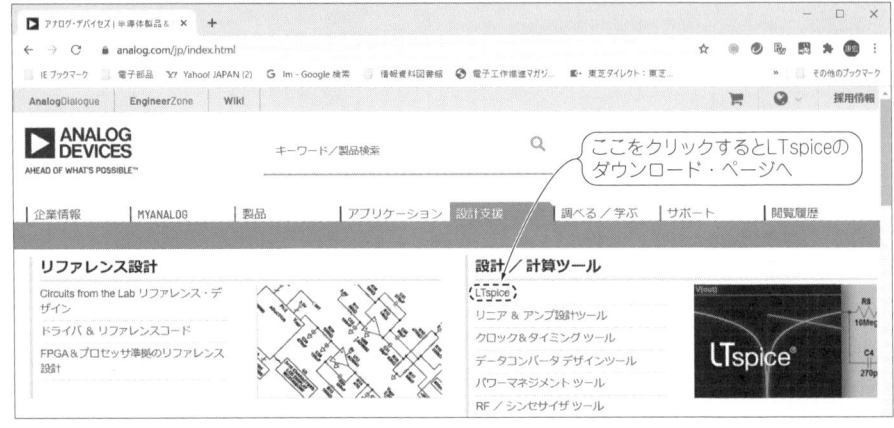

図1-4　アナログ・デバイセズ社の設計支援ページ
LTspiceのダウンロードへの入り口がある．

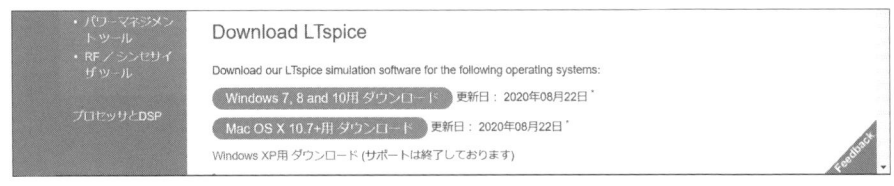

図1-5　LTspiceXVIIをダウンロードする（図はChromeの場合）

図1-6　インターネットからのダウンロード先のフォルダ
Edgeの場合も，同じファイルをダウンロードすれば同様の結果になる．

1-3 ソフトウェアのダウンロード

　ChromeまたはEdgeブラウザから，**図1-5**に示す「Windows 7, 8 and 10用ダウンロード」をクリックしダウンロードを開始すると，ウィンドウ下部のステータス・バーにダウンロードの進行状況が表示され，完了するとLTspiceXVII.exeというファイルが表示されます．

　ダウンロード先は**図1-6**に示すダウンロード・フォルダです．同じファイルを複数回ダウンロードすると，2回目以降は(1)，(2)…と順番にカウントアップした番号がファイル名に追加されます．**図1-6**の例では，テストのため2回ダウンロードしています．

1-4 ダウンロードしたLTspiceを実行しインストール

　ダウンロードしたLTspiceXVII.exeを起動すると，LTspiceXVIIがインストールされます．これらの作業は管理者の権限でPCにログオンして行います．

● LTspiceXVII.exeを起動する

　LTspiceXVII.exeを起動すると，設定によってセキュリティの警告のメッセージが表示されます．LTspiceのインストールに伴うメッセージであることを確認したら，インストールを認めて次に進みます．

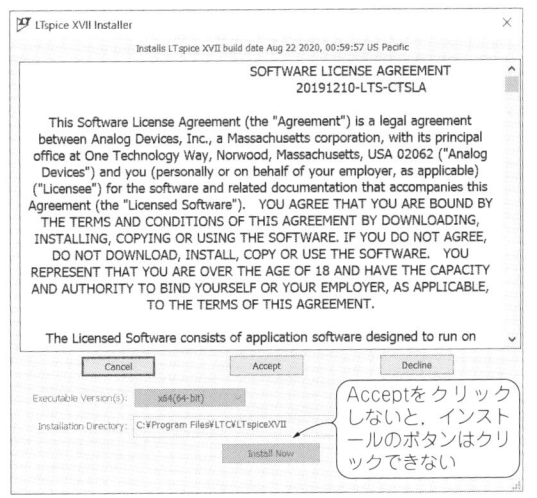

図1-7　ライセンスの条件に同意するか聞いてくる

● ライセンスの同意とインストール先フォルダの確認

　実際のインストールに先立って，図1-7に示すライセンスに同意することが要求されます．ライセンスに同意して次に進みます．デフォルトでは，インストール先のフォルダがC:¥Program Files¥LTC¥LTspiceXVIIとなっています．

　ライセンスの内容を確認し，ライセンス条件を受け入れるため「Accept」ボタンをクリックすると，図1-8に示すように「Browse」ボタン，「Install Now」ボタンが利用できるようになります．インストール先のディレクトリのC:¥Program Files¥LTC¥LTspiceXVIIの表示も明瞭になります．

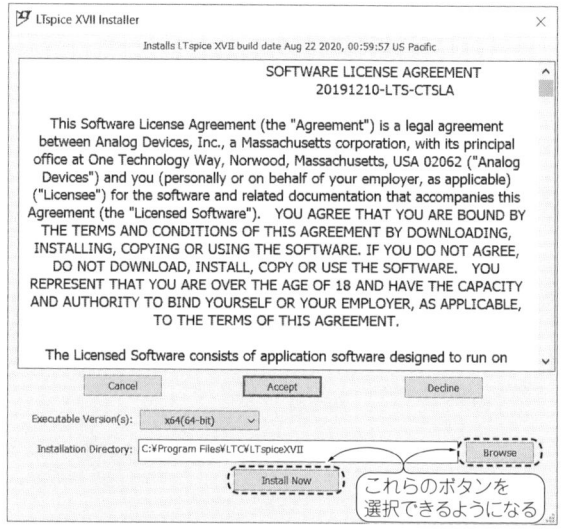

図1-8　条件を承諾するとインストールに進められる

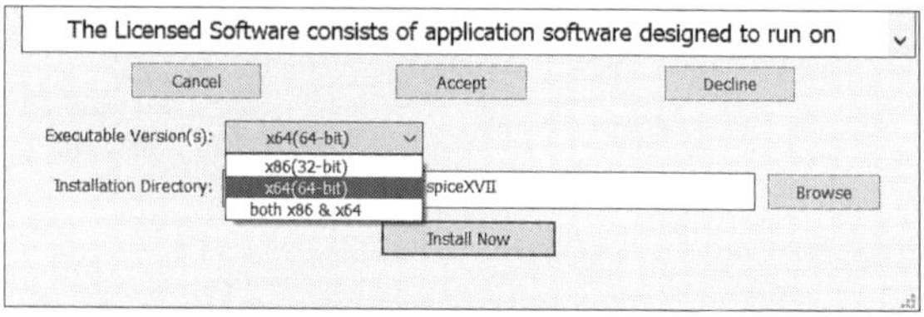

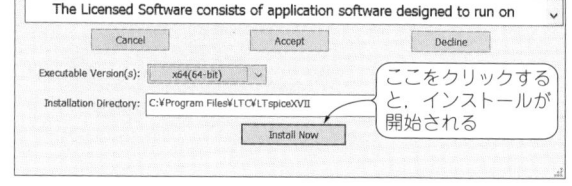

図1-9
64ビット版，32ビット版の選択

図1-10
インストールの準備が整った状態

「Acccpt」ボタンをクリックすると，インストールするモジュールのバージョンの選択を行うこともできます．**図1-9**に示すようにExcutable Versionの入力欄のリストから64ビット版，32ビット版または両方のインストールを指定できます．

ここでは，**図1-10**に示すようにx64(64-bit)の設定のままで次に進みます．「Decline」ボ

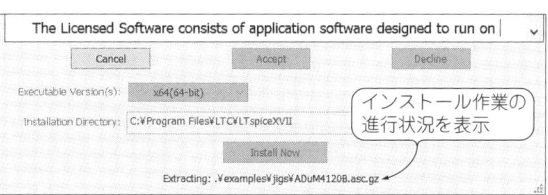

図1-11
画面の下に進行状況が表示される

column 1-A　　　　オーバーライトまたはアップデート

　LTspiceのインストール時に，再インストールなどですでにLTspiceがインストールされていたことを検出すると，**図1-A**のようにメッセージが表示され，上書き（オーバーライト）か，アップデートするか聞いてきます．通常は，デフォルトの上書きを指定したままインストールを続けます．

　しかし，アナログ・デバイセズが提供したシンボルやライブラリのファイルを修正して利用している場合など，それらのファイルの書き換えを避けたいときは，アップデートを選択する必要があります．その場合，ファイルの名称を変えておいたり，mylibなどユーザ独自のフォルダにセットしておくと，LTspiceの上書きを指定しても影響を受けません．サードパーティのデバイスのシンボルやライブラリのファイルは，名称が異なるので，オーバーライト，アップデートどちらを選択してもインストールの影響は受けません．

　どちらの方法でも，以前のバージョンをアンインストールする必要はありません．
　LTspiceは，いつでも最新のバージョンとモデルが利用できるようになっています．

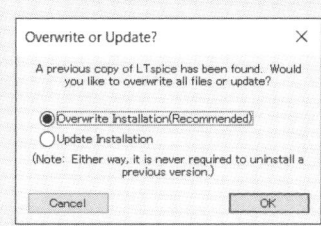

図1-A
オーバーライト/アップデートの確認画面

1-4 ── ダウンロードしたLTspiceを実行しインストール

column 1-B　LTspice のバージョンの推移と本書の対応

▶LTspice/SwitcherCADIII（リニアテクノロジー，1999年から）

　1999年から2008年までLTspice/SwitcherCADIIIとしてリリースされ，Windows95からWindowsXPまでで稼働するようになっていました．本書の画面キャプチャにも，この表記が残っているものがあります．

▶LTspiceIV（リニアテクノロジー，2008年から）

　本書の初版の発行直前の2008年にバージョン4のLTspiceIVがWindowsXP，Vista，7に対応するものとしてリリースされました．アナログ・デバイセズ社のダウンロードのページからLTspiceIVもダウンロードできましたが，現在は推奨されていません．

▶LTspiceXVII（リニアテクノロジー，2016年から）

　2016年6月にLTspiceXVIIがリリースされました．64ビットOSに対応し高速化が図られています．そのほか，UNICODEに対応し日本語の表示が可能になりました．コメントだけでなくラベルや変数名にも日本語表示が可能ですが，変数名は英文のほうが見やすく感じます．その他SPICEのコマンドの設定にGUIの機能が追加されました．しかし基本となる操作，仕組みになどについての変更はなく，第2章以降の説明は表記の違いはあってもそのまま利用できます．

▶アナログ・デバイセズが買収

　2017年アナログ・デバイセズ社がリニアテクノロジーを買収し，2018年にLTspiceのダウンロード・ページがアナログ・デバイセズのWebサイトに統合されたため，表記を合わせるため本書は第10版で第1章の内容を改定しました．

　第2章以降ではリニアテクノロジー，LTspiceIVなどの表示が適当でないものがあったため，それらについて修正しました．

　それ以外の，キャプチャした画面の見出しのロゴにLTspice/SwitcherCADIII，LTspiceIVと，表記が異なるだけで内容に違いのないものはそのままになっています．

▶LTspice24（2023年11月にアップデート）

　シミュレーション速度の向上，アイコンの変更，レイアウト変更，ショートカットキーの変更（旧ショートカットへ戻すことも可能）．本書の第11版では主にサポートページで初心者でも最新のLTspiceの利用を開始できるように努めます．

タンをクリックすると，この処理を辞退して処理を中止します．

インストールを開始するために「Install Now」のボタンをクリックします．インストールが開始されると図1-11に示すようにインストール作業の内容が表示され，進行の様子がわかります．インストールの進行が完了すると，図1-12に示すようにインストールが成功裏に完了したとのメッセージが表示されます．併せてデスクトップにLTspiceXVIIを起動するためのアイコンもセットされます．

● システムは Program Files フォルダ

この時点のインストールは図1-13に示すようにProgramFiles¥LTC¥LTspiceXVIIのフォルダにサンプル，ライブラリ，LTspiceのシステムがインストールされます．

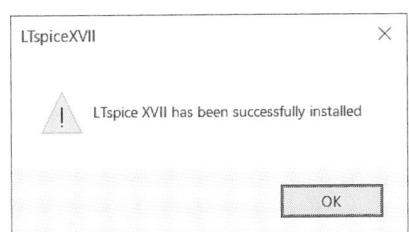

図1-12　インストール成功の表示

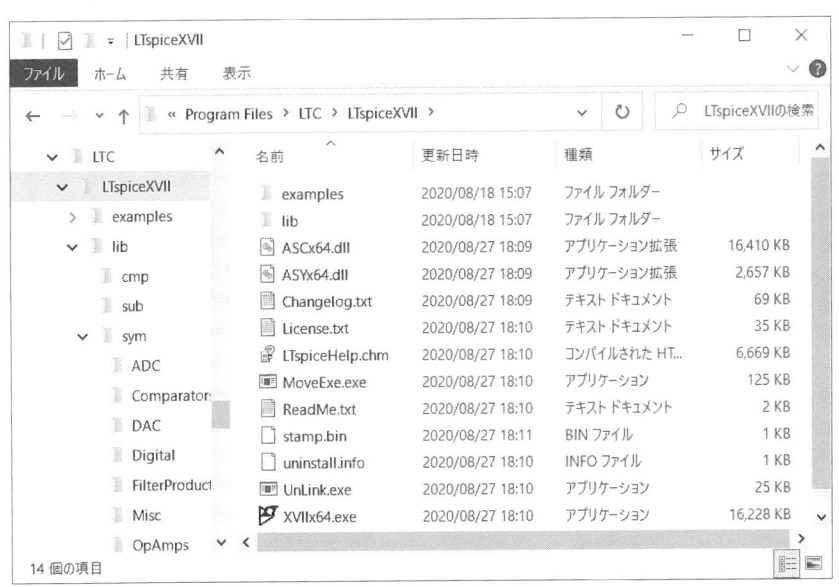

図1-13　LTspiceのシステムがインストールされたフォルダ

インストール時にデスクトップに表示されたLTspiceXVIIのアイコンをクリックすると，このフォルダ内にあるXVIIx64.exeが起動されます．このフォルダのXVIIx64.exeをダブルクリックしても，同様にLTspiceが起動します．

1-5 ── ドキュメント・フォルダにサンプル，ライブラリを複写

● Program Filesフォルダにインストール後，ドキュメント・フォルダにコピー

Program Filesフォルダにインストールを終えると，Program Filesのexamplesとlibフォルダが内容も含めドキュメント・フォルダのLTspiceXVIIフォルダにコピーされます．他社のSPICEモデルのSPICEデータなどは，こちらのドキュメント・フォルダ内のLTspiceXVIIフォルダ内に格納します．

● コピーの開始

図1-12の完了のメッセージに「OK」ボタンをクリックすると，図1-14に示すメッセージを表示して第一段階のコピーとしてlibフォルダの複写を行います．

libフォルダの複写を終えると，図1-15の第二段階を示すメッセージを表示して次のステップを開始します．複写対象はexamplesフォルダです．

ユーザが利用するサンプル，デバイスのシンボル，SPICEのマクロモデルなどのライブラリファイルは図1-16に示すドキュメント¥LTspiceXVIIフォルダに格納されます．第一ステップでcmpフォルダ，subフォルダ，symフォルダのライブラリのフォルダが複写されます．

第二ステップでは，LTspiceでそのままシミュレーションできるいろいろな機能を持った回路図ファイルのeducationalフォルダと，アナログ・デバイセズ社のデバイスのサンプル回路が多数格納されているjigsフォルダが複写されます．

```
Analog Devices Incorporated LTspice XVII
Step 1: Preparing LIBRARY directory for first use:
    "C:¥Users¥alps_¥Documents¥LTspiceXVII¥lib"
```

```
Analog Devices Incorporated LTspice XVII
Step 2: Preparing EXAMPLE directory for first use:
    "C:¥Users¥alps_¥Documents¥LTspiceXVII¥examples"
```

図1-14　ドキュメント・フォルダにライブラリを複写中

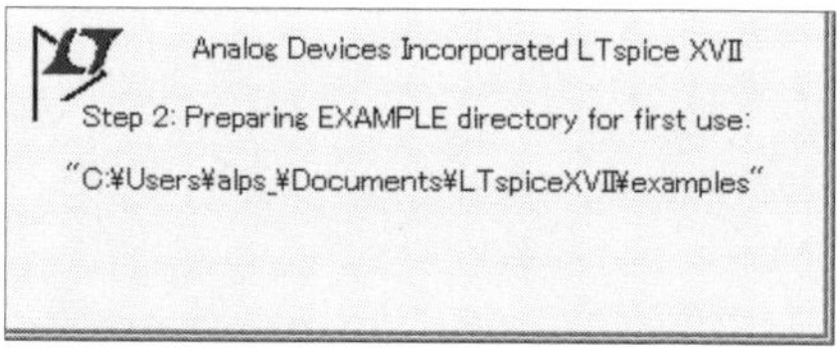

図1-15　ドキュメント・フォルダに回路図のサンプルを複写中

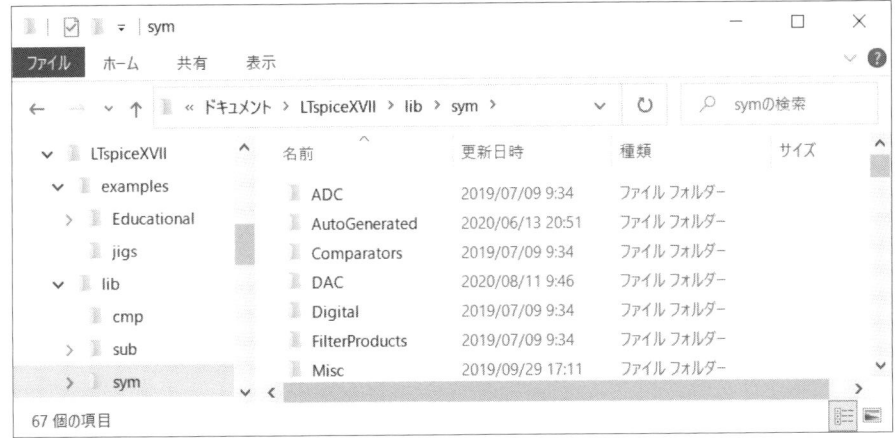

図1-16 ドキュメント・フォルダのLTspiceのサンプル，libファイル

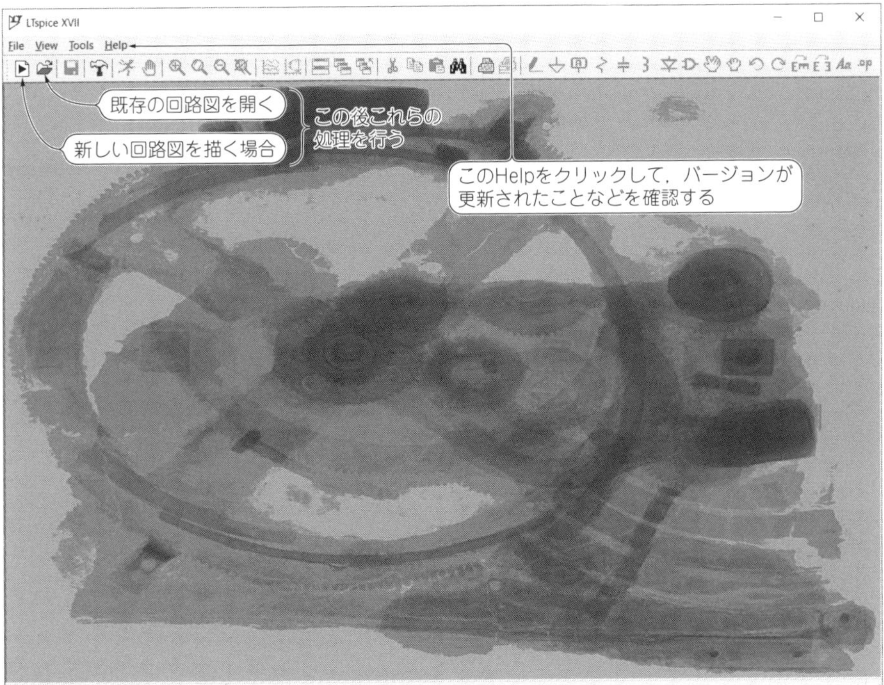

図1-17 インストールが完了し，初期画面が表示される

1-5——ドキュメント・フォルダにサンプル，ライブラリを複写

column 1-C　　　　　　**LTspice の技術情報の入手先**

● アナログ・デバイセズより入手できる技術情報

▶LTspice のシステム

　アナログ・デバイセズ社からは，LTspice の実行形式のインストール・ファイルをダウンロード・ページからダウンロードして実行することで LTspice が利用可能になります．

▶マニュアル

　LTspice のメニューバーの Help をクリックして，表示されるリストから LTspice Help を選択するとブラウザが起動し，LTspice のユーザーズガイドの全文を確認することができます．英文での表示ですが，ブラウザの翻訳機能が利用できるのでそれほど困りません．

　全体の構成から各モジュールの機能，操作方法についての説明や細部の設定方法まで，効率良く確認できるようになっています．ブラウザで表示されますが，インターネット接続されていないオフラインの状態でもインストール時に導入された Help のデータを閲覧できます．

▶スタートアップガイド

　LTspice のダウンロードページから，資料などもダウンロードできます．「LTspice スタートアップガイド（日本オリジナル版）」は LTspice の全体像を 72 ページにまとめ，プレゼンテーションでわかりやすく説明しており，ユーザー情報を登録すると表示，ダウンロードできます．本書の 250 ページにわたる内容がコンパクトにまとめられています．

● インターネット

　インターネットで LTspice で検索すると，アナログ・デバイセズ社以外にも多くのサイトが立ち上がっています．その中で筆者も本書のフォローも兼ねて LTspice に関する記事をあげています．次に示す URL に，入門からいろいろな使い方をまとめています．

　https://www.denshi.club/ltspice/2015/03/ltspice1.html

　このサイトでは質問ができるようになっていて，可能なかぎりお答えしています．

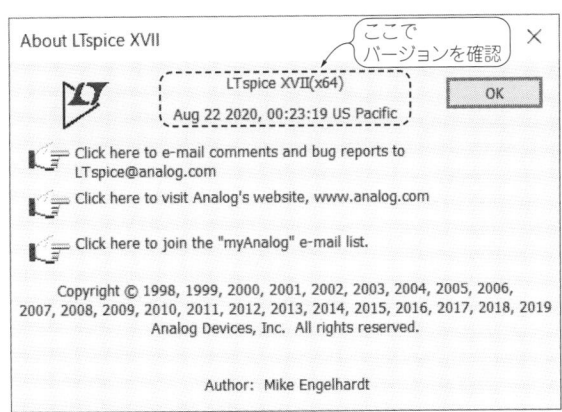

図1-18 インストールされたLTspice XVIIのバージョンの確認

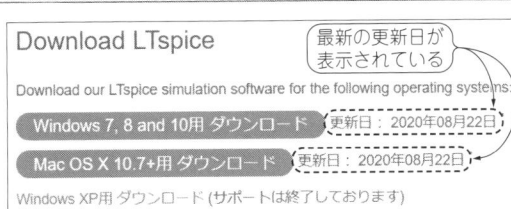

図1-19 LTspiceのダウンロード・ページで，追加更新日付を確認できる

プル回路が多数格納されているjigsフォルダが複写されます．

ドキュメント・フォルダにライブラリのコピーが終わったら，**図1-17**のようにLTspiceXVIIの初期画面が表示されます．これでLTspiceXVIIのインストールは完了です．

● バージョンの確認

メニューバーのHelpのAbout LTspiceXVIIを選択すると，**図1-18**に示されるLTspiceXVIIのバージョン情報が表示されます．ここで表示されるLTspiceXVIIのバージョンの更新日付は，ダウンロード時に表示されていた**図1-19**に示す日付と同じになります．

図1-18のLTspiceXVIIの表記には，アナログ・デバイセズへのメールの送信，アナログ・デバイセズのホームページへのリンク，myAnalogへのリンクが用意されています．myAnalogでは登録しログインする必要がありますが，豊富な技術情報が用意されています．

アナログ・デバイセズのデバイスのシミュレーションモデルは，追加更新が比較的頻繁に行われています．しばらくLTspiceを利用していないと，起動したときにライブラリの更新が自動的に行われます．

次章より，**図1-17**で示した初期画面からシミュレーションの準備を開始します．

column 1-D 　　実際に利用するライブラリとサンプルは
　　　　　　　　　　　ドキュメント・フォルダに

● Windows Vista以降のUACによるセキュリティの強化

　LTspiceIVではWindows Vista以降のウィンドウズ ユーザアカウント制御（UAC）のセキュリティ強化により，Program Filesなどのシステムフォルダの読み書きについて制限を受けるようになりました．

　そのため，Program FilesのフォルダにインストールされたLTspiceのライブラリにユーザが新しいライブラリなどを追加しようとすると，管理者権限でログオンしていても追加，更新ができない場合がありました．

　また，システムファイルが格納されているフォルダに新たなモデルのlibファイルなどを追加，編集などができない場合がありました．

　そのためLTspiceXVIIではセキュリティ強化に対応し，ユーザのドキュメント・フォルダにLTspiceXVIIという名称のフォルダが作られ，その中にexamplesとlibのフォルダがコピーされ，ユーザが行うライブラリのメンテナンスなどをスムーズに行えるようになっています．

● LTspice24

　LTspice24では，ユーザが作成した回路図，ライブラリや，ユーザが導入したライブラリなどはドキュメント・フォルダに格納されます．

　ユーザが作成，導入したものはドキュメント￥LTspiceフォルダに格納します．LTspiceが用意するライブラリなどは，ユーザ名￥APPDATA￥LTSPICEのフォルダに格納され，ドキュメント・フォルダにコピーされません．そのためLTspiceXVIIと最新のLTspiceを，同じPCの画面上で比較検討することもできます．

● ユーザ・ライブラリ

　ユーザ・ライブラリ機能が追加されました．ディレクトリ[C:￥Users￥ユーザ名￥Documents￥LTspice]の中にコンポーネント・ライブラリ・ファイル(user.dio, user.mos, user.res, user.cap, user.ind, user.bead, user.jft, user.bjt)を作って，ユーザの必要な追加部品を登録することができます．

　第10章 10-4節(p.182)で，トランジスタのSpiceモデルをLTspiceXVIIではStandard.bjtに格納していましたが，LTspice24以後は上記のuser.bjtに格納します．

電子回路シミュレータ LTspice 入門編

第2章
LTspice の初期画面

2-1 ── LTspice の起動

　LTspiceの起動は，次の方法で行うことができます．
(1) デスクトップ上のLTspiceXVIIと命名されている，起動用アイコンをダブルクリックして起動する方法．
(2) スタート・メニューから「すべてのプログラム」を選び，表示されるプログラムのリストからLTspiceXVIIを選択して起動する方法．LTspiceXVIIの使用頻度が多くなると，スタート・メニューにもLTspiceXVIIが表示されます．そのときは，スタート・メニューのLTspiceXVIIを選択して，起動することができます．
(3) エクスプローラなどで表示された，ascのエクステントをもつ，LTspiceの回路図ファイルをダブルクリックして起動する方法．
　LTspiceXVIIを起動すると，**図2-1**に示すLTspiceXVIIの初期画面が表示されます．

2-2 ── LTspice の初期画面とメニューに用意されている機能

　LTspiceXVIIの初期画面のメニュー・バーには，この初期画面で利用できる，四つの項目が表示されています．ツール・バーには多くの項目が用意されていますが，初期画面で利用できる5個以外は，グレーの表示になっています．メニュー・バー，ツール・バーはそれぞれ利用状況や作業状況に応じて，適切なものに変化し，使いやすいものになっています．
　この初期画面では，次の**図2-2**に示す処理が行えます．

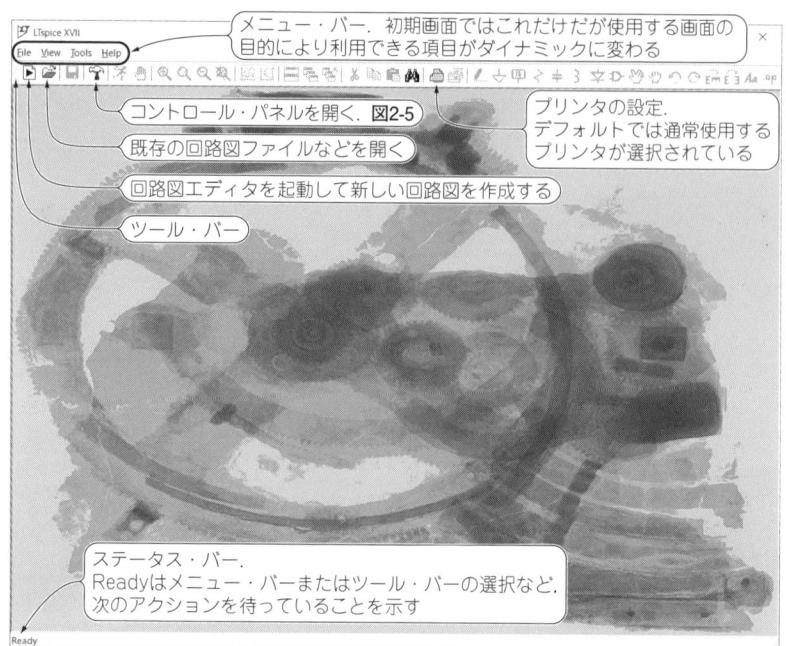

図 2-1　LTspiceXVII の初期画面

メニュー・バーとツール・バーにはこの初期画面で利用できるものだけが表示されている．利用できない機能はグレー表示となっている．

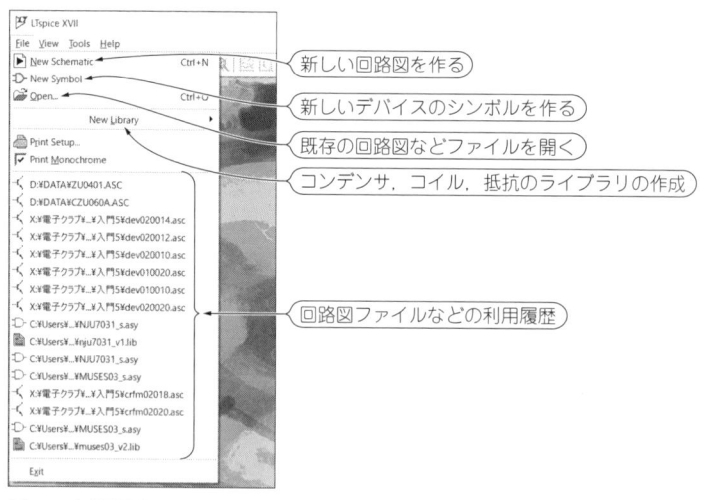

図 2-2　初期画面メニュー・バーの File の内容

● メニュー・バー　File

図2-2に示すように，新規ファイルの作成とファイルのオープン，プリンタの設定などが用意されています．また使用したファイルの履歴も表示されます．

① File>New Schematic

新しい回路図を作成する．ツール・バーの左端にも新規回路図作成のアイコンがあり，そのアイコンからも起動できます．ウインドウ上に複数の回路図ウインドウを開くことができます．新しく開いたファイルは，Draftnn.asc（nnは追い番）となります．回路図エディタが起動すると，メニュー内容が変わり，保存時にファイル名を指定できるようになります．

② File>New Symbol

新しいデバイスの設定を行う．新しいデバイスを登録するときなどに利用します．入門編では，新しいシンボルを新規に作らなくても済みます．

③ File>Open

回路図ファイルを開く．以前作成して保存した回路図ファイルを開きます．ツール・バーにもアイコンが用意されているので，ツール・バーからも起動できます．

④ File>Print Setup

プリンタの設定．印刷時のプリンタの選択，用紙などの設定が行えます．ツール・バーにアイコンが用意されているので，ツール・バーからも起動できます．デフォルトで通常使用するプリンタが選択されているので，通常は設定の必要はありません．

この他にコンデンサ，コイル，抵抗のライブラリを新規に作成する項目がありますが，当面は使用していません．

● メニュー・バー　View

メニュー・バーのViewでは，ツール・バーの表示のオン/オフが行えます．多くの作業が，このツール・バー上のアイコンを選択するだけで進められます．デフォルトで図2-3のような表示状態になっています．そのほか，下段のステータス・バー，複数のウィ

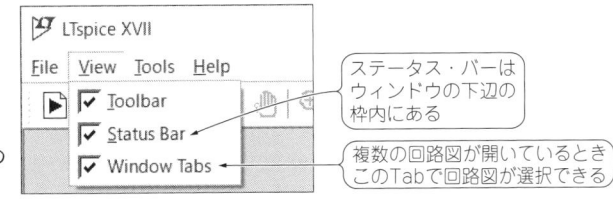

図2-3　初期画面メニューバーのViewの内容

ンドウを開いているときに，ウィンドウを区別するWindow Tabsのオン/オフができます．通常はデフォルトの表示にしておきます．

● メニュー・バー　Tools

図2-4に示すように，メニュー・バーのToolsの中には次の三つの機能が用意されています．

① Tools>Control Panel

図2-5に示すように，LTspiceXVIIからシンボルファイルとライブラリファイルのPathを指定できるようになりました．これにより，標準以外のフォルダにある他社のデバイス

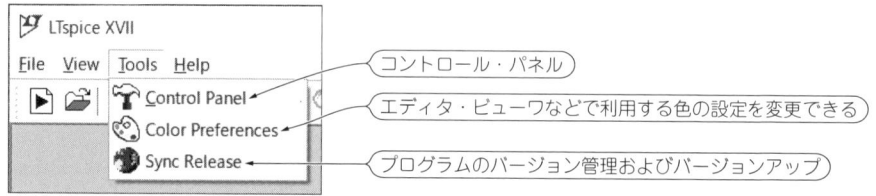

図2-4　初期画面メニューバーの Tools の内容

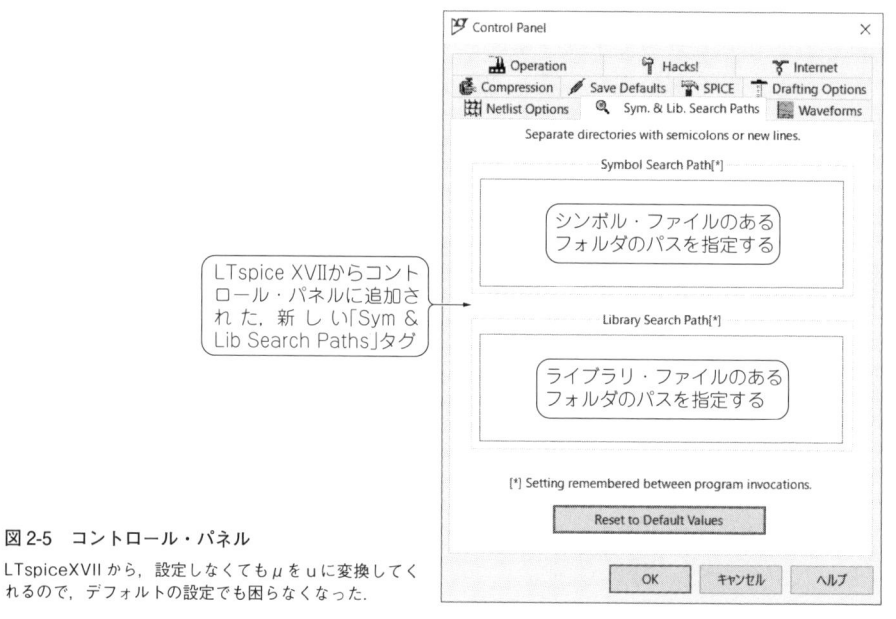

図2-5　コントロール・パネル
LTspiceXVII から，設定しなくても μ を u に変換してくれるので，デフォルトの設定でも困らなくなった．

のライブラリのPathを，ここで指定することで利用できるようになります．また，UNICODEに対応したため，全角の日本語表示にも対応しています．また，特に指定をしなくてもuはμに変換されます．

② Tools>Color Preferences

このツールで，表示カラーの編集を行います．今のところデフォルトの設定のまま使用しています．

ただし，WaveFormでグラフの表示を設定していますが，デフォルトの青色は見にくいので，Green，Redを加えて明るいブルーにすると見やすくなります．その場合，図2-6に示すウィンドウのWaveFormタグを選択し，波形ウインドウのカラー・パレット・エディタを表示し，Select Itemのドロップダウン・リストの下向き矢印をクリックします．リストの中からTrace V(2)を選択して，Selected Item Color MixのRed，Greenの混合割合を調整します．また，モノクロ印刷のためのグラフがわかりにくい場合があります．

付属のCD-ROMにシミュレーション結果も用意してありますので，参照してください．

◆ カラーパレット・エディタ

背景の色も変更できます．LTspiceのシミュレーション結果は図2-6に示したように背

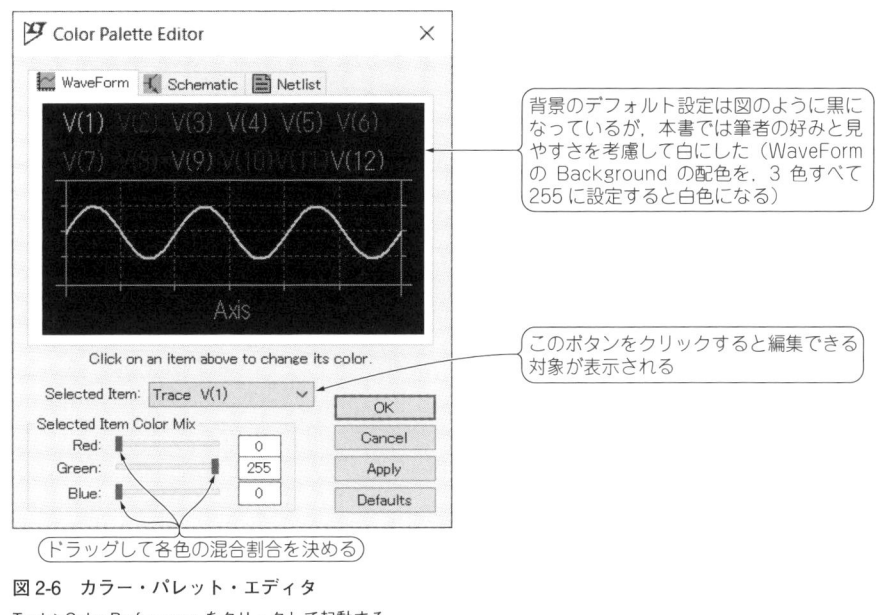

図2-6 カラー・パレット・エディタ
Tools>Color Preferences をクリックして起動する．

景が黒ですが，本書では背景を白色にしています．シミュレーション結果を見やすくするためですが，デフォルトのシミュレーション結果と異なっていますから注意してください．

◆ カラー・パレット・エディタ（回路図対象）

タブのSchematicを選択すると，図2-7に示す回路図を対象にしたカラー・パレット・エディタとなります．

この他にネット・リストのカラー配置を変更できますが，波形のウィンドウ以外はデフォルトの設定で利用しています．

③ Tools>Sync Release

アナログ・デバイセズ社のWebページで，新しい回路シミュレータ・モデルの有無や，新しいバージョンの有無をチェックして，新しいものがある場合，自動的にダウンロードして更新します．

◆ LTspiceのバージョンを確認しダウンロード

メニューバーのTools>Sync Releaseを選択すると，図2-8に示すダイアログが表示されます．OKボタンをクリックして次に進みます．

図2-9(a)に示すように，アナログ・デバイセズ社のWebサイトのバージョンとPC上のバージョンをチェックし，自動的にダウンロードしてProgram Files ¥LTC ¥LTspiceXVIIのシステムやライブラリなどの更新を行います．

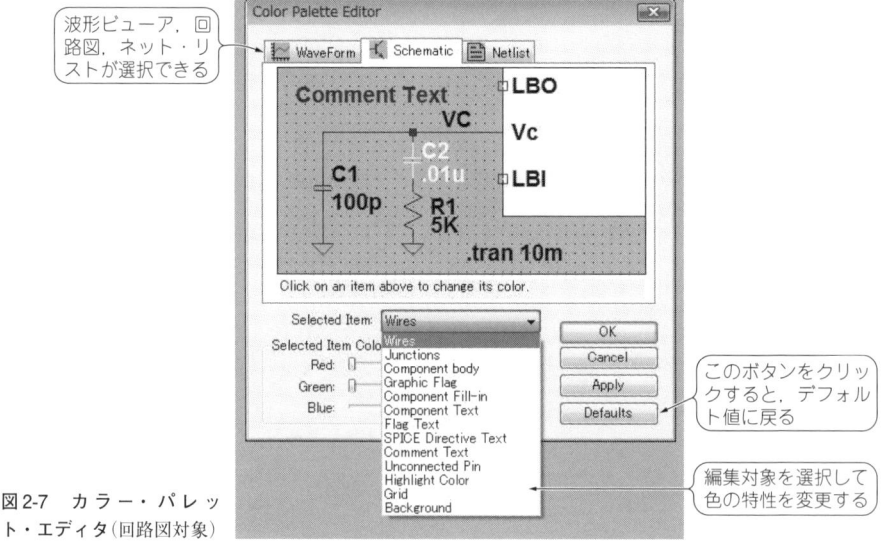

図2-7 カラー・パレット・エディタ（回路図対象）

LTspiceXVIIからはその後図2-9(b)に示すように，第一ステップでlibフォルダをドキュメント・フォルダのLTspiceXVII\libフォルダへ，同様に第二ステップでexamplesなどのフォルダをドキュメント・フォルダにコピーします．

◆ 更新の完了を示す

　更新が完了すると，図2-9(c)に示すダイアログが表示されます．このダイアログにOKで答えると，LTspiceの初期画面が表示されます．

　メニュー・バーのhelp>About LTspiceXVIIを選択すると，図2-10のバージョン情報が表示され，最新の更新状況が確認できます．

　アナログ・デバイセズ社では，頻繁にデバイスの追加などを行っています．そのため，

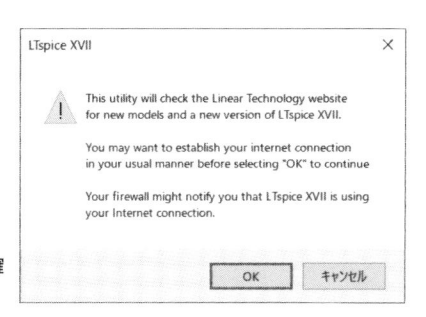

図2-8　LTspiceのバージョン更新の確認表示(初回に表示)

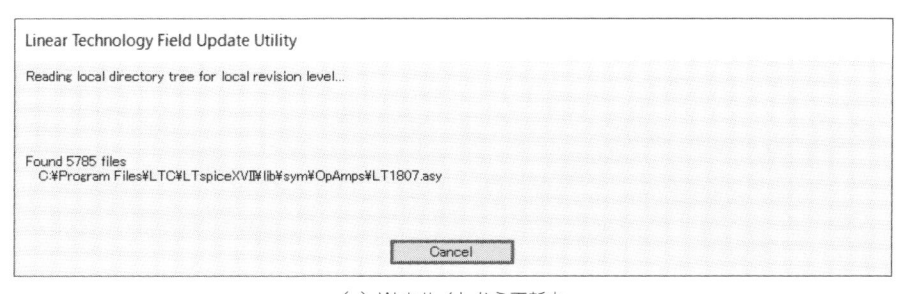

(a) Webサイトから更新中

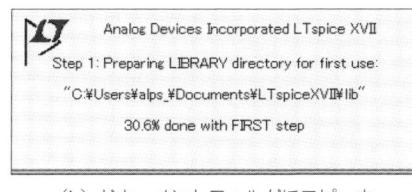

(b) ドキュメントフォルダにコピー中

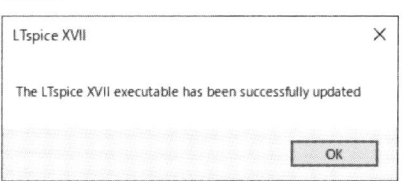

(c) 更新が成功裏に完了

図2-9　更新と完了

2-2——LTspiceの初期画面とメニューに用意されている機能

気がつくとこの更新を行っています．プログラムと同じフォルダにある，LTC¥LTspiceXVII¥Changelog.txt の更新記録のテキスト・ファイルに 2016 年 5 月 9 日の更新から記録があります．最近の更新状況は，月に数回の頻度で行われていました．

● メニュー・バー　Help

図 2-11 に示す LTspice の Help は，以下の機能をもちます．

① Help>Help Topics

ユーザーズ・ガイドの全文が検索，表示できます．筆者はユーザーズ・ガイドを印刷して利用していますが，用語検索などはこの Help Topics から検索するほうが便利です．目次別表示，単語の検索などが利用できます．

② Help>About LTspiceXVII

図 2-10 に示したようにバージョン情報の確認ができます．

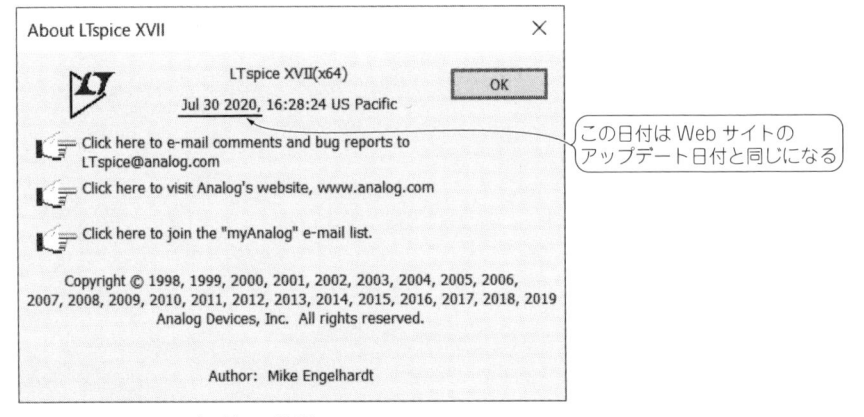

図 2-10　LTspice のバージョン情報

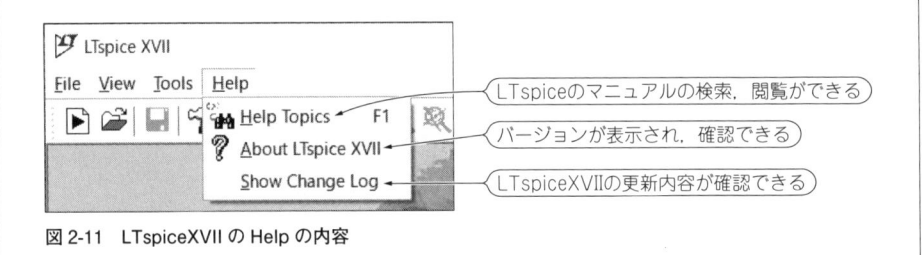

図 2-11　LTspiceXVII の Help の内容

2-3 ── 標準で用意されている主な部品

　回路図の作成には，抵抗，コンデンサ，コイルの受動部品と，トランジスタまたはFETの能動部品の他に，ICなどの多くの種類のデバイスが必要となります．これらの回路図作成に必要な，受動部品および能動部品など必要なものがあらかじめ用意されています．

● *CR* などの部品はツール・バーから直接クリックして移動できる

　File>New Schematic または，ツール・バーの左端の回路図の新規作成（New Schematic）アイコンをクリックして回路図エディタを起動すると，ツール・バーのアイコンのほとんどが利用できるようになります．併せて，ウィンドウに回路図が描けるようになり，**図2-12**に示すように，回路図作成に頻繁に利用される，抵抗，コンデンサ，コイル，ダイオード，グラウンドのシンボルは，ツール・バーのアイコンを直接クリックして利用できるようになります．

　また，これらのデバイスの抵抗値，容量値などを細かく設定することができます．とくに実際のコンデンサは理想的なコンデンサと異なり，抵抗，インダクタンスの成分を含んでいます．実際のデバイスの特性に合わせてこれら成分も設定できるようになっています．具体的には実際の回路作成時に説明します．

● コンポーネントとして必要なその他の部品

　そのほかのトランジスタ，各種のデバイス，電源，信号源がコンポーネントとして用意

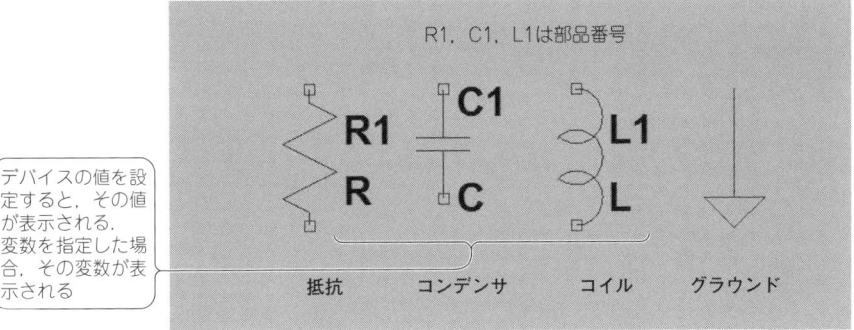

R1，C1，L1は部品番号

デバイスの値を設定すると，その値が表示される．変数を指定した場合，その変数が表示される．

R1　　C1　　L1
R　　 C　　 L

抵抗　　コンデンサ　　コイル　　グラウンド

図2-12　回路図作成に頻繁に利用される部品

されています．とくにICデバイスは，アナログ・デバイセズ社の製品についてのモデルとサンプル回路も用意されています．

回路図作成エディタで，ツール・バーの🗗アイコンなどからコンポーネントを選択すると，図2-13に示すコンポーネントの選択ウィンドウが表示されます．エクスプローラと同様な感じで開き，必要なデバイスを選択すると，回路図ウィンドウの任意の場所にマウスでデバイスを移動できます．

これらのデバイスのシミュレータ・モデルは，インストール時に組み込まれるとともに，ToolsのSync Releaseなどでバージョン・アップを行うたびに，インターネット経由で，アナログ・デバイセズ社のWebページからダウンロードされ更新されます．

◆ 利用するコンポーネントはドキュメント・フォルダから取り出す

インストール時にProgram Filesに格納されたライブラリ・ファイルとサンプル・ファイルなどは，ドキュメント・フォルダの下に作られたLTspiceXVII¥libにライブラリ・ファイルが，LTspiceXVII¥exampleにサンプル回路ファイルがコピーされます．シミュレーションではドキュメント・フォルダのものが利用されます．ライブラリのsymフォルダには，回路図で表示されるシンボルのためのファイルが格納されています．

（デバイスのシンボル・ファイルが格納されているフォルダのトップ・フォルダが表示されている）

（Program Filesにインストールされたexamplesとlibフォルダは，ドキュメント・フォルダにコピーされ利用される）

（ここにシンボルが表示される）

（ICなどのコンポーネントのシンボルは，機能別にフォルダに格納されている．ここには，村田の積層コンデンサmurataや，mylibなどインストール後に独自に追加したものもある）

（トップのフォルダには電源，信号源，C，R，トランジスタなど基本となるデバイスのシンボルが格納されている）

図2-13 コンポーネントの選択ウィンドウ

このsymフォルダには，cap.asy（コンデンサ），res.asy（抵抗），ind.asy（コイル），LED. asy，npn.asy（npnトランジスタ），voltage.asy（電源，信号源）など回路の基本となるデバイスが用意されています．コンポーネントは機能ごとにADC，Comparators，Digital，Filter Products，Opamps，Power Products，References，Special Functionsなどのフォルダにアナログ・デバイセズ社などのモデルが数多く用意され，他社のものなどを追加することもでき，不自由しません．とくにPower Productsの電源関係のデバイスは充実し，電源関係のシミュレーションの効率化が図られています．

エクスプローラでlib¥symフォルダを確認したものを**図2-14**に示します．

● **コンポーネントを選択**

OPアンプを選択するために，**図2-13**の選択ウィンドウでOpampsのフォルダを選択し，LT1028Aの超低ノイズ・ハイスピードのOPアンプを選択した状態を**図2-15**に示します．

この画面には，選択されたデバイスの回路図が表示されます．デバイスの概要のコメントも表示されますので，このコメントを参考にしながらデバイスを選択することもできます．また，アナログ・デバイセズ社のデバイスを選択すると，「Open this macromodel's

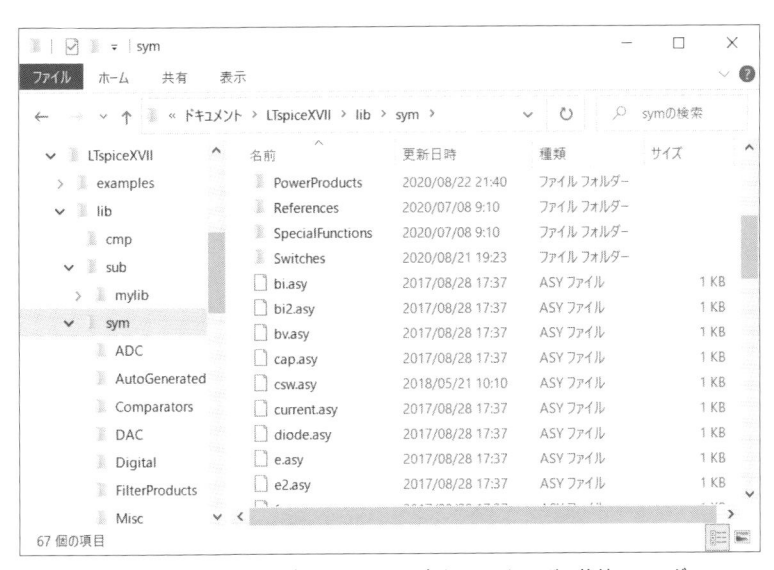

図 2-14　ドキュメント・フォルダのLTspiceのデバイスのシンボル格納フォルダ
他社のデバイスをLTspiceで利用する場合，ドキュメント・フォルダのこれらのフォルダにファイルを追加したりなどの処理を行う．

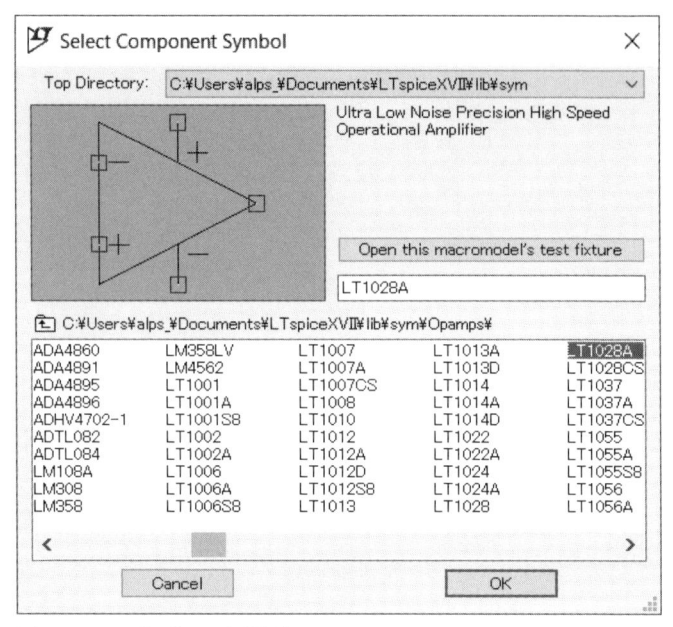

図2-15 コンポーネントを選択する

test fixture」のボタンがクリックできるようになります．回路図に選択したデバイスを取り込むだけでしたら，この状態でOKボタンをクリックすると，選択されたデバイスをマウスでドロップできるようになります．

● アナログ・デバイセズ社のテスト回路が用意されている

OpampsのリストからLT1028Aを選択して「Open this macromodel's test fixture」のボタンをクリックすると，アナログ・デバイセズ社の用意したLT1028Aのためのテスト・サンプル回路が表示されます．LT1028Aは超低ノイズの高速OPアンプで，サンプルは，図2-16に示すようにアナログ・レコードのイコライザ・アンプが表示されます．回路の動作を確認するためのシミュレーションの設定を終えていますので，そのままシミュレーションを実行し動作を確認することができます．

このテスト・サンプルでは，周波数特性を調べるAC解析でシミュレーションを実行するようになっており，図2-17に示すように，アナログ・レコードのイコライザ・アンプの特性で，低域部の増幅率が大きく，高域になるにしたがい増幅率が小さくなる特性が示さ

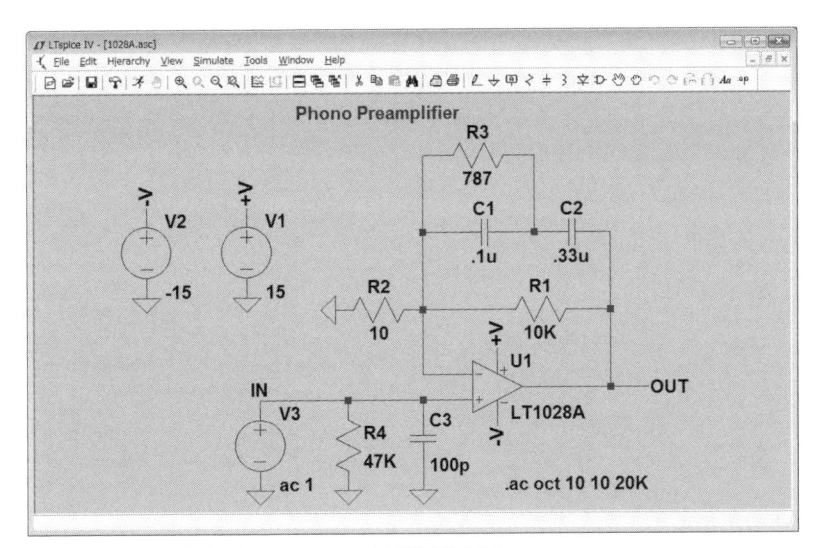

図 2-16 サンプル回路でシミュレーションの確認ができる

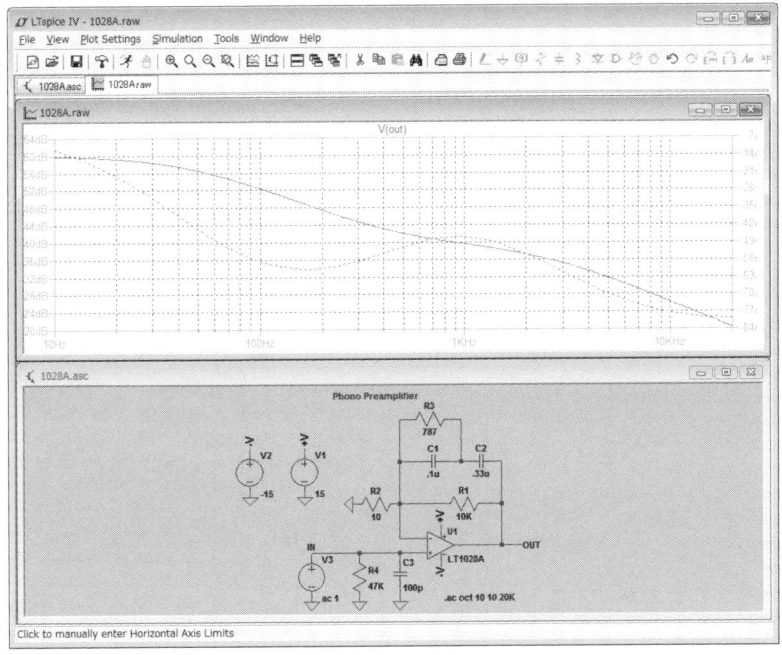

図 2-17 アナログ・レコードのイコライザ回路の周波数特性のサンプル例
RUN の実行後，回路の OUT をクリックするとグラフが表示される．

2-3——標準で用意されている主な部品

れます．

　これらのサンプルは，デバイスの使用法の参考や，シミュレーション方法の参考にもなります．これらサンプルを利用することで，利用者の開発・導入が容易になることをリニアテクノロジーは期待しています．これらの豊富なサンプルは入門者にとっても利用方法の理解におおいに参考になります．

column 2-A　　LTspice24 の主な改善点

● シミュレーション速度の向上

　シミュレーションの速度が上がったため，特別なことは何もせずとも，結果が早く得られる利益を初心者でも享受できます．

● アイコンの変更，レイアウト変更

　本書の題材としているLTspiceXVIIとLTspice24では機能は同じですが，アイコンの形状が大きく変わっています．ツールバーの並びも若干変更されていますが，利用し始めるとすぐに慣れるでしょう．

● 設定ダイアログの改善

　Control Panel, Edit Simulation Command, Select Component Symbolなどの各種の設定画面の名称が，Settings, Configure Analysis, Componentと変更され，配置も少し改善されています．

　Settingsの検索タグには新しくユーザ・ファイルの設定が追加されています．LTspiceの資源と，ユーザが作成，導入したライブラリなどの資源の個別管理ができるようになっています．

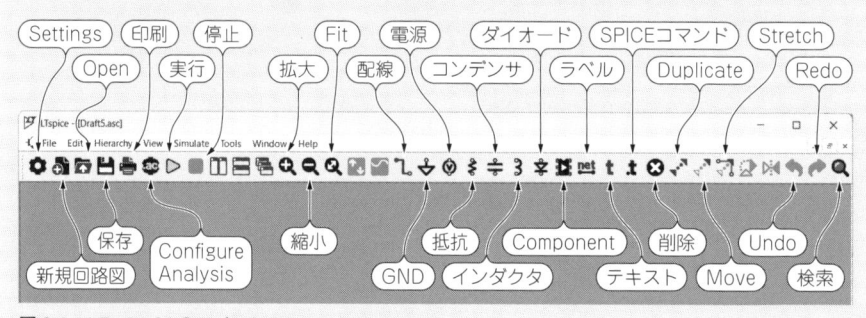

図 2-A　LTspice24 のアイコン

電子回路シミュレータ LTspice 入門編

第3章
LTspice を使ってみる①
回路図エディタの編集ツール

　LTspiceでシミュレーションを行うには，まず回路図を作成します．本章では，回路図を作成するために回路図作成画面で使用する各種編集ツールについて説明します．

3-1 ── LTspiceでシミュレーションを行うには

(1) まずLTspiceを起動します．
(2) 回路図を選択し，回路図エディタを開きます．回路図エディタで回路図を作成します．回路図には，信号源も記入します．
(3) シミュレーション方法を，回路図エディタで設定します．ダイアログに答えることで，シミュレーションのための，Spiceコマンドが作られます．そのため入門者でも，容易にシミュレーションの設定ができます．
(4) ツール・バーのRUNボタンをクリックすると，シミュレーションが実行されます．
(5) シミュレーション結果を表示するウィンドウが開き，マウスで回路図上の測定ポイントをクリックすると，シミュレーション結果がグラフとして表示されます．
　この章では，回路図エディタで回路図を作成するために利用する，主な編集ツールを紹介します．

● 回路図エディタの起動
　デスクトップのLTspiceXVIIのアイコンを，ダブルクリックしてLTspiceを起動します．起動直後の初期画面でツール・バーのNew Schematicをクリックするか，メニュー・バーのFile>New Schematicを選択すると，図3-1に示す新しい回路図を作成するための回路図エディタのウィンドウになります．

注：第3章以降の図には旧バージョンのタイトルが表示されています．動作は最近のバージョンで確認済みです．

● **回路図エディタの基本操作**

　回路図作成のために必要となる，基本的な機能はツール・バーに設定されています．

　マウス・ポインタをツール・バーのアイコンの上におくと，個々のアイコンの機能が表示されます．また，メニューの項目を選択すると，プルダウン・リストに，**図3-2**に示すようにアイコンの種類，機能およびショートカット・キーが表示されます．これにより，アイコンの機能の概要が確認できます．

　メニュー・バーのEdit(編集)を選択したときに利用できる機能について概要を説明します．()内にショートカット・キーも示します．' 'で囲まれた文字はその文字のキーを示します．文字のキーは回路図エディタの画面では，Rなら「抵抗のシンボルの呼び出し」のように指定された機能を呼び出します．F2からF9はファンクション・キーを示し，Ctrl +

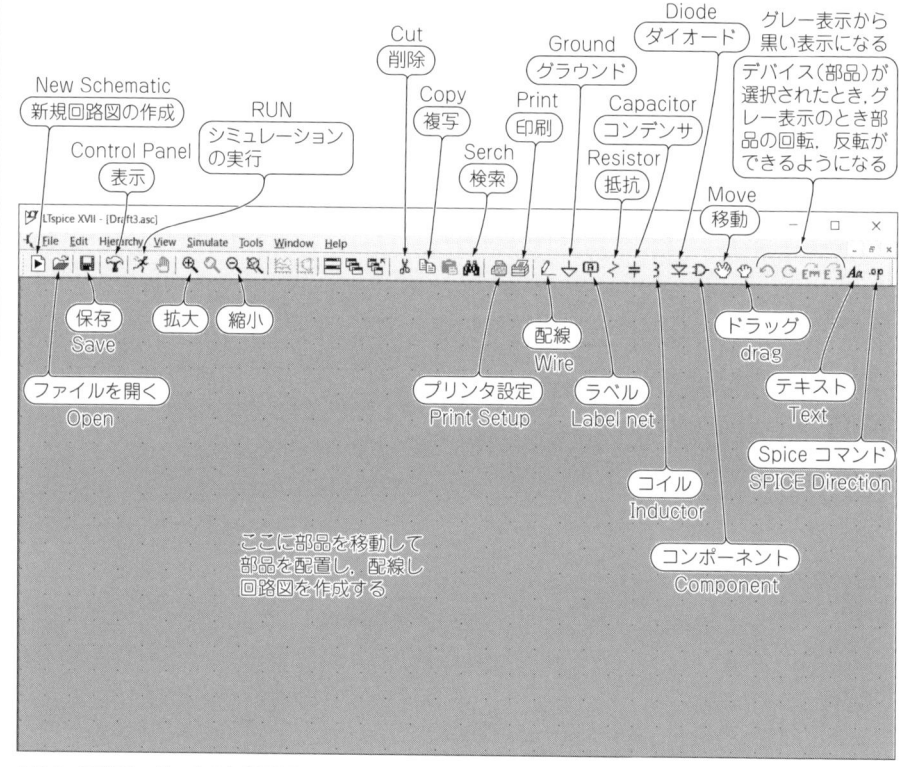

図3-1　回路図エディタの初期画面
ツールバーのアイコンの表示は利用できるものは濃く，利用できないものは薄く表示される．

R，Ctrl + EはCtrlキーを押しながらR，Eのキーを押すことを示します．

● コマンド実行などの制御

◆ Undo(F9)

直前に実行した処理を取り消します．

◆ Redo(Shift + F9)

直前に取り消した処理を再実行します．

◆ Text('T')

　回路図上に文字列を書き込むことができます(図3-3)．残念ながら日本語は利用できません．回路図上にはシステムにより，ラベルやシミュレータに対するコマンドなどの文字列が書き込まれますが，このText処理で書き込まれた文字列は，シミュレーションに何ら影響を与えません．

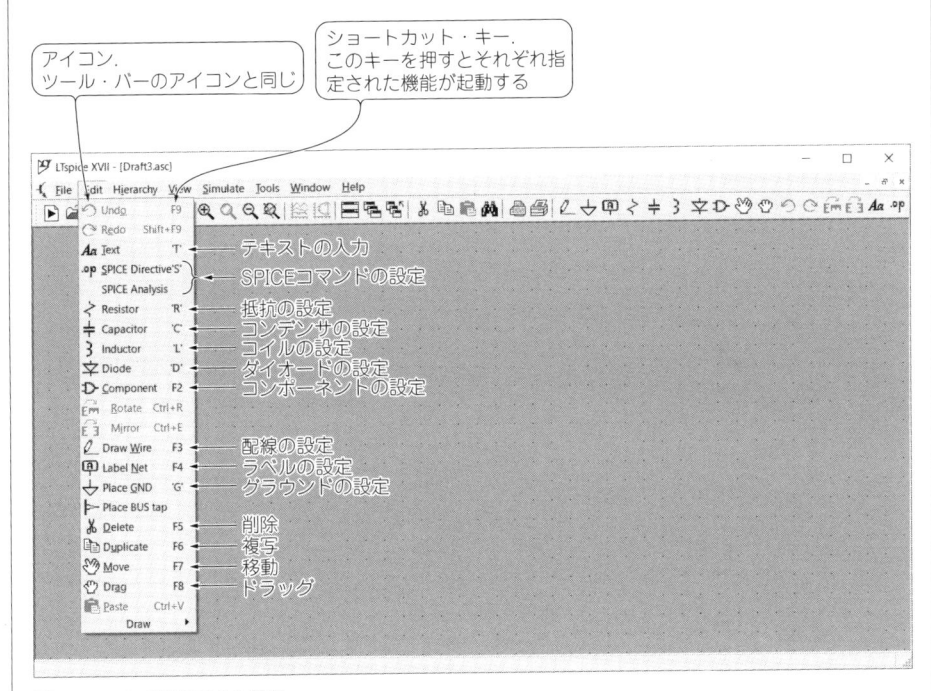

図3-2　Editで利用できる機能

◆ SPICE Directive('S')

　.Tranなどのように，先頭にピリオドがついた，Spiceに対するシミュレーションのためのコマンド(Dot Command)を入力することができます．LTspiceの回路シミュレータが，シミュレーション条件によって自動的に設定します．そのため多くの場合，入門編では，このコマンドを直接入力しなくてすみます．

◆ SPICE Analysis

　この機能は，ツール・バーには設定されていませんが，シミュレーション条件を設定するウィンドウで表示されます．過渡解析，AC解析，DC解析などの解析のための設定が，ダイアログ・ウィンドウの設定欄を埋めるだけで設定できます．この設定を行うことによって，SpiceのDot Commandがコマンドの設定欄に構成されます．このダイアログがあるので，Dot Commandについて詳しくなくても，シミュレーションの設定が容易に行えます(図3-4)．

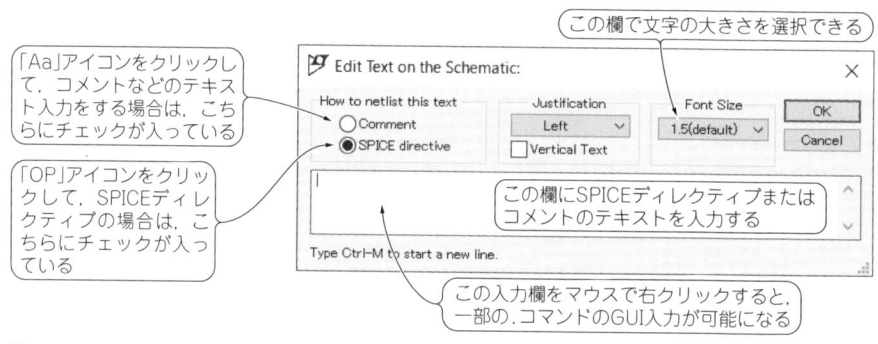

図3-3　SPICEディレクティブとテキスト入力のダイアログ・ウィンドウ

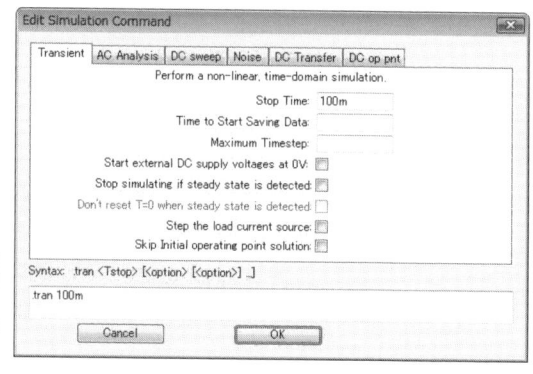

図3-4
シミュレーション・コマンドの編集
メニュー・バーのEdit>SPICE AnalysisまたはSimulate>Edit Simulation Commandでこのダイアログが表示される．このダイアログ・ウィンドウで過渡解析，AC解析，DC解析などの設定が行える．

3-2 ツール・バーから部品を回路図に配置する

● デバイスの設定

◆ Resistor('R')

　回路図に新しい抵抗を設定します．ツール・バーのアイコンをマウスの左ボタンでクリックし，抵抗のシンボルに変わったポインタを適当な位置に移動して場所を決めます．再度マウスの左ボタンをクリックすると，その場所に抵抗のシンボルが設定されます（図3-5）．

　抵抗の部品番号が表示され，抵抗値はRのままになっています．抵抗値の設定は別に行います．続いてマウスを移動すると，新しい場所に抵抗を設定することができます．右ボタンをクリックすると，抵抗の設定が終わります．

◆ Capacitor('C')

　回路図に新しいコンデンサを設定します．ツール・バーのアイコンをクリックし，コンデンサのシンボルの変わったマウス・ポインタを配置場所に移動し，マウスの左ボタンをクリックすると，コンデンサのシンボルが設定されます（図3-6）．右ボタンをクリックするまで続けて移動して，複数のコンデンサを設定することができます．Cと番号の部品番号が，各コンデンサに自動的に表示されています．最初は，コンデンサの容量値はCになっています．値は別に設定する必要があります．

◆ Inductor('L')

　回路図に新しいコイルを設定します．ツール・バーのアイコンをクリックし，コイルの

①ツール・バーの抵抗のアイコンをクリックすると，マウス・ポインタがこのように抵抗の形になる

②このマウス・ポインタを部品を配置したい位置に移動してマウスを左クリックすると，その場所に抵抗が配置される．シンボルの部品番号はカウントアップしていく

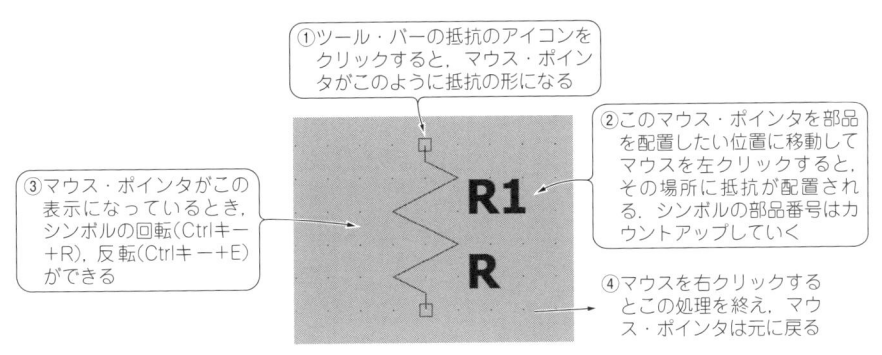

③マウス・ポインタがこの表示になっているとき，シンボルの回転（Ctrlキー＋R），反転（Ctrlキー＋E）ができる

④マウスを右クリックするとこの処理を終え，マウス・ポインタは元に戻る

図3-5　抵抗のシンボルの設定
マウスの右ボタンがクリックされるまで，何か所も抵抗のシンボルを設定することができる．

シンボルに変わったマウス・ポインタを配置場所に移動し，マウスの左ボタンをクリックすると，コイルのシンボルが設定されます(図3-7)．右ボタンをクリックするまで続けて移動して，複数のコイルを設定することができます．Lと番号の部品番号が各コイルに自動的に表示されています．コイルのインダクタンスはLが表示され，値は別に設定する必要があります．

◆ Diode ('D')

回路図に新しいダイオードを設定します(図3-8)．ツール・バーのアイコンをクリックし，ダイオードのシンボルに変わったマウス・ポインタを配置場所に移動し，マウスの左ボタンをクリックすると，ダイオードのシンボルが設定されます．右ボタンをクリックするまで続けて移動して，複数のダイオードを設定することができます．Dと番号の部品番号が，各ダイオードに自動的に表示されています．ダイオードの型番はDと表示されます．

①ツール・バーのコンデンサのアイコンをクリックすると，マウス・ポインタがこのようにコンデンサのシンボルになる

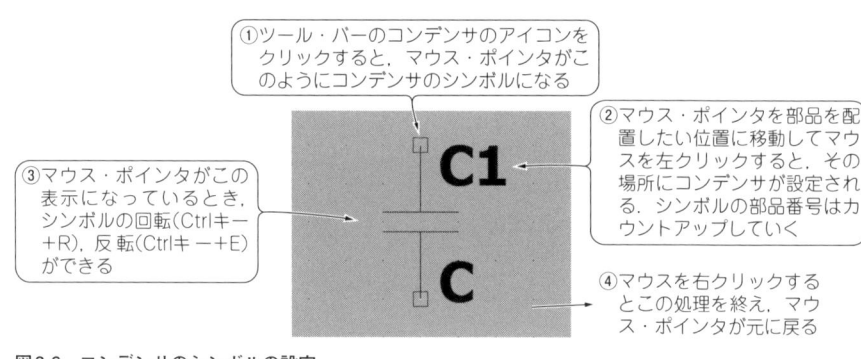

②マウス・ポインタを部品を配置したい位置に移動してマウスを左クリックすると，その場所にコンデンサが設定される．シンボルの部品番号はカウントアップしていく

③マウス・ポインタがこの表示になっているとき，シンボルの回転(Ctrlキー+R)，反転(Ctrlキー+E)ができる

④マウスを右クリックするとこの処理を終え，マウス・ポインタが元に戻る

図3-6　コンデンサのシンボルの設定

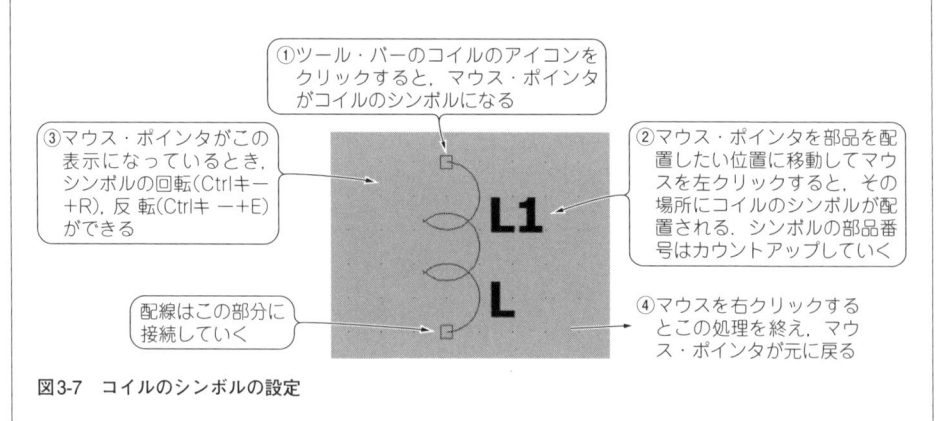

①ツール・バーのコイルのアイコンをクリックすると，マウス・ポインタがコイルのシンボルになる

②マウス・ポインタを部品を配置したい位置に移動してマウスを左クリックすると，その場所にコイルのシンボルが配置される．シンボルの部品番号はカウントアップしていく

③マウス・ポインタがこの表示になっているとき，シンボルの回転(Ctrlキー+R)，反転(Ctrlキー+E)ができる

配線はこの部分に接続していく

④マウスを右クリックするとこの処理を終え，マウス・ポインタが元に戻る

図3-7　コイルのシンボルの設定

この状態でもデフォルト・ダイオードとして，シミュレーションを行うことができます．実際のダイオードのモデルを設定することができます．

◆ Component(F2)

回路図にICやトランジスタなど，ツール・バーにないデバイスのシンボルを設定します．ツール・バーのComponentアイコンをクリックして表示される「Select Component Symbol」のシンボル選択ウィンドウで，ツール・バーにある抵抗やコンデンサも含めて，回路図で使用できるすべてのデバイスを，回路図に取り出し設定することができます．このデバイスの選択ウィンドウでは，後で説明しますが，デバイスの選択機能に合わせて選択された，デバイスの評価のためのテスト回路なども用意されています．図3-9にコンポーネントで作成されるデバイスの例を示します．

①ツール・バーのダイオードのアイコンをクリックすると，マウス・ポインタがダイオードのシンボルになる

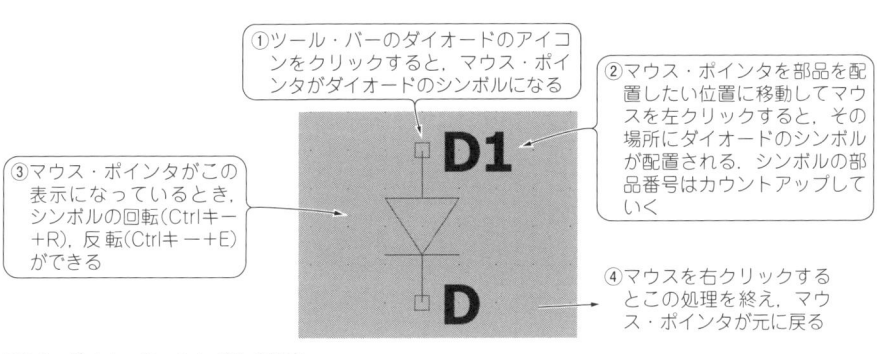

②マウス・ポインタを部品を配置したい位置に移動してマウスを左クリックすると，その場所にダイオードのシンボルが配置される．シンボルの部品番号はカウントアップしていく

③マウス・ポインタがこの表示になっているとき，シンボルの回転(Ctrlキー＋R)，反転(Ctrlキー＋E)ができる

④マウスを右クリックするとこの処理を終え，マウス・ポインタが元に戻る

図3-8 ダイオード・シンボルの設定
ツール・バーからマウス・ポインタを移動して確定したダイオードは，デフォルトの理想的な動作をするダイオードとしてシミュレーションされる．

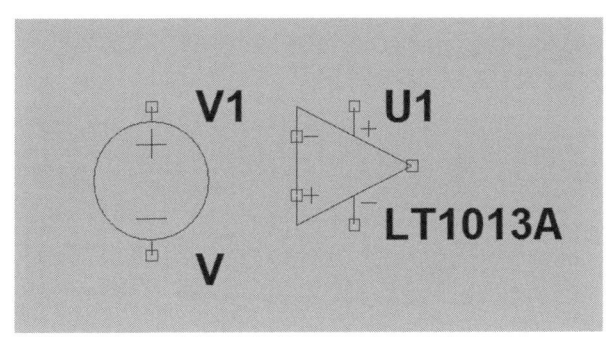

図3-9 コンポーネントで作成されるデバイスの例

3-3 ── 回路図のデバイス，部品の回転や反転，配線などの処理

　回路図を描くときに，抵抗やコンデンサなどの配置の向きを，縦にしたり横にしたりすることが頻繁に起きます．この処理はRotateやMirrorで行います．キーボードのショートカットを使用したほうが効率的です．

◆ Rotate(Ctrl + R)

　デバイスが選択されマウス・ポインタになっているとき，この処理を選択すると，表示は90°回転します．具体的な作業方法は図3-10に説明します．

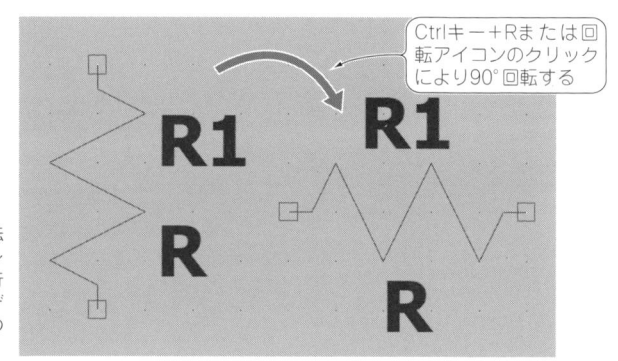

図3-10
デバイス・シンボルの回転
1回の操作でシンボルが90°回転する．ツール・バーのアイコンをクリック，移動，コピーを行うとき，マウス・ポインタがデバイスのシンボルになり，この処理ができる．

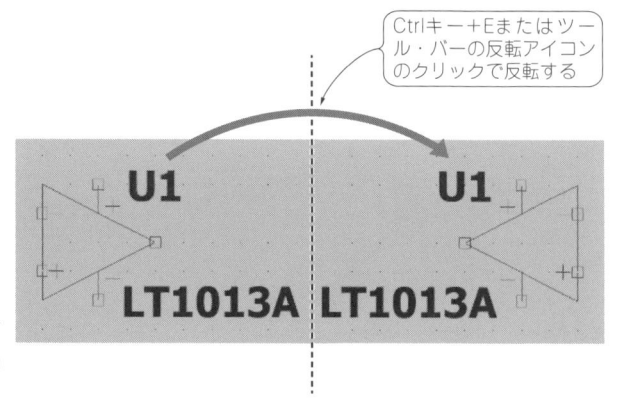

Ctrlキー＋Rまたは回転アイコンのクリックにより90°回転する

図3-11
デバイス・シンボルの反転(ミラー)
左右の反転が行われる．直接上下の反転はできない．
上下の反転が必要なときは，回転→反転→回転で実現．

Ctrlキー＋Eまたはツール・バーの反転アイコンのクリックで反転する

◆ Mirror (Ctrl + E)

　デバイスが選択されマウス・ポインタになっているとき，この処理を選択すると，表示が左右の鏡像の関係で反転されます．具体的な作業方法は**図3-11**に示します．

◆ Draw Wire (F3)

　この処理を選択すると，**図3-12**に示すようにマウスをドラッグしてデバイス間の配線を行えます．マウスの左ボタンを押して配線の始点を決め，ポインタを移動し左ボタンを押すと，そこまでの配線が確定し，次の配線の始点となります．ほかのデバイス，配線などと接続されると，配線が終わり，次の始点が設定できるようになります．マウスの右ボタンを押すと，配線の始点がキャンセルされ，新しく配線の始点が設定できます．始点が設定されないで右ボタンが押されたとき，この配線処理が終わります．

◆ Label Net (F4)

　配線の各ポイントにラベルを付けて，接続先などとして指定することができます（**図3-13**）．そのためのラベルの設定が行えます．

◆ Place GND ('G')

　シミュレーションを行うとき回路図には基準となる0 Vを示すGND（グラウンド）の位置が必要です．この処理を選択すると，GNDのマークをマウスでドラッグして，回路図にGNDを配置します（**図3-14**）．

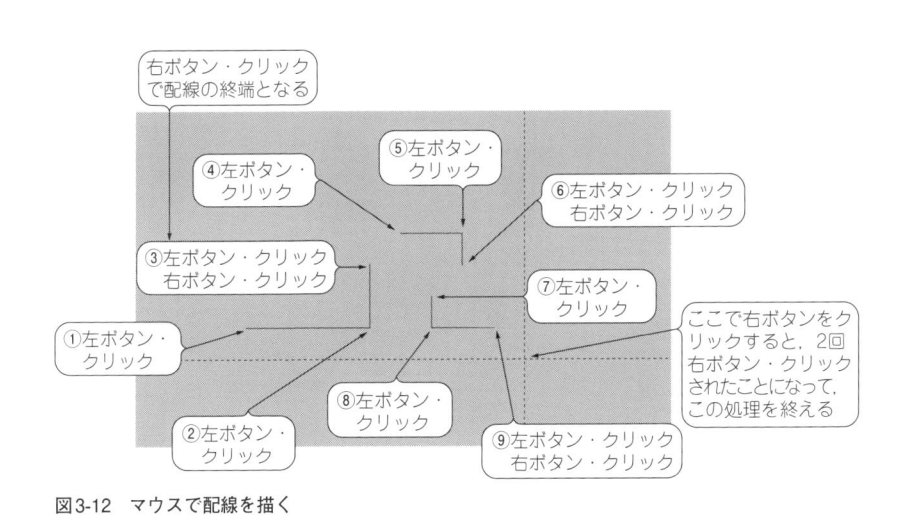

図3-12　マウスで配線を描く

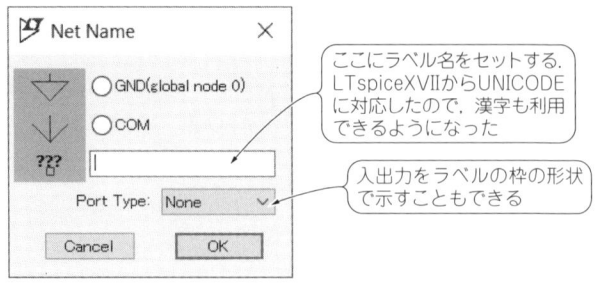

図3-13 ラベルの設定

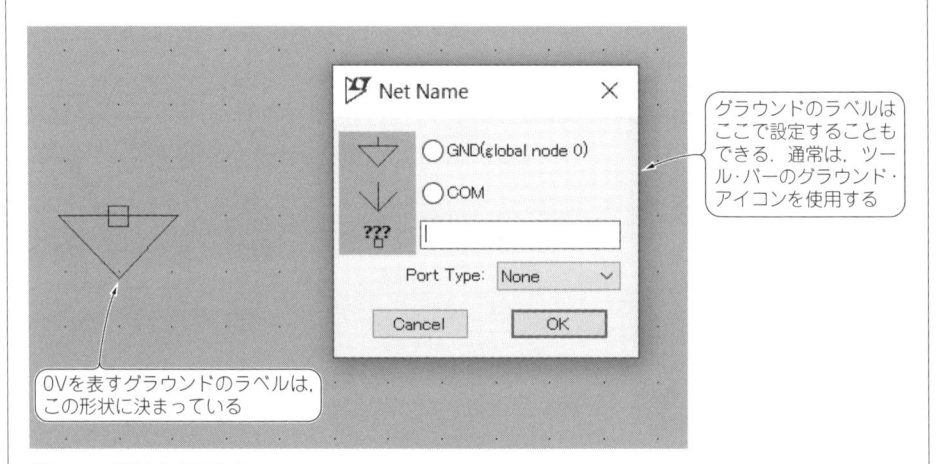

（吹き出し）ここにラベル名をセットする．LTspiceXVIIからUNICODEに対応したので，漢字も利用できるようになった

（吹き出し）入出力をラベルの枠の形状で示すこともできる

図3-14 グラウンドの設定

（吹き出し）グラウンドのラベルはここで設定することもできる．通常は，ツール・バーのグラウンド・アイコンを使用する

（吹き出し）0Vを表すグラウンドのラベルは，この形状に決まっている

◆ Delete（F5）

この処理を選択すると，マウス・ポインタがはさみのマークになり，回路図のデバイス，配線などの場所に持っていき，左ボタンを押すと削除できます．左ボタンを押したままドラッグすると，ドラッグされた範囲が削除されます．マウスの右ボタンを押すと，処理を終了します．

3-4 ── 回路図のデバイス，部品の複写，移動など

◆ Duplicate（F6）

回路図上のデバイスなどをドラッグして複写します（**図3-15**）．この機能を選択してか

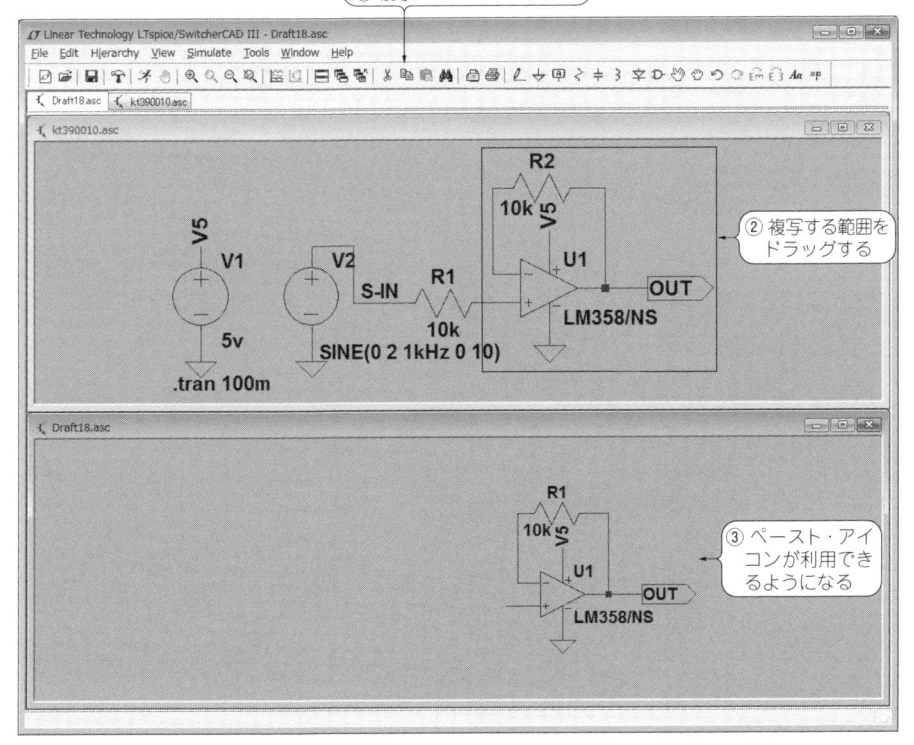

図3-15 複写.他のウィンドウへの複写,貼り込みもできる
ドラッグすると,ドラッグした範囲に含まれる複数のシンボルが複写の対象となり,シンボルをクリックすると,その
シンボルのみが複写の対象となる.

ら,マウスで複写するデバイスや配線,その他の対象をクリックして選択し,複写先にドラッグして複写します.複数の対象をドラッグして選択すると,複数の対象をドラッグして複写できます.この処理中,右ボタンをクリックすると,この処理を終了します.

この機能を使用し,ほかの回路図のウィンドウに複写することもできます.回路図の具体的な作成の中で説明します.

◆ Move(F7)

回路図上のデバイスなどを移動します(**図3-16**).この機能を選択して,マウスで移動するデバイスや配線その他の移動対象をクリックします.マウス・ポインタはクリックされたデバイスのシンボルと同じ形状になります.マウスを移動し,移動先でクリックして

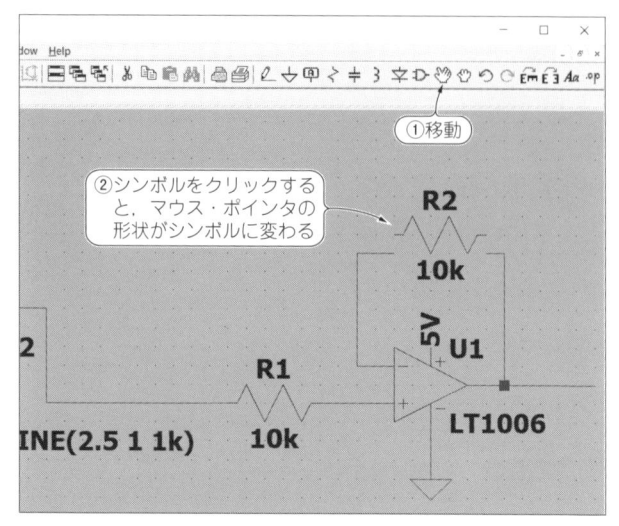

図3-16 回路図の移動(Move)
ドラッグすると、ドラッグした範囲内の複数のシンボルが移動対象となる.

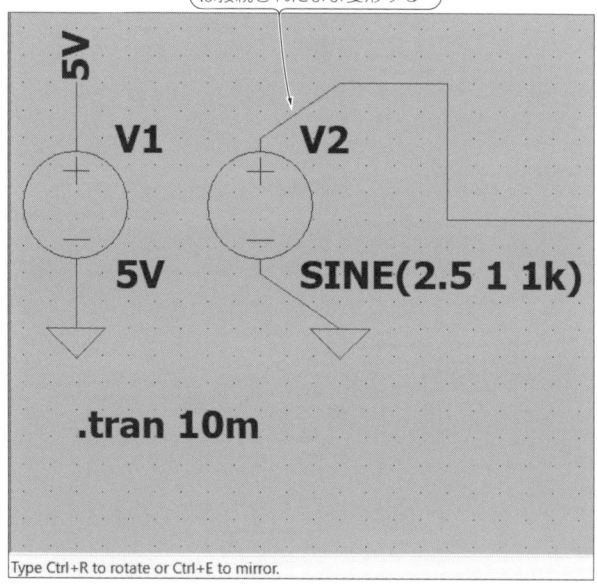

図3-17 回路図のドラッグ(Drag)

配置を確定します．複数のデバイスの範囲をドラッグすると，複数のデバイスが選択されます．選択された複数のデバイスをマウス・ポインタにし，マウスで移動できます．移動先でマウスをクリックすると，その場所に選択されたデバイスが配置されます．

◆ Paste

このPasteはDuplicateでデバイスなどを選択して，新しい回路図ウィンドウを開くと利用できるようになります．ほかのウィンドウの回路図を，新しいウィンドウの回路図に貼り込むことができます．

◆ Drag（F8）

回路図上のデバイスを，Moveと同様にマウスで選択し移動します（図3-17）．Dragの場合は，選択した対象が配線ごと移動し，配線の接続状態は元のままになっています．配線の接続状態が維持されるため，配線は伸びたり縮んだりなどと変形されます．

この他にDrawがあり，回路図にコメントなどを記入する機能があります．ただし日本語の入力ができませんので，当面利用しません．

3-5 ── 配線後には接続の確認

配線の接続が完了したら，各接続部が確実に接続されているか確認します．ラベルの配線を接続する端子は未接続の場合，図3-18に示すように四角い状態で残っています．ラベルが配線に接続されている場合はこの接続部が消えます．

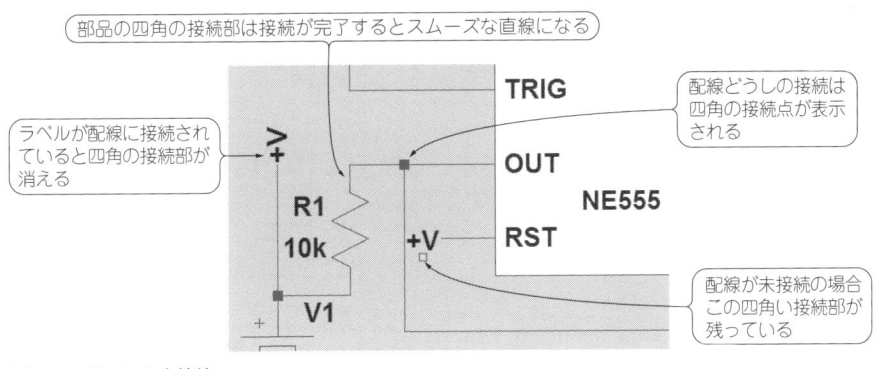

図3-18　ラベルの未接続

配線の接続された交点，または配線から引き出された場合は**図3-18**に示すように塗りつぶされた四角の表示で接続されていることが示されます．

デバイスの場合も配線にしっかり接続されると接続部の四角い接続部は消えます．ただし，複数の配線がデバイスの端子に接続されている場合，配線の交点の接続部と同じ塗りつぶされた四角のマークが表示されます．

電子回路シミュレータLTspice入門編

第4章
LTspiceを使ってみる②
回路を作成する

　本章では，CRフィルタを題材として，LTspiceで回路図を作成し，その回路に基づきCRフィルタの周波数特性，入力信号の周波数と出力の関係をシミュレーションします．
　ツール・バーから抵抗とコンデンサのシンボルを取り出して，回路図のウィンドウに配置します．次に信号発生用のデバイスを準備し，配線でデバイスを接続し，各デバイスの値を設定し，シミュレーションの条件を決めます．その後シミュレーションを実行し，結果を表示します．図4-1に，これから行う回路図作成とシミュレーション画面を示します．
　では，具体的な操作をステップごとに，できるだけ詳しく説明します．

4-1 ── CR回路の回路図を回路図作成画面で作成する

(1) 回路図エディタの起動
　LTspiceを起動し，ツール・バーの左端のNew Schematic（新規回路図）を選択して，回路図エディタを起動します．回路図エディタが起動すると，メニュー・バーには，Edit, Simulateなどの四つ項目が増え，ツール・バーの回路図作成のために必要なアイコンがすべて利用できるようになります．

(2) 抵抗の呼び出し
　ツール・バーの抵抗アイコンをクリックすると，マウス・ポインタが抵抗のシンボルに変化します．抵抗をウィンドウの中心に持ってきたのが，図4-2に示す回路図エディタのウィンドウです．
　抵抗のシンボルはこの状態ではグレーになり，部品番号欄は空白になっています．デバイスが選択され，グレー表示の状態では，ツール・バーの回転，反転のアイコンが薄いグ

レー表示から選択可能な鮮明な表示になっています．

またステータス・バーには，Type Ctrl + R to rotate or Ctrl + E to mirrorとショートカット・キーで回転，反転するガイダンスが表示されます．

◆ツール・バーの回転アイコンを利用

抵抗を水平に配置したいので回転させます．そのままの状態で，ツール・バーの回転のアイコンをマウスでクリックすると，抵抗の回路図は90°回転します．マウスでツール・バーのアイコンをクリックするためにマウスを動かすと，マウスの動きに合わせて抵抗のシンボルもツール・バーの場所まで移動してしまいます．ツール・バーで回転アイコンを必要な回数クリックして図形を回転させ，希望の向きになったら抵抗を設定する場所に戻

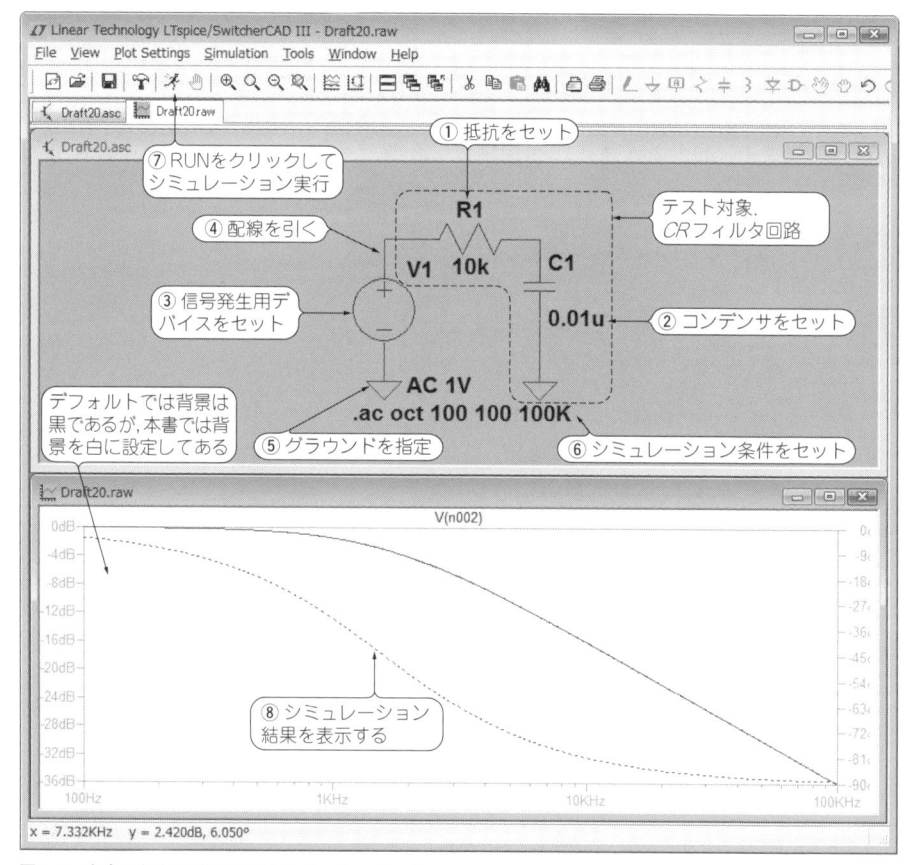

図4-1 本章で行う回路図作成とシミュレーション

し，左ボタンをクリックして抵抗の配置を確定します．

◆回転のショートカット・キーを使用する

デバイスが選択された状態でなければ，回転，反転処理はできません．すでに確定して

（図中の吹き出し）
- このアイコンもアクティブになっている
- ①このアイコンをクリックして抵抗のシンボルを選択する
- ③Ctrlキー＋Rのショートカット・キーを使用して抵抗の表示を水平に変更する
- ②マウスでシンボルを配置する場所へ移動する
- ステータス・バーに回転，反転を行うショートカット・キーの説明が表示される

Type Ctrl+R to rotate or Ctrl+E to mirror.

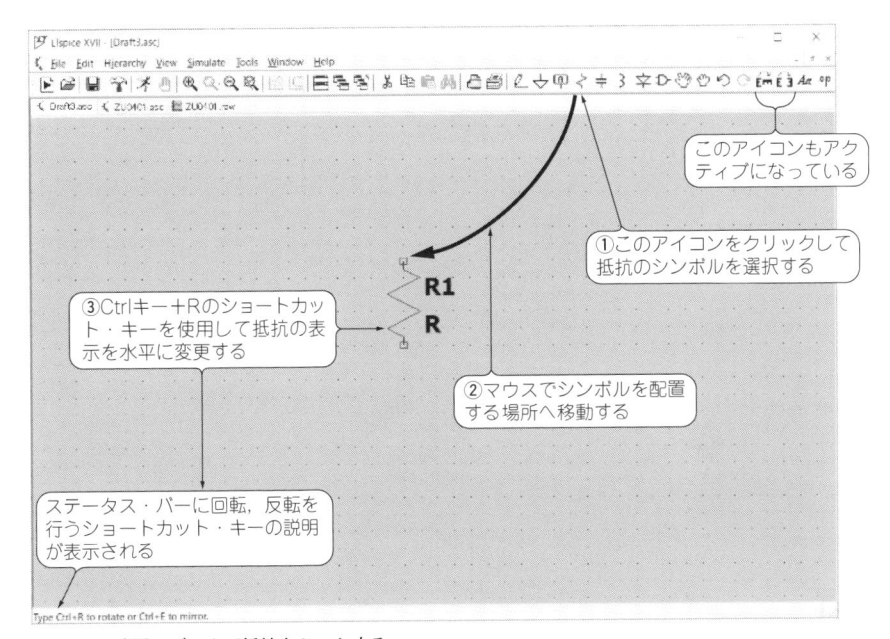

図4-2 回路図エディタで抵抗をセットする

column 4-A　起動しても利用できないアイコン

利用できないのは，

① ツール・バー左からシミュレーションの停止アイコン…シミュレーションを開始していないため．
② シミュレーション結果の表示選択アイコン…オートレンジ・アイコンはシミュレーション結果を表示する波形表示ウィンドウが選択されたとき利用できるようになるため．
③ ペースト・アイコン…Copy処理が起動したとき利用できるようになるため．
④ Undo(取消し)，Redo…まだ何も処理を開始していないため．
⑤ 回転アイコン，反転アイコン…デバイスが選択されないため．

以上の五つです．

いる場合は，移動などの処理で選択状態にします．マウスをツール・バーに移動すると，デバイスの表示がツール・バーに隠れてしまいます．このようなとき，回転処理はショートカット・キーのCtrl + R(回転)で回転させることができます．

　上記の抵抗のデバイスが確定する前に，Ctrlキーを押しながらRキーを押すと，**図4-3**に示すように抵抗のデバイスが水平に配置できます．

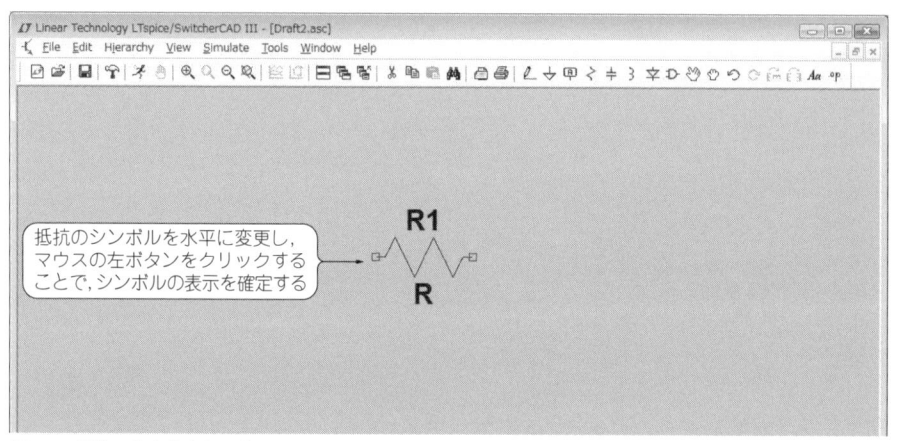

図4-3　抵抗の向きを変える(CtrlキーとRキーを押す)

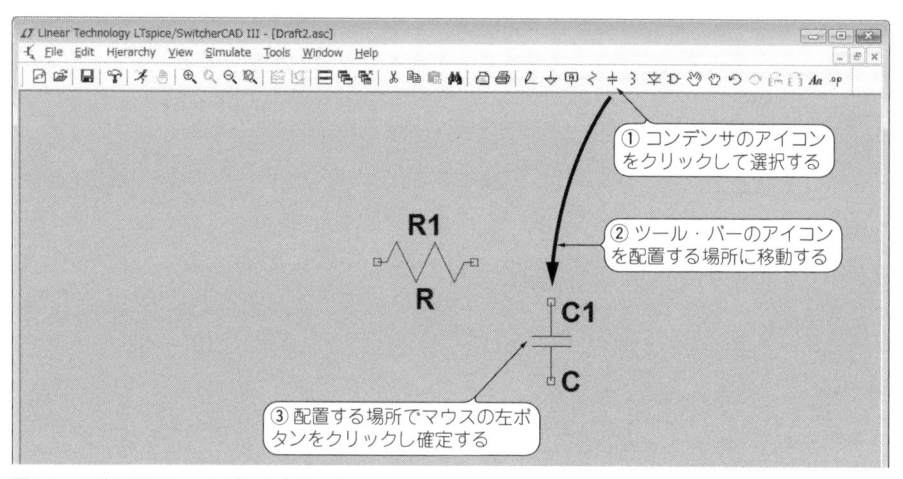

図4-4　回路図画面にコンデンサを追加する

(3) コンデンサの呼び出し

次にコンデンサを追加します．コンデンサは縦に配置しますので，ツール・バーのコンデンサを配置する場所に，マウスでドラッグするだけで済み，**図4-4**に示すようになります．

(4) 信号源としてVoltageを使用する

信号源の設定を行います．信号源としてコンポーネントの中に用意されている，Voltageと呼ばれるコンポーネントを使用します．このコンポーネントは，正弦波，パルス，0 Vから所定の電圧にステップするようなステップ信号など，通常使用する信号を発生することができます．また，信号源以外に，電池などの電源としても利用できる万能の電圧源です．

ツール・バーのコンポーネントを選択して，コンポーネントのルート・フォルダの最後のほうに，Voltageコンポーネントがあります．Voltageを選択すると，**図4-5**のようにVoltageのシンボルと概要が示されます．

数多くのコンポーネントが用意されているので，少し探すのに手間がかかる場合があります．カーソル移動キーで順番に移動するだけで，連続して内容を確認できます．どのようなコンポーネントがあるか確認しておくと，以後探すのが少し容易になります．

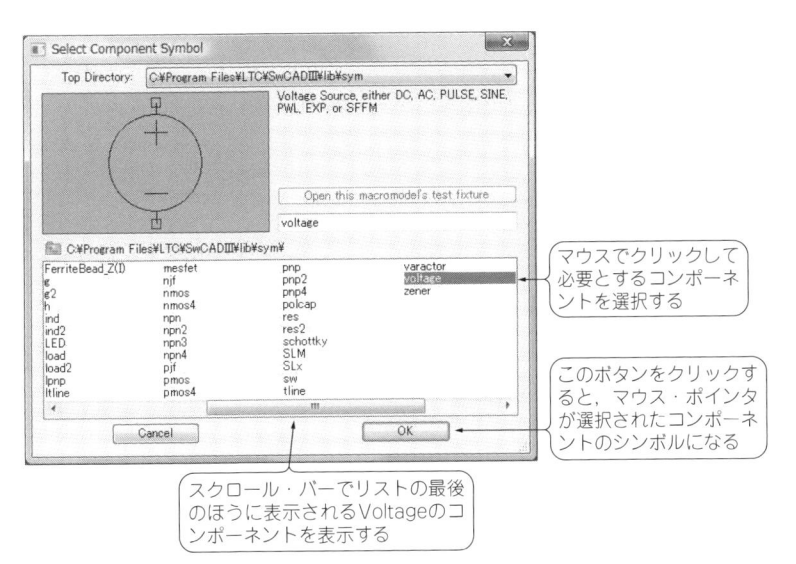

図4-5 電圧源Voltageを選択する

OKボタンをクリックすると，マウス・ポインタが上記のVoltageのシンボルに変わります．シンボルを配置先に移動しマウスの左ボタンをクリックすると，Voltageが配置されます．

　コンポーネントは，マウスの右ボタンを押してコンポーネントの配置を終了するまで，いくつでも配置先で左ボタンを押し配置することができます．

(5) 配線の設定

　ツール・バーのWire(配線)マークをクリックして，配線を開始します．点線のカーソル・ラインが**図4-6**に示すように表示されるので，配線の位置を設定する助けになります．各デバイス間を順番に接続していきます．

◆基準電位0Vの設定が必要： 配線を完了すると，**図4-7**に示すようになります．通常の回路図の配線ではよいのですが，シミュレーションを行う場合，回路中の各ポイントの

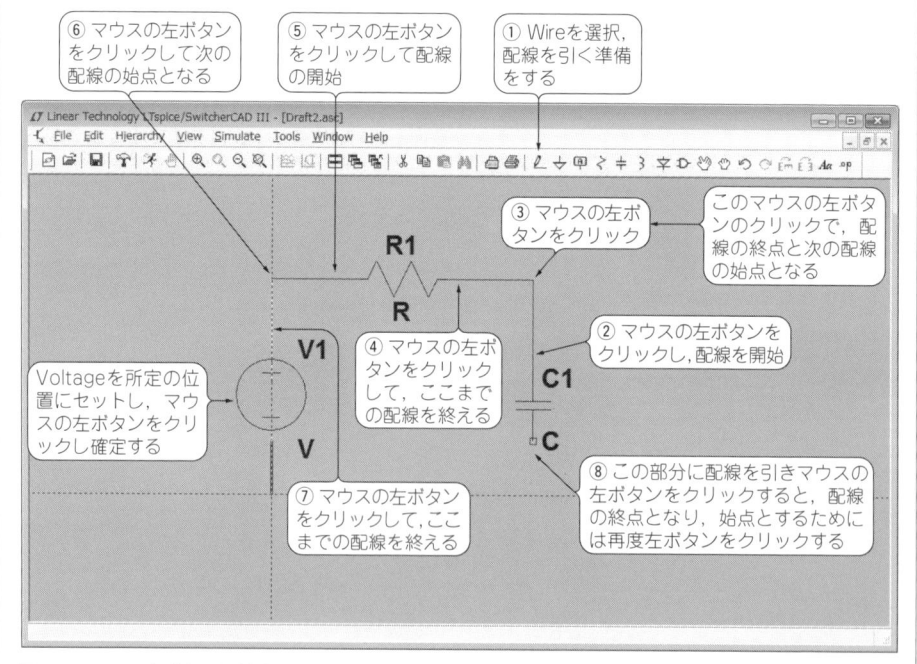

図4-6　Voltageを追加し配線する
マウスの右ボタンを2回続けてクリックするまで配線のモードが続く．

電圧を計算するために基準となるグラウンドを決める必要があります．シミュレータは，このグラウンドを0Vとしてデバイスごとに電位を決めていきます．

ツール・バーの，下向き三角形のグラウンド・アイコンをクリックすると，マウス・ポインタがグラウンドのシンボルになります．そのシンボルを，グラウンドになる配線に**図4-8**に示すように接続します．

グラウンドは1か所にまとめず，**図4-9**に示すように，個々の配線の末端がGNDに接続していることを示すこともできます．回路が込み入ってくると，このほうがわかりやすく

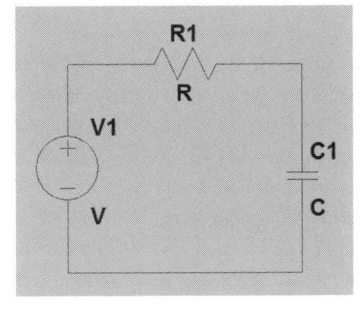

図4-7 回路図はできた
一般的な配線の場合はこれでもよいが，シミュレーションは回路中の0Vの位置を基準に各部の電位を計算する．基準電位の場所を指定する必要がある．

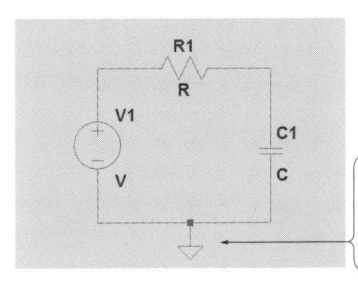

ツール・バーのグラウンド・アイコンをクリックし，マウスでこの場所へ移動し左ボタンをクリックして確定する

図4-8 0Vの基準電位（グラウンド）を指定する
回路図の各デバイスの入出力端子の直流電位を決められるように基準となる0V（グラウンド）を指定する．

配線図はできたが，各デバイスの値はまだ決まっていない

配線が複雑になる場合，電源，入出力端子などもラベル表示して回路図をわかりやすくできる

同じラベルは互いに接続されている

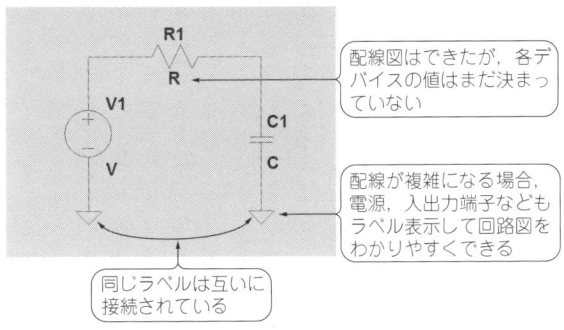

図4-9 個別にグラウンドを指定する
グラウンドのシンボルはラベルの一つで，同じラベルは互いに接続されている．

4-1——*CR*回路の回路図を回路図作成画面で作成する　63

なります。

　グラウンドは，あらかじめシステムで用意していますが，そのほかに電源なども，後で説明するラベルを使用することで同じように使えます。

4-2 ── 各デバイスの値を設定する

　デバイスのシンボルの上にマウス・ポインタを持っていくと，マウスが手の形になります。この状態でマウスの右ボタンをクリックすると，デバイスの仕様を設定するダイアログが図4-10に示すように表示されます。デバイスの種類によって内容が異なります。

◆**抵抗の設定**：　抵抗の場合は，図4-10のダイアログで抵抗値を設定します。Resistanceの欄に設定する抵抗の値を入力します。設定する抵抗値の単位はΩです。抵抗はMΩの表記を使用しますが，ここではMはミリの意味になります。メガの表記はMegを利用します。ここでは抵抗値を10kと入力します。

　「Select Resistor」ボタンをクリックすると，リストから抵抗を選択することもできます。

◆**コンデンサの設定**：コンデンサの設定は，図4-11に示すように容量以外にも多くの設定値が入力できるようになっています。しかし入門編では，多くの場合，コンデンサの容量値を設定するだけで間に合います。通常コンデンサはμFまたはpFの単位で表示します。しかしLTspiceでは，単位はF（ファラッド）です。そのため数値だけでなくu（マイクロ），p（ピコ）のスケール単位もしっかり入力します。単位がマイクロの場合，μの文字に代えてuを使用します。マイクロの文字で単位を指定すると文字化けを起こします。「Select Capacitor」ボタンをクリックすると，ニチコン，TDK，パナソニックなどのコンデンサを選択することもできます。

　ここでは0.01μFの容量のコンデンサを使用するものとして，0.01uと入力しました。

◆**信号源の設定**：　デバイスのシンボルの上に，マウス・ポインタを持っていって，右ボタンをクリックすると，図4-12に示す，電源の設定のダイアログが表示されます。Voltageは，DC電源として利用する場合も多くあります。DC電源の場合，電源の内部抵抗は多くの場合無視できますので，電圧値の設定だけですみます。

　今回は，AC信号源として設定しますので，Advancedのボタンをクリックして，図4-13のより詳細な設定のためのダイアログ・ウィンドウを表示します。

　ここで，掃引のためのAC信号の大きさを1Vと指定します。ここで指定した内容は，

抵抗のシンボルをマウスの右ボタンでクリックすると表示される

抵抗のリストから選ぶこともできる

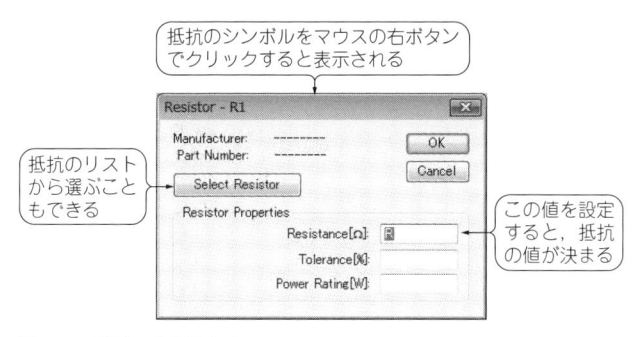

この値を設定すると、抵抗の値が決まる

図4-10　抵抗の値を設定する

実在のコンデンサが選択されるとメーカ名、型番などが表示される

ここをクリックすると実在のコンデンサのリストが表示される．メーカ名，型番，容量，等価抵抗なども含めて設定できる

コンデンサの容量の値はここに設定する．忘れずに単位も入力する

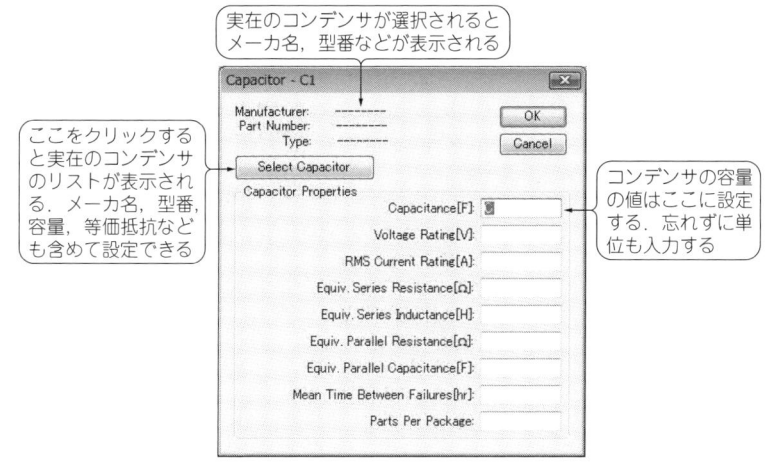

図4-11　コンデンサの値を設定
コンデンサの容量を設定するときは忘れずに単位も設定すること．単位の指定を忘れると，単位はF（ファラッド）とみなされる．

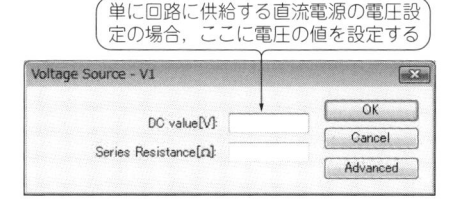

単に回路に供給する直流電源の電圧設定の場合，ここに電圧の値を設定する

図4-12　電圧源の設定
単純な直流電源以外はAdvancedボタンをクリック．

4-2——各デバイスの値を設定する

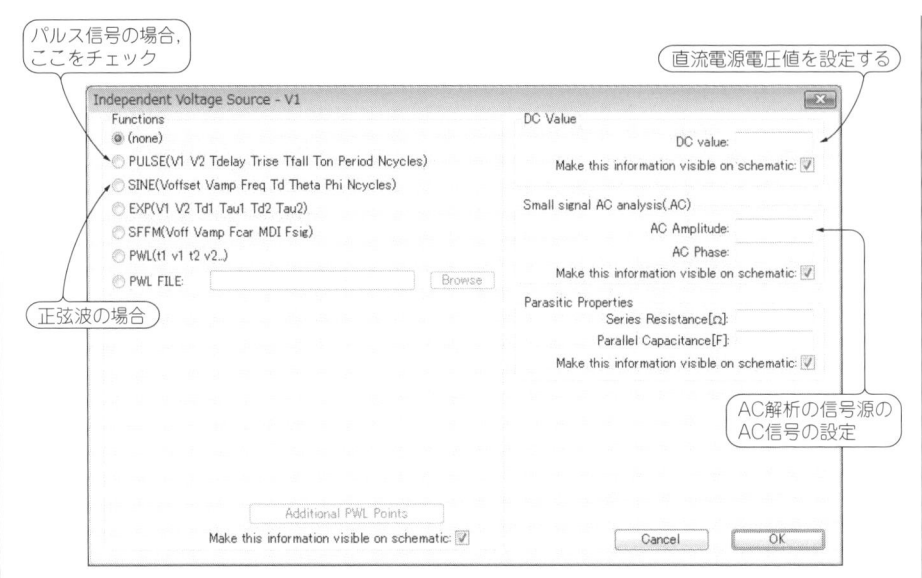

図4-13 電圧源の詳細はこの設定画面で行う

　回路図の電源のシンボルの横にAC 1Vと表示されます．この表示は設定画面（**図4-13**）の下の方にある「Make this information visible on schematic」の欄がチェックされているためです．このチェックを外すとAC 1Vの表示が消えます．

　このほかにも電源，信号源として多様な設定ができます．それらについては具体的なシミュレーション場面で詳しく説明します．

4-3 ── 各デバイスの設定値，表示のみ編集する場合

　今まで示した三つの設定方法は，デバイスに対する設定ですが，表示されている抵抗値，容量，電圧を変更する方法も用意されています．表示されているこれらの値の上に，マウス・ポインタを載せてマウスの右ボタンをクリックすると，次のように表示されている値を変更するダイアログが表示されます．このダイアログで，設定値を迅速に変更することができます．

● 抵抗値のみの設定

　抵抗のシンボルの下に表示されている，抵抗値を示すテキストをマウスの右ボタンでク

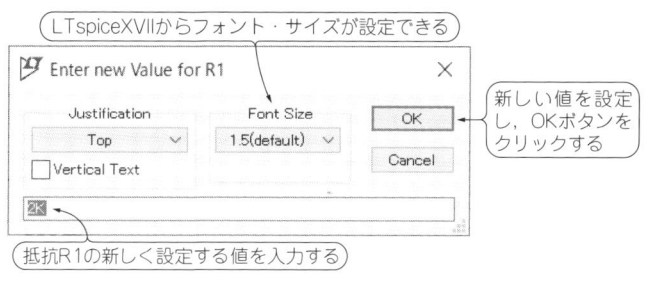

図4-14 回路図のテキストの修正；抵抗値

図4-15
コンデンサの設定の初期画面
コンデンサの容量の設定と文字の大きさも設定できる．

リックすると，**図4-14**に示すように抵抗値のみ変更するダイアログ・ボックスが表示されます．同様に部品番号のR1のテキストをマウスの右ボタンでクリックすると，部品番号を修正できるダイアログ・ボックスが表示されます．部品番号や値だけの変更の場合，部品番号や値のテキストをマウスの右ボタンでクリックするほうがシンプルです．

● コンデンサの容量のみの修正

図4-15に示すのは，コンデンサの値を設定する前の状態でしたので，シンボルを貼り付けたときの初期値のCのままになっています．ここで0.01uを入力しOKボタンをクリックすると，C1のコンデンサの容量は0.01μFに設定されます．単位のuの入力を忘れると，0.01Fと100万倍の容量になってしまいます．

これで，信号源，抵抗，コンデンサの値が決まりましたので，次にAC信号によるシミュレーションの条件を設定します．

4-4 ── シミュレーションの条件を設定し，実行する

● シミュレーション・コマンドの設定

シミュレーションの基本的な条件は，メニュー・バーのSimulate>Edit Simulation Commandを選択すると，過渡特性(Transient)，AC解析，DCスイープなどの設定を行

うダイアログが表示されます．

これらの設定を行わずに，RUNアイコンなどでシミュレーションを開始するとこのダイアログが表示され，シミュレーションの条件の設定が促されます．

● **AC解析の設定**

抵抗とコンデンサのフィルタ回路に正弦波の信号を加えて入力と出力の関係を調べます．周波数を100 Hzから100 kHzまで変化させます．

ここで，AC Analysisを選択すると**図4-16**に示すように，スイープ(掃引)方法，計算ポイントの数，掃引開始周波数，掃引終了周波数を設定する欄が表示されます．これらの値を設定します．

掃引タイプはOctave(オクターブ)，Dec(10倍)，Lin(リニア)の3種類が選べます．通常はOctaveを選び，オクターブ(周波数が倍になる)あたりの計算ポイントをセットします．

ここでSpiceの小信号交流解析のコマンドである，ACコマンドが設定されます．**図4-16**のウィンドウの下の欄にコマンドが構成されます．OKボタンをクリックすると，回路図にもこのコマンドが表示されます．このコマンドでシミュレーションを行うには，信号源にAC信号の大きさを設定する必要があります．信号源V1でAC 1Vを設定してありますから，**図4-16**のようにACシミュレーションの条件を設定した後，RUNアイコンをク

過渡分析(Transient)，AC解析など解析内容によりタグを選択する

選択されたタグの空欄をうめることで，ここにSpiceのシミュレーション・コマンドが構成される

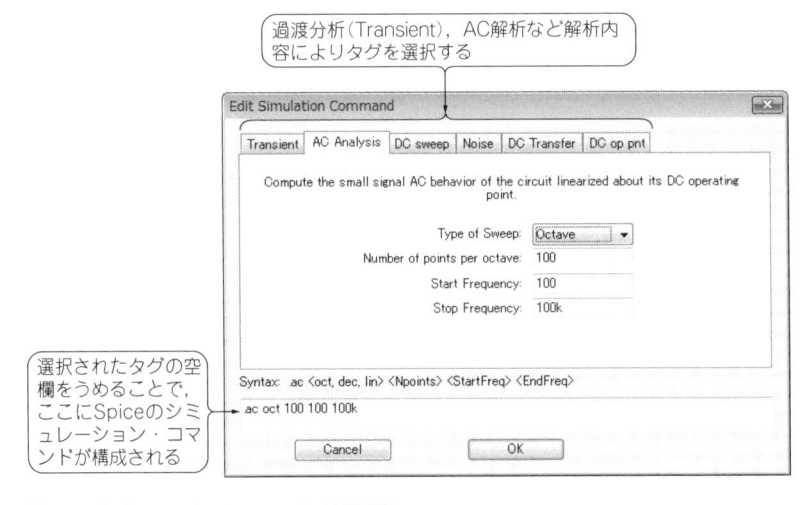

ac oct 100 100 100k

図4-16 シミュレーション・コマンドの設定

リックするとシミュレーションを開始します.

● シミュレーション結果

走っている姿のRUNのアイコンをクリックすると,シミュレーションを開始します.ウィンドウが分割され,白い背景のWaveform Viewerと回路図のウィンドウが,**図4-17**

> シミュレーションの条件を設定し,
> このRUNアイコンをクリックし,
> シミュレーションを開始する

> この状態でマウスの
> 左ボタンをクリック
> すると,この測定点
> のシミュレーション
> 結果がプロット・ペ
> インに表示される

> マウス・ポインタが赤の
> テスト・プローブに変わ
> り,電圧の測定ができる

> ステータス・バーには「クリックす
> るとノードN002がプロットされる」
> と現在の操作状況が表示されている

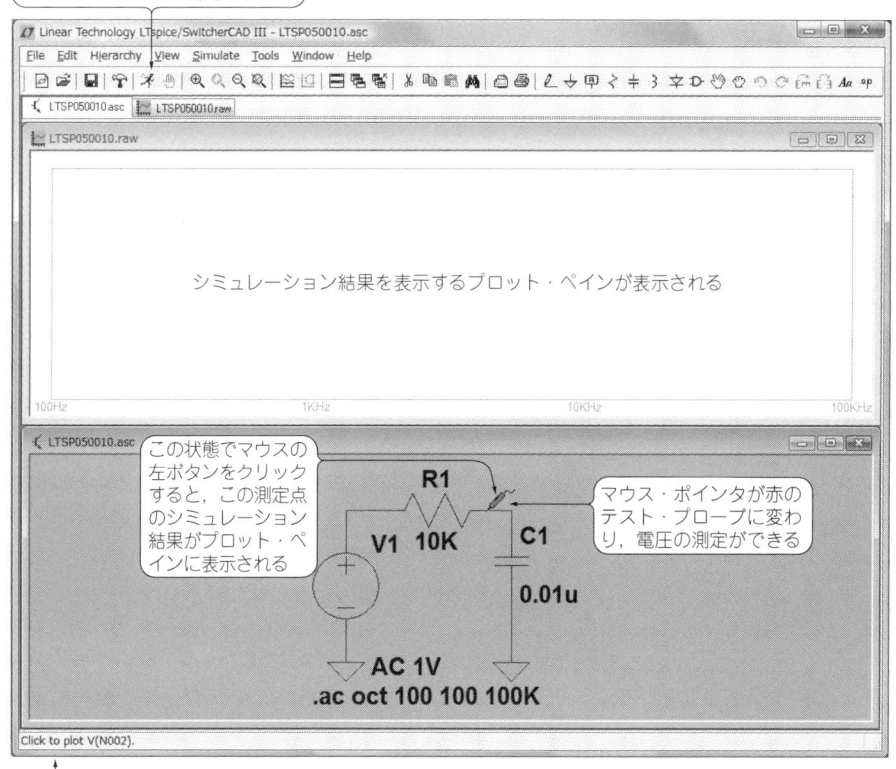

図4-17 AC解析による周波数特性の解析
マウス・ポインタでシミュレーション結果の表示ポイントをクリックする.

4-4——シミュレーションの条件を設定し,実行する 69

に示すように表示されます．ただし，グラフの画面は表示する信号が選択されていないので，白いままで何も表示されていません．本書では背景を白にしていますが，デフォルトのままでは黒となっています．

● マウスで回路の測定ポイントをクリックして結果を表示

図4-17に示すようにマウス・ポインタをR1とC1の間の配線の上に持っていくと，マウス・ポインタが赤いテスト・プローブに変わります．

この状態でクリックすると，図4-18に示すようにクリックしたポイントの周波数と電圧レベル，位相の状態がグラフ表示されます．

> グラフの罫線の表示のオン/オフは，グリッドのオン/オフで行える．ショートカット・キーはCtrlキー＋G

> 出力電圧の減少のようす

> 位相の遅れ

> 表示スケールは，それぞれのシミュレーション結果に応じて自動的に設定される

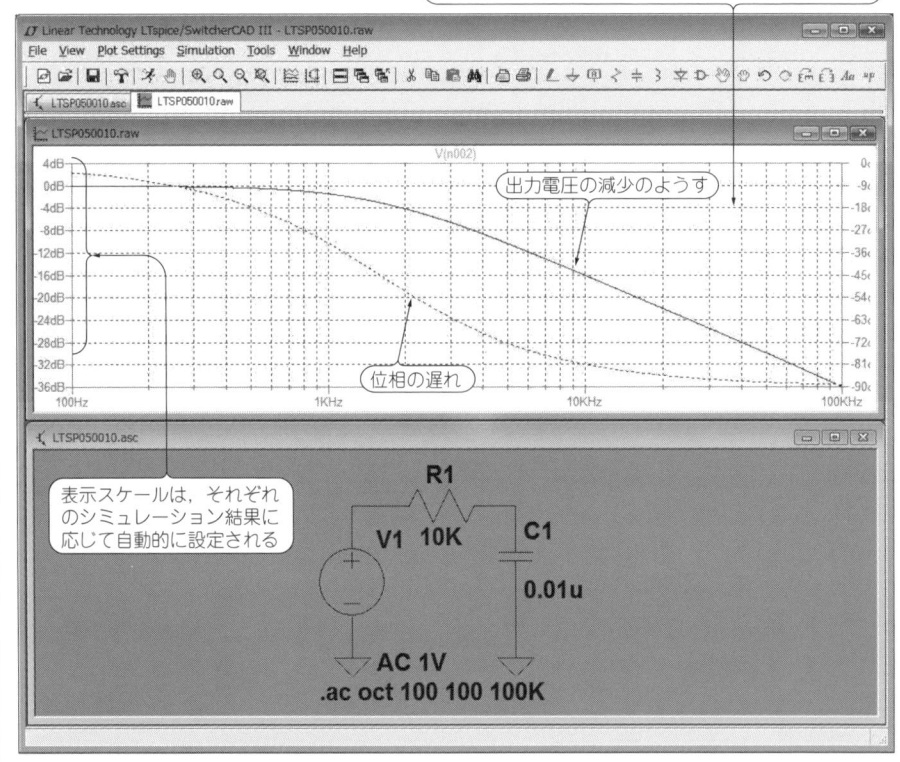

図4-18 ハイカット・フィルタの周波数特性
スケールはオート・レンジング機能で自動的に決まる．スケールをマウスでクリックするとスケールを変更できる．

● **CRのフィルタ回路の動作が確認できる**

抵抗とコンデンサ一組のCRフィルタは，図**4-18**に示すように$1/(2\pi CR)$の周波数をカットオフ周波数として−6 dB/Octの割合で出力が減少します．この場合，R1 = 10 kΩ，C1 = 0.01 μFですので，

$f_c = 1/(2 \times 3.14 \times 10 \times 10^3 (\Omega) \times 0.01 \times 10^{-6} (F))$

$= 1/(6.28 \times 0.00001 (Hz))$

$= 1/(6.28 \times 100 (kHz))$

$= 1.592 (kHz)$

実際は図**4-18**に示すように，カットオフ周波数より低い周波数から，出力の低下は徐々に始まっています．カットオフ周波数では，−3 dBの低下になります．しかし，図**4-18**では出力スケールのメモリが4 dBですので，少しわかりづらくなっています．そこで，縦軸の目盛りを3 dB単位に変更します．

● **スケールの変更**

軸の目盛りの部分を，マウスの左ボタンでクリックすると，図**4-19**に示すように，目盛り変更を行うダイアログが表示されます．

Tickを4 dBから3 dBに変更します．目盛りを変更し，グラフのペインをウィンドウ全面に表示した結果を図**4-20**に示します．

約3 kHz以降は，フィルタの出力電圧が−6 dB/Octの単位で減少しているのがよくわかります．−6 dB/Octで減少している直線を延長し，0 dBの目盛り線との交点の周波数が，カットオフ周波数となります．カットオフ周波数では周波数特性の曲線はピーク値に比べて3 dB減衰した値になります．このカットオフ周波数は，先ほどの計算によれば，1.59 kHzとなります．

column 4-B 数値のスケール単位

Mはミリで，2MΩなどのM（メガ）はM（ミリ）と区別するためにMegと表示します．uはμの代替です．

T：10^{12}　G：10^9　Meg：10^6　K：10^3　M：10^{-3}　u：10^{-6}　n：10^{-9}

p：10^{-12}　f：10^{-15}

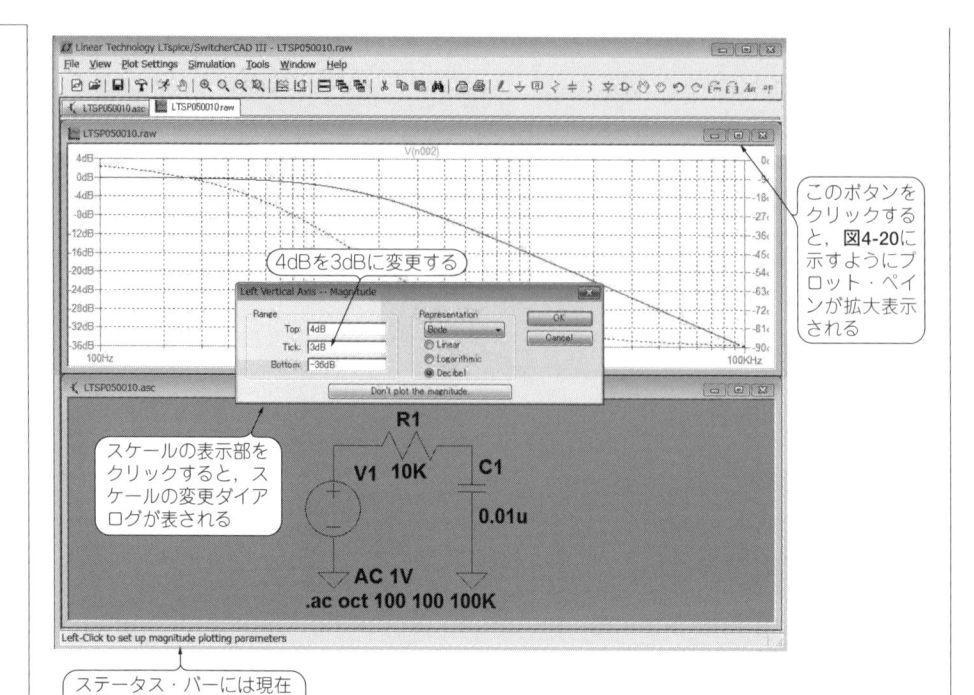

図4-19 スケールの変更

このグラフ上で周波数特性の曲線と−3dBの目盛りとの交点にマウスをセットしています．このマウスのポインタの座標がグラフのステータス・バーに表示されます．マウス・ポインタの位置は1.572kHzと表示されています．このままのグラフ表示では3桁目の表示には読み取り誤差が含まれるので，グラフ表示を拡大して読み取り精度を上げます．

● グラフの拡大したい範囲をドラッグする

1.5kHz，−3dB近辺のようすを確認するために，出力の特性曲線の−3dBの近辺をドラッグしました．図4-21に示すように，ドラッグした範囲が拡大表示されます．ドラッグして拡大する処理は何度でも繰り返すことができます．その場合，シミュレーションの計算密度を合わせて上げておかないと，拡大したとき滑らかな曲線となりません．オクターブ当たりのシミュレーション・ポイントの数を通常は10くらいでもよいのですが，100から1000くらいにする場合もあります．

図中の注釈:
- 周波数が低い領域では入出力は同じになる
- マウス・ポインタを周波数特性曲線の−3dBの位置にセットする
- 位相のグラフ
- 拡大したい部分をドラッグすると,図4-21のように拡大表示される
- −6dB/Oct
- 周波数が倍になるとゲインは6dB下がる
- 0〜90°だが最後の桁が欠けている
- 1.572kHz
- ステータス・バーには,マウス・ポインタの座標が表示される
- この周波数をカットオフ周波数と呼び,$f_c = \dfrac{1}{2\pi C_1 R_1}$ となる

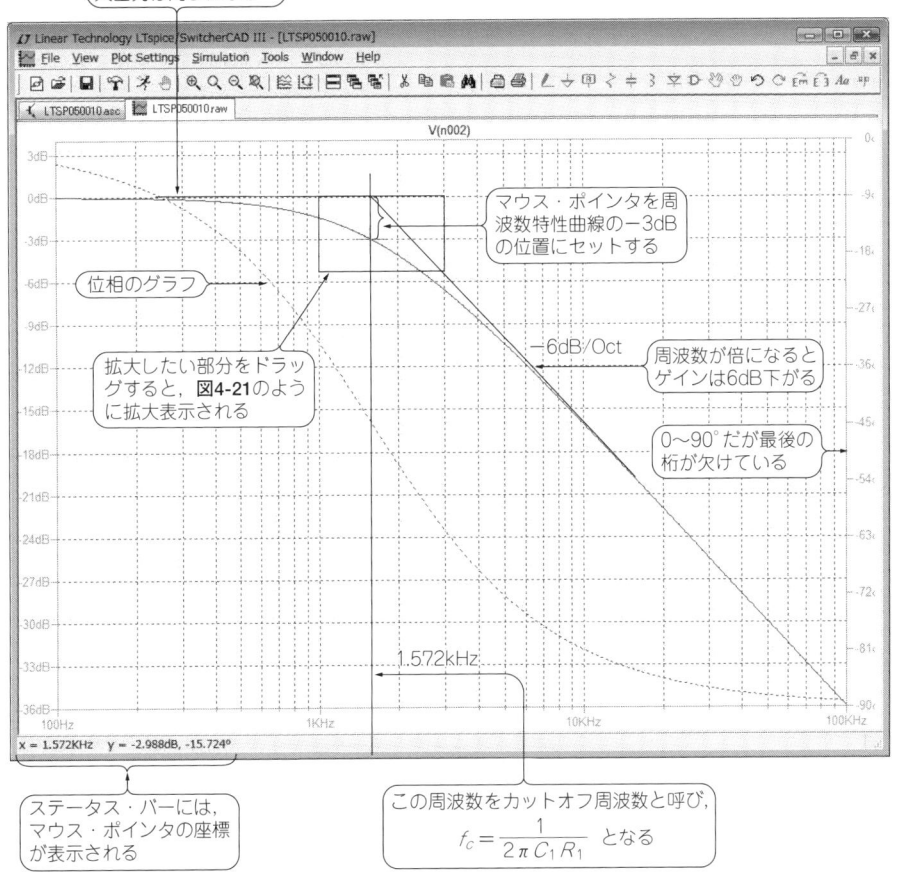

x = 1.572KHz　y = −2.988dB, −15.724°

図4-20 *CR*フィルタの周波数特性のシミュレーション

拡大したあとの周波数特性の曲線と−3dBのラインの交点にマウス・ポインタをセットします.ステータス・バーに表示された座標から,この位置の周波数が1.59 kHzでこの*CR*フィルタのカットオフ周波数と同じになることが確認できます.

この他に,グラフ上のポイントを調べる方法として「.measure」コマンドがあります.column7-Aで説明してありますので参照してください.

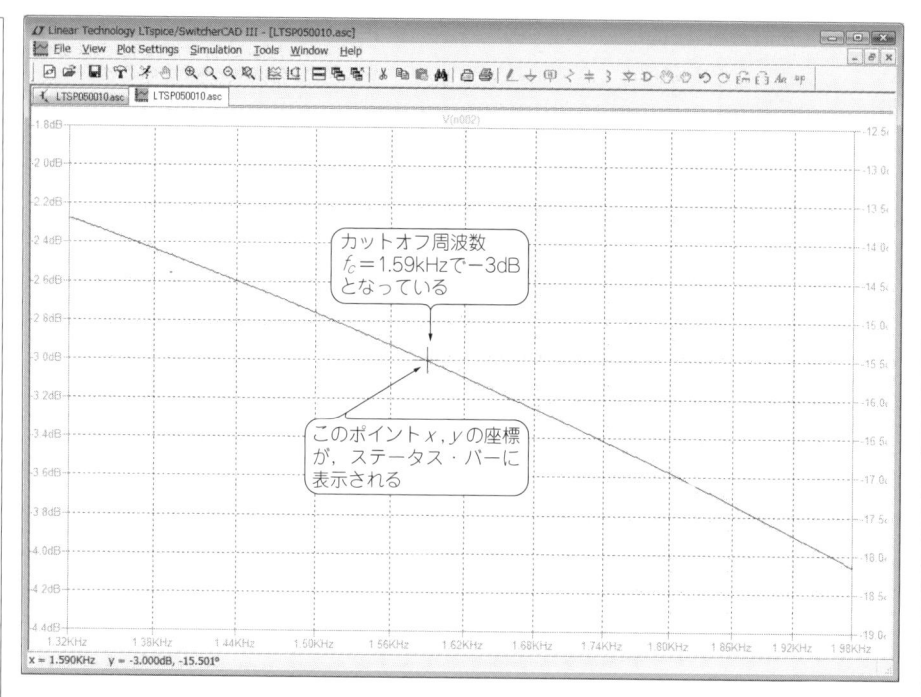

図4-21 マウスでドラッグした範囲が拡大表示された

● キーボード・ショートカットの変更

　LTspice24へのアップデートで，ショートカット・キーが変更されています．本書はLTspiceXVIIに基づいた記述になっていますが，使い慣れた旧タイプ，または任意の機能を割り当てることもできます．メニュー・バーのHelpで詳しく説明されているので，必要に応じて変更してください．

● ショートカット・キーを旧バージョンに戻す方法

　上記のようにLTspice24へのアップデートでショートカット・キーも変更されましたが，コントロール・パネル(Settings)のWaveformsタグにあるKeyboard Shortcuts[*]ボタンをクリックすると，Keyboard Shortcut Editorのパネルが表示されます．そこからSchematicタグの下部にあるRestore LTspice Classic Valuesボタンを選択しOKボタンをクリックすると，従来のショートカットが使えるようになります．

電子回路シミュレータLTspice入門編

第5章
LTspiceを使ってみる③ 汎用のOPアンプ・モデルでシミュレーションする

　汎用のOPアンプを使用し，増幅回路の増幅度，アクティブ・フィルタの周波数特性などを調べてみます．またLTspiceに用意されている各種の信号源についても概観してみます．

● アナログ・デバイセズ社のOPアンプのモデルのほかに汎用のモデルも用意
　LTspiceのOPアンプのライブラリには，アナログ・デバイセズ社のOPアンプのモデルが多数用意されています．アナログ・デバイセズ社のOPアンプを使用する場合は，実際のデバイスのSpiceデータに基づきシミュレーションが行えます．他社のOPアンプの多くはWebでSpiceモデルが公開されています．それら，他社のSpiceデータを利用する仕組みが用意されていますので困りません．
　また，周波数特性のニーズに応じて必要なモデルを設定できるユニバーサルOPアンプ(Universal Opamp2)が用意されています．このUniversal Opamp2は1ポール，2ポールの選択など必要とする特性を設定してOPアンプの回路検討を行うこともできます．本章では，このユニバーサルOPアンプを使用します．

5-1 ── シミュレーションのための主な信号源

● 電圧源，電流源も豊富
　電源，信号源についても，図5-1に示すようにVoltageと呼ばれるDC，AC，パルス，正弦波，PWLなど多種のパターンのテスト信号を発生する電圧信号源が用意されています．これらは，当然のことながら回路へ電力を供給する電力源としても利用できます．
　さらに，e(Voltage Dependent Voltage Source)の名称の外部電圧で制御できる電圧源，

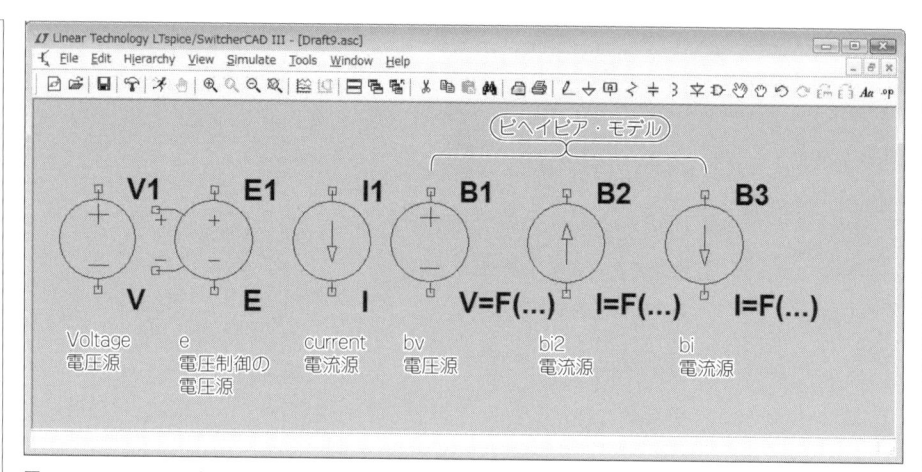

図5-1 LTspiceで用意されている電圧源，電流源(すべてではない)
電圧源のVoltageがいちばんよく使われる．回路の電源，各種の信号源に使われる．

bv(Arbitrary behavioral voltage source)の名のテストに必要な動作を関数などの組み合わせで設定できる電圧源も用意されています．電圧源と同様に，電流源についてもcurrent(DC，AC，パルス，正弦波，PWLなど)，g(Voltage Dependent Current Source)，bi (Arbitrary behavioral current source)などの機能が用意されています．

入門編では，Voltageを回路への電源供給と，**図5-2**に示すシミュレーションのための信号源として多く利用します．

いろいろな機能がありますが，多くの場合VoltageとCurrentを利用することで済みます．これらの電圧源，電流源は実際に利用するときに説明します．なお，電圧制御電圧源(e, e2)やビヘイビア・モデルの電圧源(bv)などを利用すると便利な場面もあります．それらについては，具体的なシミュレーションを解説するなかで説明します．

5-2 ── 汎用OPアンプをコンポーネントから取り出す

新しい回路図ウィンドウを開き，コンポーネントを追加します．**図5-3**のコンポーネントの選択ウィンドウでOpampsのフォルダを選択します．

LTの頭文字をもったアナログ・デバイセズ社のOPアンプのリストが300種以上続いて，他社のデバイスのSPICEのマクロモデルを利用するときに使用するopamp，opamp2が表示されていますが，ここでは，最後にある今回使用するUniversalOpamp2を選択し

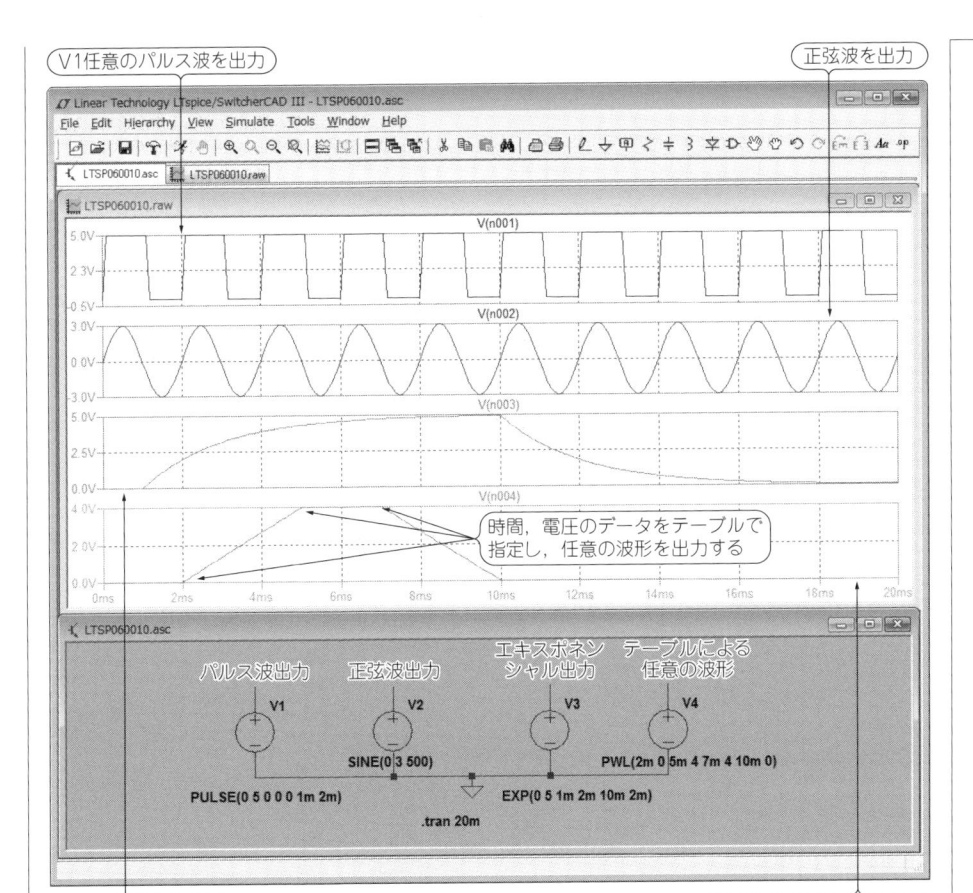

図中ラベル:
- V1任意のパルス波を出力
- 正弦波を出力
- エキスポネンシャル関数の出力
- 数値テーブルによる出力
- パルス波出力 V1 PULSE(0 5 0 0 0 1m 2m)
- 正弦波出力 V2 SINE(0 3 500)
- エキスポネンシャル出力 V3 EXP(0 5 1m 2m 10m 2m)
- テーブルによる任意の波形 V4 PWL(2m 0 5m 4 7m 4 10m 0)
- .tran 20m
- 時間，電圧のデータをテーブルで指定し，任意の波形を出力する

図5-2 Voltageでよく利用される出力信号

多様な信号源ともなる電圧源Voltage．汎用の電圧源Voltageは回路に電力を供給する電源のほか，パルス波形，正弦波など回路のテストのための多様な電源ともなる．

ます．

UniversalOpamp2を選択すると，このコンポーネントのガイダンスが表示されます．このUnivaersalOpamp2の説明としては，ドキュメント¥LTspiceXVII¥examples¥educationalフォルダにあるUniversalOpamp2.ascに同じ説明とオープン・ループの周波数特性を行うサンプルも用意されています．必要に応じてこちらも参照してください．

コンポーネントの選択画面で，UniversalOpamp2を図5-4に示すように選択して，OK

5-2——汎用OPアンプをコンポーネントから取り出す

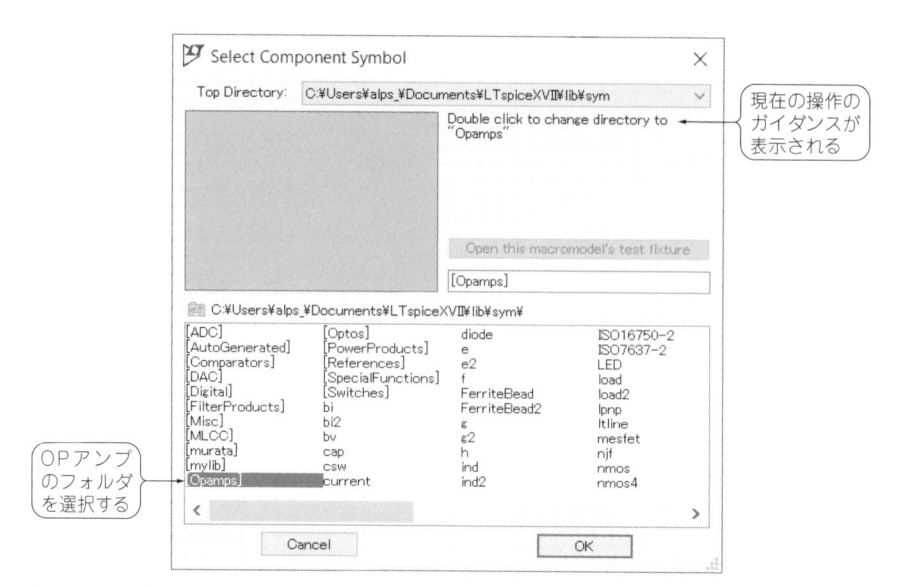

図5-3 コンポーネントの選択
ツール・バーのコンポーネント・アイコンをクリックすると、このコンポーネントの選択ウィンドウが表示される．

（現在の操作のガイダンスが表示される）
（OPアンプのフォルダを選択する）

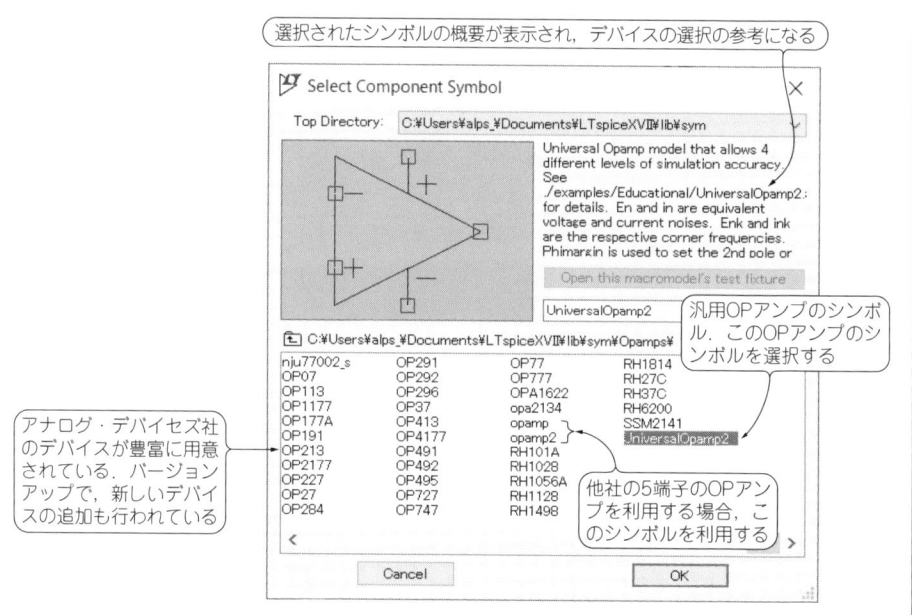

図5-4 ユニバーサルOPアンプの選択

（選択されたシンボルの概要が表示され、デバイスの選択の参考になる）
（汎用OPアンプのシンボル．このOPアンプのシンボルを選択する）
（アナログ・デバイセズ社のデバイスが豊富に用意されている．バージョンアップで、新しいデバイスの追加も行われている）
（他社の5端子のOPアンプを利用する場合、このシンボルを利用する）

第5章——LTspiceを使ってみる③ 汎用のOPアンプ・モデルでシミュレーションする

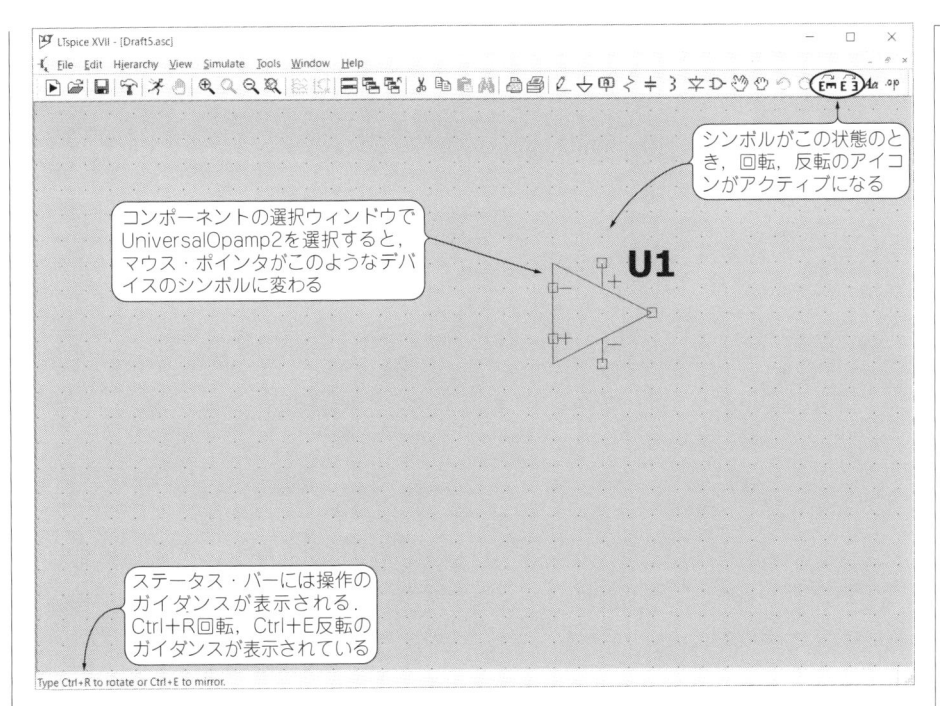

図5-5 選択されたユニバーサルOPアンプ

（注釈）
- コンポーネントの選択ウィンドウでUniversalOpamp2を選択すると，マウス・ポインタがこのようなデバイスのシンボルに変わる
- シンボルがこの状態のとき，回転，反転のアイコンがアクティブになる
- ステータス・バーには操作のガイダンスが表示される．Ctrl＋R回転，Ctrl＋E反転のガイダンスが表示されている

ボタンをクリックすると，図5-5に示すようにグレイ表示のシンボルが現れます．マウスでシンボルをセットする位置に移動します．

シンボルをセットする位置でマウスの左ボタンをクリックすると，その場所にシンボルがセットされます．同じデバイスのシンボルを追加する必要がない場合は，マウスの右ボタンをクリックしてデバイスのシンボルの貼り付けを終えます．

● OPアンプの仕様の設定

回路図上のデバイスの上にマウス・ポインタを持っていくと，図5-6に示すようにマウス・ポインタが手の形になります．このマウス・ポインタが手の状態になっているときにマウスの右ボタンをクリックすると，図5-7に示すダイアログ・ウィンドウが表示されます．

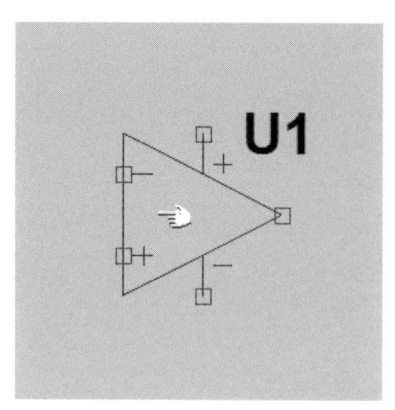

図5-6 ユニバーサルOPアンプの仕様変更

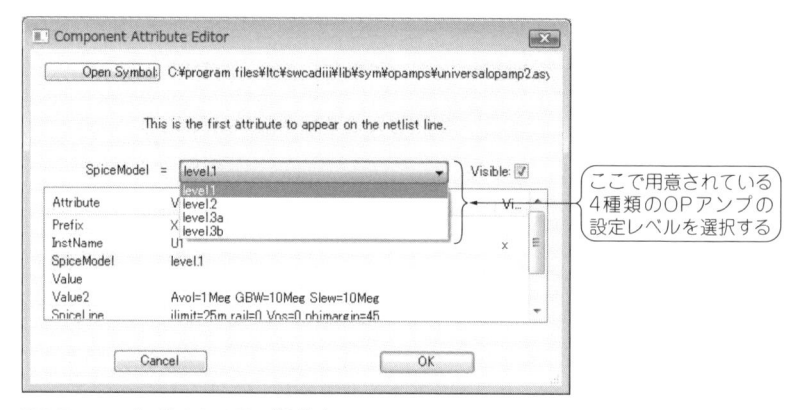

図5-7 ユニバーサルOPアンプの設定
ここで選択されたSpiceModelのレベル名がOPアンプの型名となる.

このダイアログ・ウィンドウでUniversalOpamp2の仕様を設定できます.レベル1,レベル2,レベル3a,レベル3bの4種類から選ぶことができます.今回は一番シンプルなレベル1を選択しました.Visibleをチェックしておくと,レベルの表示がモデル名の位置に表示されるようになります.

● 電源および信号源の追加とラベルで配線

OPアンプU1を駆動するためにプラス/マイナスの2電源が必要となります.**図5-8**に示すように,マイナス電源はVoltageコンポーネントでV1(−15V),プラス電源は同じく

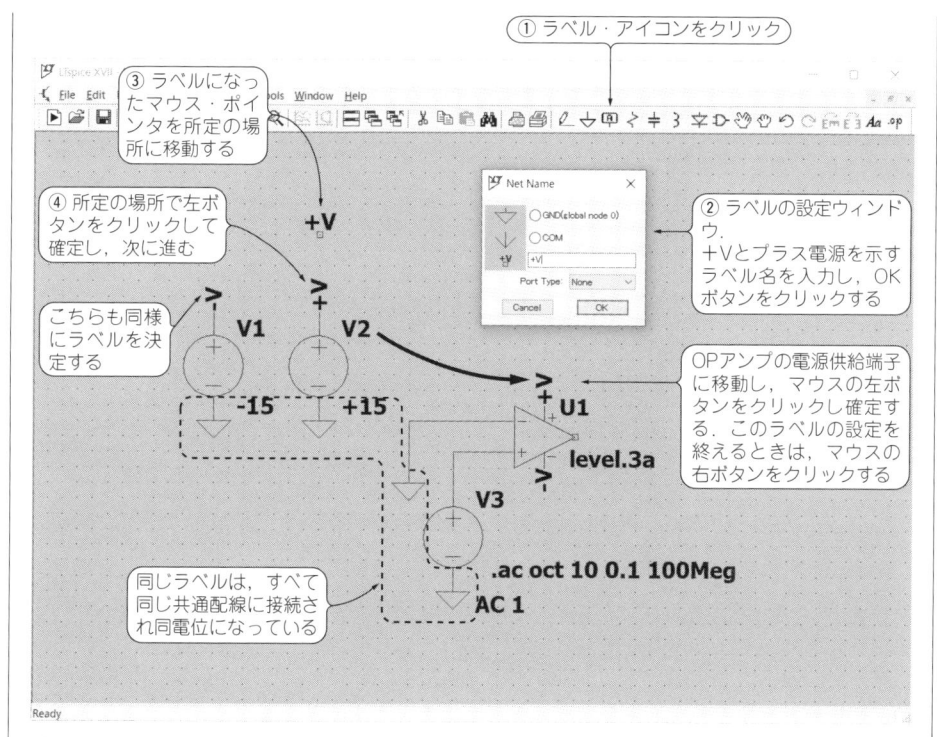

図5-8 ラベルで電源の配線を指定

V2(+15V)を回路図に設定します．また，OPアンプの入力信号源としてV3を設定し，AC 1Vの信号を出力します．

● 電圧源とOPアンプの電源入力に同じ名前のラベルを設定

電源としてVoltageコンポーネントからV1，V2を取り出し設定します．あわせて，0.1Hzから100MHzまでの周波数特性を調べるための信号源として，V3を取り出し設定し，AC解析用の小信号としてAC 1Vを設定します．電源とOPアンプのプラスおよびマイナス電源の入力はそれぞれラベルを使って共通に接続されていることを示します．

ラベルの設定は図5-8に示すように，①ツール・バーのラベル・アイコンをクリックし，②ラベル設定のウィンドウ(Net Name)を表示しテキスト入力欄にラベル名を設定します．ラベル名の入力を終えるにはOKボタンをクリックします．③+Vのラベル・ポインタが現れるので，マウスで電源端子などの所定の場所に移動します．④所定の場所でマウスの

左ボタンをクリックしラベルを確定します．ラベル・ポインタのシンボルが所定の場所でラベル名のテキストに変わり，ラベルとしてセットされます．

● マウスの右ボタンをクリックするまでいくつでもラベルを設定できる

マウスの右ボタンをクリックするまでグレイのラベル・シンボルが表示されています．次のラベルを設定する場所へグレイのシンボルを移動し，マウスの左ボタンをクリックして確定します．

必要な数だけ設定し，最後にマウスの右ボタンをクリックしてラベルの設定を終えます．

5-3 ── はだかのOPアンプの周波数特性をシミュレートする

● 周波数特性のシミュレーション条件を設定

シミュレーションの設定を行うために，メニュー・バーのSimulate>Edit Simulation CMDを選択すると，**図5-9**に示すシミュレーション・コマンドを設定するウィンドウ（Edit Simulation Command）が表示されます．周波数特性の測定は低域から高域まで同じ振幅の正弦波の信号を加え，出力のレベルをdBで，電圧出力と電流出力の正弦波の時間方向のズレを位相として度で表示します．

周波数特性のシミュレーションは，AC解析で行います．そのために，AC Analysisの

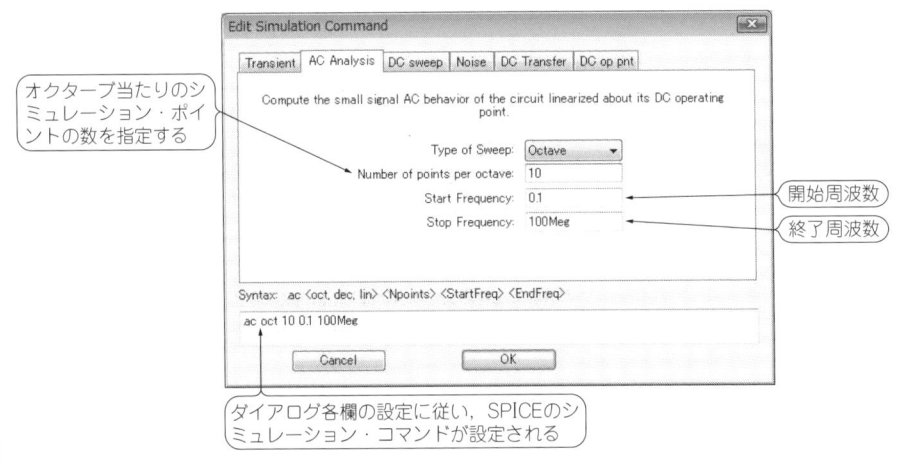

図5-9 AC解析の設定
周波数特性はAC解析で行う．

タグをクリックします．

● AC解析の条件

今回のAC解析は0.1Hzから100MHzまでの周波数特性を調べたいので，スタート周波数を0.1Hz，掃引を終わる周波数を100MHzに設定します．LTspiceの場合は，mもMもミリを表すので，メガはMegと表示します．掃引形式(Type of Sweep)は一般的にはオクターブ(Octave)を利用します．**図5-9**に示すようにダイアログで入力した結果に基づき，ウィンドウの下段のコマンド欄にACで始まるSPICEのコマンドが生成されます．

次に掃引の方法を指定します．**図5-10**のように，オクターブ/ディケードの掃引結果は，対数の周波数目盛りで表示されます．リニアの掃引では通常の数値目盛りとなります．

5-4 ── シミュレーションの実行と結果の表示

OPアンプに電源と入出力以外何も接続しない裸の状態での周波数特性を調べるのが今回のシミュレーションです．結果を**図5-11**に示します．DC，低周波数の領域では非常に大きな増幅率(ゲイン)が得られています．周波数が大きくなるにつれてゲインが低下しています．10Hzから6db/octの割合でゲインは減少し，100MHzでは出力は入力と同じ1V

オクターブ/ディケードが選択されたとき，オクターブまたはディケード当たりのシミュレーション・ポイントを指定する．10〜100

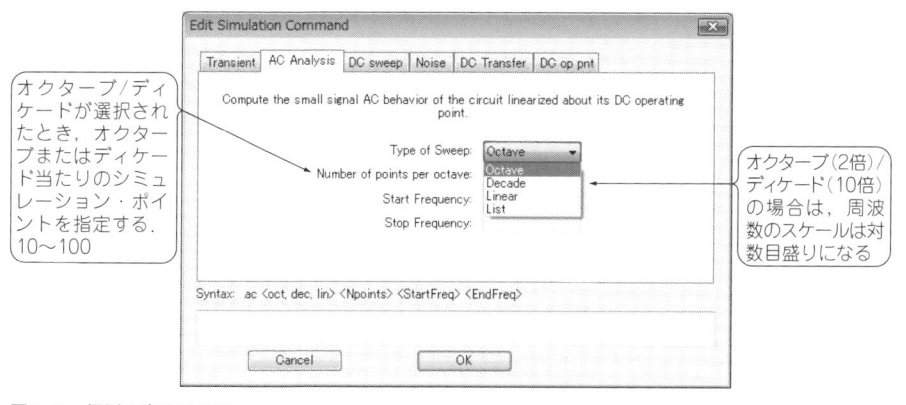

オクターブ(2倍)/ディケード(10倍)の場合は，周波数のスケールは対数目盛りになる

図5-10 掃引の方法の指定
回路周波数特性のシミュレーションは，オクターブ当たりの結果を確認することが多い．デフォルトではオクターブが選択されている．

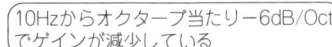

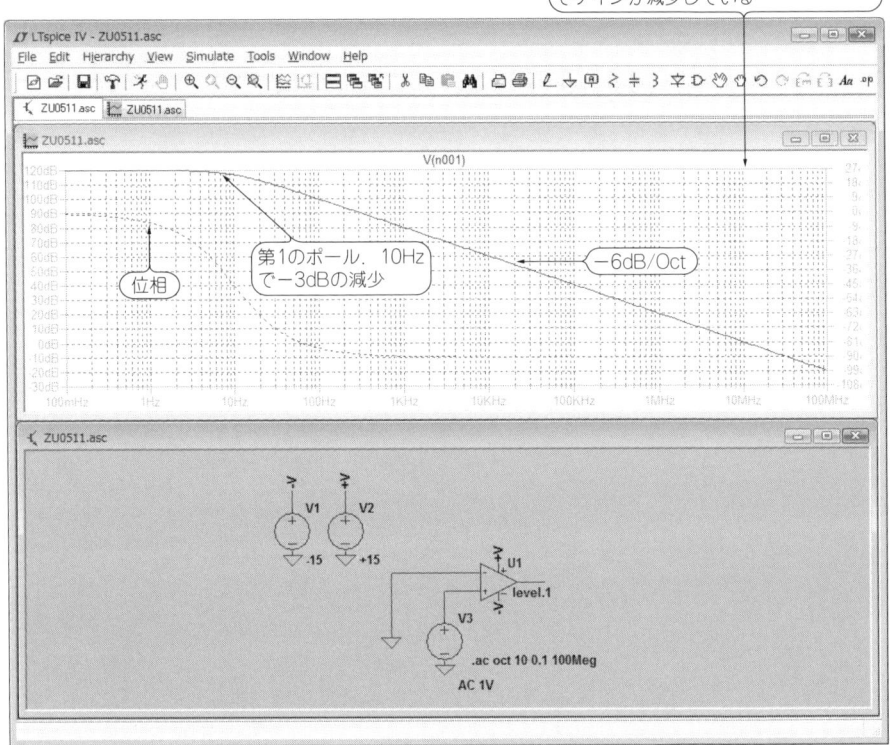

図5-11 ユニバーサルOPアンプ2のオープン・ループのOPアンプの周波数特性
汎用OPアンプは10Hzから−6dB/octの割合でゲインが減少する周波数特性になっている.

で,0dBとなっています.

● ユニバーサルOPアンプ2レベル3aのシミュレーション

ユニバーサルOPアンプ2の設定を,レベル1からレベル3aに変更して同じAC解析の条件で行ったシミュレーション結果を**図5-12**に示します.

ユニバーサルOPアンプ2のレベル1,レベル2は共にOPアンプ内部にある周波数の増加に伴うゲイン低下の原因となるポールが一つで,周波数特性は同じになります.レベル3では内部のポールが二つあります.**図5-12**に示すように,最初の10Hzのポールから−6dB/Octの比率で低下します.後半の2ポール目の後からは−12dB/Octのゲイン低下

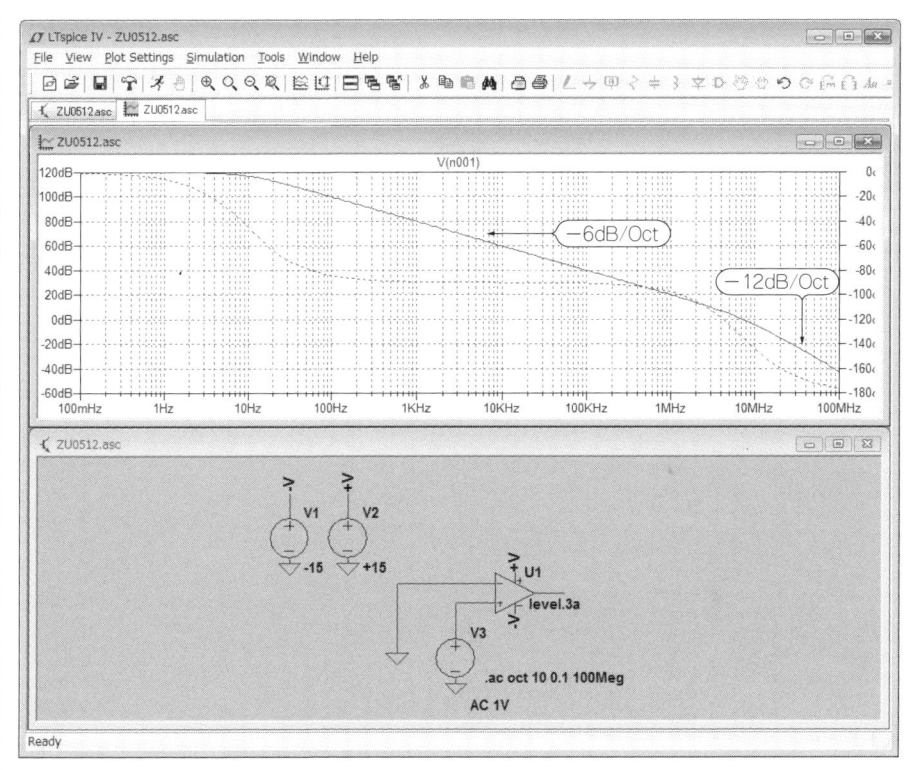

図5-12　2ポールのOPアンプの周波数特性

となっています.

5-5 —— フィードバック回路を付加したOPアンプのゲインのシミュレーション

フィードバック回路を付加した非反転増幅器について，増幅度の周波数特性をシミュレートしてみます．次に示す非反転増幅器の増幅度は，

$$増幅度 = \frac{R_1 + R_2}{R_2} = \frac{100 + 10}{10} = 11$$

となります．

図5-13のように増幅度は1MHzの周波数まで一定な増幅度が得られていますが，それ以上の周波数では増幅度が落ちています．この現象は裸のOPアンプのゲインの減少に基

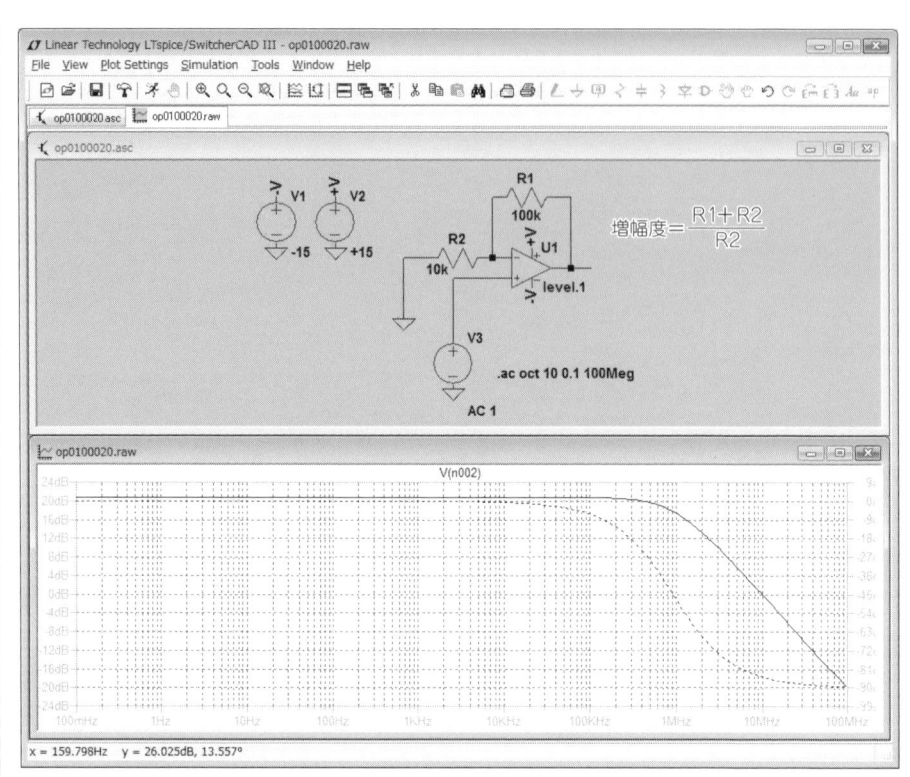

図5-13 非反転増幅回路の周波数特性

づくものです.

このようにOPアンプの増幅度は，OPアンプに付け加えられたフィードバック回路によって決まります．また，OPアンプにフィルタ回路や，加算回路などを付加した多様な利用方法があります．後ほど，これらについてもいくつかシミュレーションの題材として取り上げます.

電子回路シミュレータLTspice入門編

第6章
LTspiceを使ってみる④ シミュレーション信号源の作成(1)

本章では，LTspiceの電圧源，電流源など各信号源の使用方法を検討します．電圧源はパルス波，正弦波，指数関数，時間と電圧のテーブルなどの多様な信号源として利用できます．

6-1 ── 電圧源を各種の信号源として設定する

回路図のウィンドウにVoltageのコンポーネントを配置します．マウス・ポインタをVoltageのシンボルの上に持っていくと，図6-1に示すようにマウス・ポインタが手の形になります．この状態でマウスの右ボタンでクリックするとデバイスの仕様を設定できます．

図6-1 Voltageコンポーネントをマウスの右ボタンでクリック
シミュレーション実行後はマウス・ポインタを電圧源に持っていくとクランプ・メータの形状になる．このときも右ボタンをクリックすると設定画面になる．

電圧源の配線後に設定してもよい

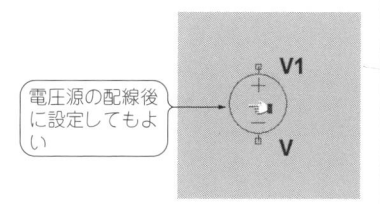

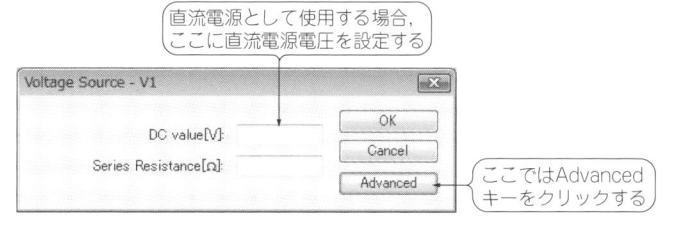

図6-2 電圧源のDC電圧の設定
直流電源のときはここで電圧を設定する．

直流電源として使用する場合，ここに直流電源電圧を設定する

ここではAdvancedキーをクリックする

6-1──電圧源を各種の信号源として設定する 87

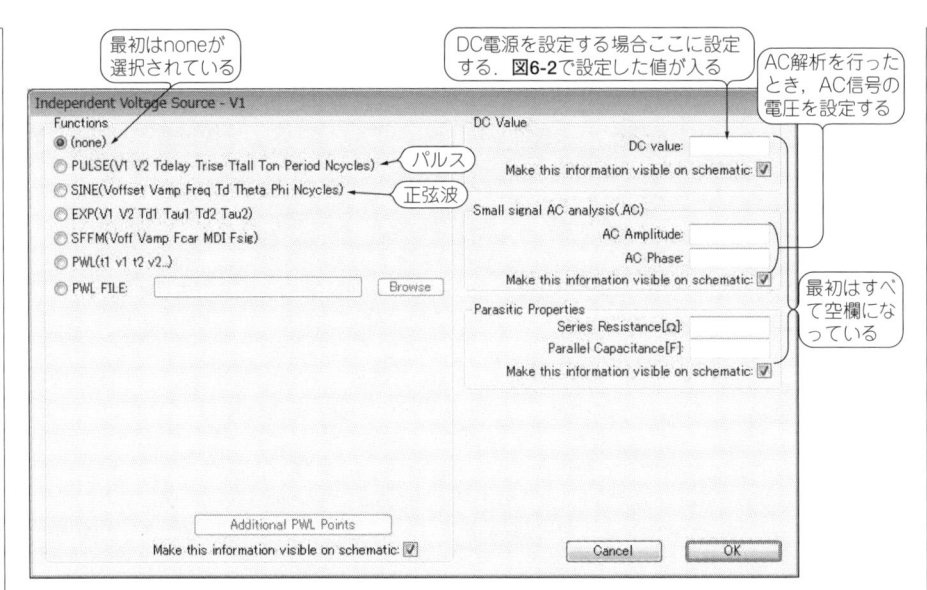

図6-3 電圧源を各種の信号源として設定できる
入門編ではパルス波および正弦波を主に使用する．

　最初にVoltageをマウスの右ボタンでクリックすると，**図6-2**に示すDC電圧と電源の内部抵抗を設定するダイアログ画面が表示されます．

　Voltageを直流電源として設定する場合は，ここでDC電圧を設定しOKボタンをクリックして終わります．しかし，ここでは電圧源を各種の信号源として設定します．そのためには，Advancedキーをクリックして**図6-3**に示す信号源の設定ウィンドウを表示します．

　この画面は，初期状態では各種の信号源のファンクションは選択されておらずnoneの設定となっています．ここで設定したい信号源のファンクションを選ぶと，そのファンクション(信号源)の種類に応じて設定に必要な入力欄が表示されます．これらの入力欄は，最初に表示されるときは空欄になっています．

　ファンクションの順番に従い，パルス出力，正弦波出力を設定し，どのような信号が表示されるかを確認していきます．

● パルス出力

　Voltage，Batteryの電圧源を使用してパルス波を作成します．ここでは，Voltageの電圧源のみ取り出し各信号の設定法を説明します．**図6-4**に示すように，回路図には

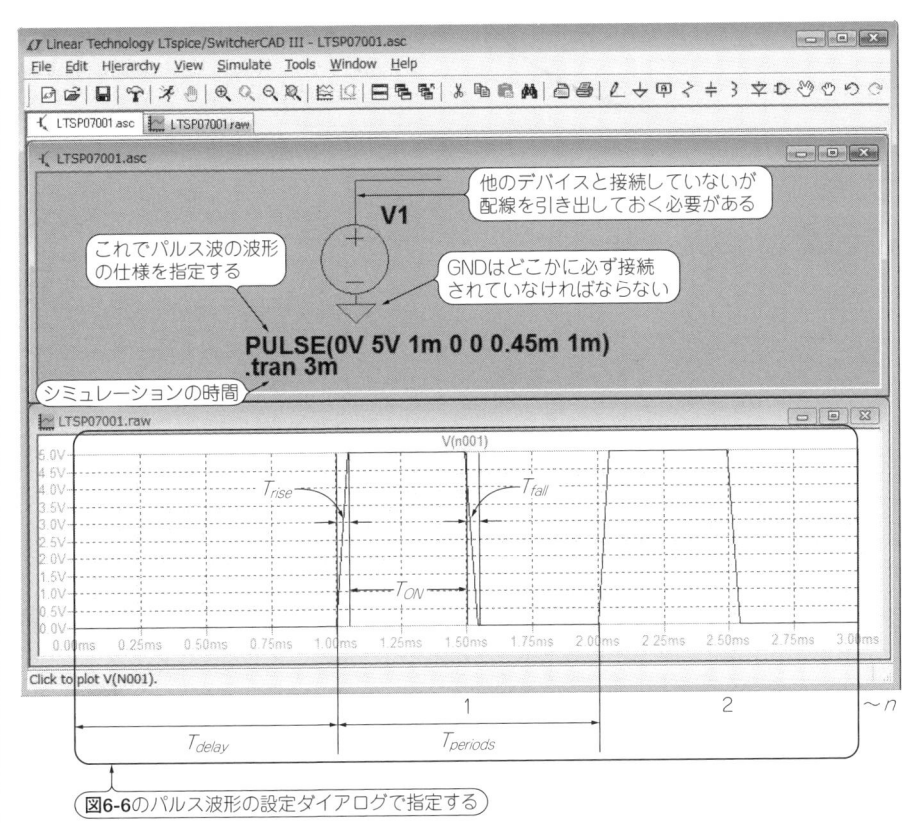

図6-4 Voltageでパルス出力

（画面注釈）
- 他のデバイスと接続していないが配線を引き出しておく必要がある
- これでパルス波の波形の仕様を指定する
- GNDはどこかに必ず接続されていなければならない
- PULSE(0V 5V 1m 0 0 0.45m 1m)
- .tran 3m
- シミュレーションの時間
- 図6-6のパルス波形の設定ダイアログで指定する

波形ラベル: T_{rise}, T_{fall}, T_{ON}, T_{delay}, $T_{periods}$

Voltageの電圧源しかデバイスはありません．ファンクション・ジェネレータなど新しく測定機器などを購入したときはまず単独で使い方を確認するように，Voltageを単独で動作させその動きを確認します．

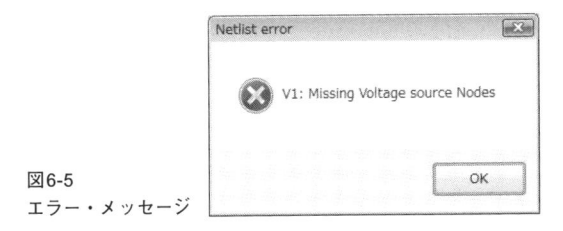

図6-5 エラー・メッセージ

（ダイアログ）Netlist error: V1: Missing Voltage source Nodes

6-1——電圧源を各種の信号源として設定する 89

ただし,一方をグラウンドに接続することと,出力信号を取り出すための配線だけは必要です.Voltageのプラス側に何も付けずにシミュレーションを実行すると,図6-5に示すように電圧源の配線が欠けているとのエラー・メッセージが表示され,シミュレーションが実行できません.

● Voltageで作成するパルス

Voltageで作成するパルス波は,図6-4に示すように0Vで始まった信号が1ms後にパルスを立ち上げ,ONで5V,ON周期が0.45ms,周期が1msと指定しています.これらの値は大小にかかわらず任意の値が設定できます.

● ファンクション(Functions)欄のパルスをチェック

図6-3の設定画面でファンクション欄のPULSEをチェックし,図6-6に示すようにパルス設定の各項目を入力します.最初,入力欄は空欄になっています.各入力欄について説明します.

♦Vinitial(Voff)[V]:初期電圧,シミュレーション開始時の電圧をここで指定しま

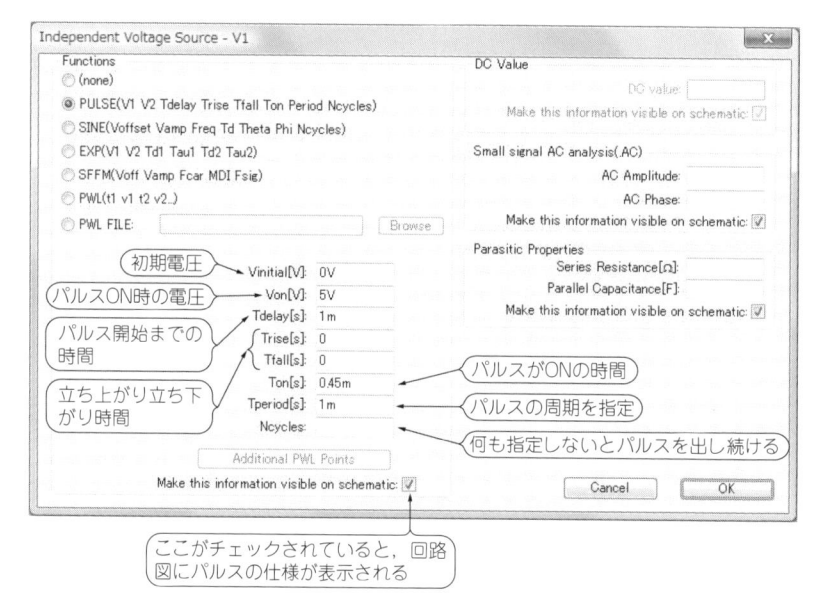

図6-6 パルス波形の設定

す．何も入力しないと0Vとなります．ここで設定される電圧がパルスOFFのときの電圧となります．Vinitialを5V，Vonを0Vと設定すると，負論理のパルスとなります．

◆Von[V]：パルスがONのときの電圧を設定します．何も設定しないと0Vとなりパルスは出力されません．

　Vinitial，Vonの設定時にVの単位は指定しなくてもVと見なされます．デバイスの設定は位取りのm，kなどの単位は必要ですが，V，A，Ωなどの単位は指定する必要はありません．Ωは全角文字なので表示できません．

◆Tdelay[s]：シミュレーションの開始時からパルスの開始までの時間遅れを指定します．シミュレーションと同時にパルスが開始する場合は0もしくは何も設定しません．

◆Trise[s]：パルス立ち上がりから，Vonの電圧になるまでの時間を指定します．0を指定するとLTspiceが設定するデフォルトの時間が設定されます．時間遅れのないパルスを想定して0を指定しても意図どおりにはなりません．その場合は，ゼロと見なせる十分小さな値を設定します．

◆Tfall[s]：パルスの立ち下がりの時間を設定します．0を指定するとLTspiceが指定するデフォルトの時間が設定されます．時間遅れのないパルスを想定する場合，ゼロと見なせる十分小さな値を設定します．

◆Ton[s]：ここでは，パルスがONの時間を設定します．

◆Tperiod[s]：パルスの周期をここで指定します．パルスのOFFの時間は設定しません．この周期からTrise，Ton，Tfallを引いた時間がパルスOFFの時間となります．

◆Ncycle：ここで発生するパルスの数を指定することができます．特定の数のパルスを必要とする場合にここで設定すると，所定のパルスを発生して終わります．何も指定しないと，シミュレーションの実行時間中，連続してパルスを発生します．

● ファンクションの仕様の設定・変更

　図6-6に設定したパルスの仕様は，回路図上に次に示すような記述で表示されます．
　　PULSE(0V 5V 1m 0 0 0.45m 1m)
　この設定を変更する場合，再度デバイスをマウスでクリックすると図6-6の設定ウィンドウが表示されます．設定された入力値はそのまま表示されているので，変更が必要な部分を修正しOKボタンをクリックして終えます．

　一方，回路図上のPULSE( )のテキストをマウスの右ボタンでクリックすると，図6-7に示すテキスト・エディタが表示されます．項目の順番は図6-6の設定の順番と同じにな

図6-7 デバイスの設定情報の変更
デバイスの設定情報のテキストを，マウスの右ボタンでクリックすると，直接テキスト・エディタで修正できる．

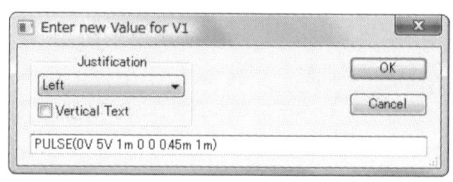

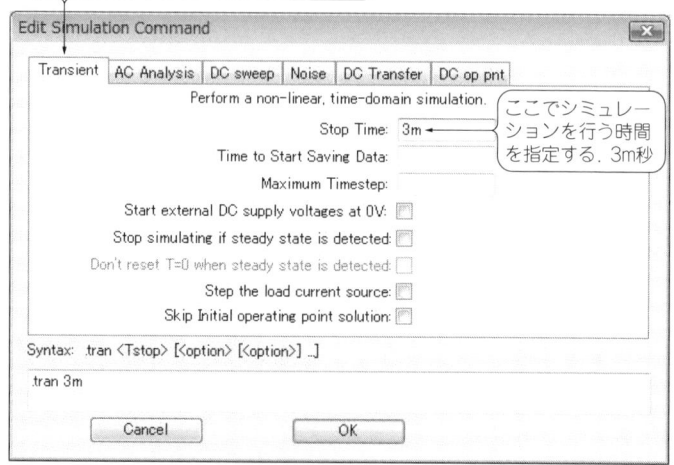

図6-8 シミュレーション時間の設定
シミュレーション時間を設定しないでRUNを実行するとこの画面が表示される．設定してOKしRUNを実行すると図6-9の表示になる．

っています．ここで，直接修正することができます．

● シミュレーションのストップ・タイムの設定

上記のファンクションの設定を終え，次にメニュー・バーのSimulate>Edit Simulation Commandを選択して，Edit Simulation CommandのTransient(過渡解析)のタグのダイアログ・ウィンドウでストップ・タイムを3m(ミリ)秒に設定します．これにより，**図6-8**に示すように回路図ウィンドウに「.tran 3m」が表示されます．シミュレーションを実行する前にこの設定を行っていない場合は，この**図6-8**のウィンドウが表示されシミュレーションのストップ時間の入力が要求されます．

シミュレーション時間を設定してから，RUNのアイコンをクリックしてシミュレーシ

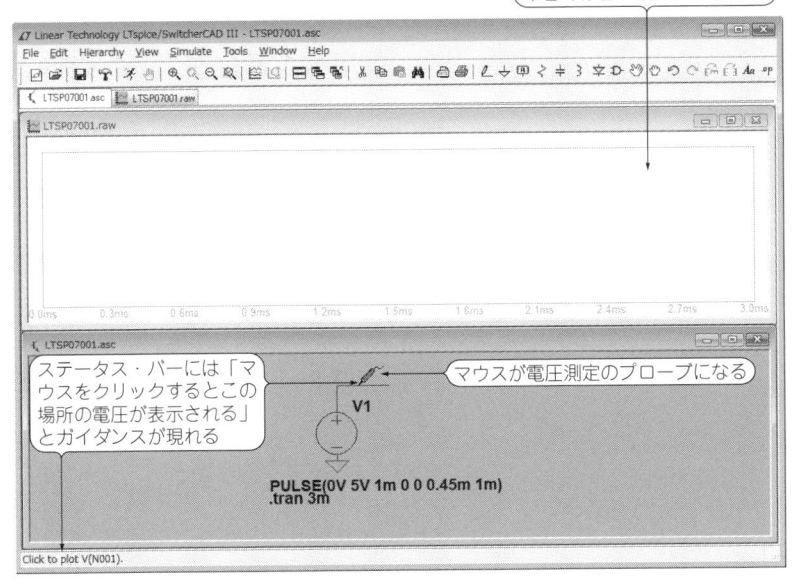

図6-9 RUNを実行するとグラフ表示のペインが現れる

ョンを開始すると，図6-9に示すように白紙のグラフ表示のためのペイン（1区画）が表示されます．デフォルトではこのペインの背景は黒ですが，本書では見やすいように背景を（Tools>Color Preferences）で白に設定してあります．

最初のシミュレーションでは，グラフは何も表示されていません．図6-9に示すように，マウス・ポインタをシミュレーション結果を表示する測定点に持っていくと，電圧が表示される場所では赤いプローブ，電流を表示する場所ではクランプ・メータに変わります．この赤い電圧プローブの状態でマウスをクリックすると，図6-4，図6-10などに示すように電圧パルスのシミュレーション結果が表示されます．

● グラフ表示の色を変えてみる

図6-10は，シミュレーション結果をグラフ部分のみ表示しています．あわせてグラフの表示色を緑から赤に変更しています．このグラフの表示色の変更は，グラフの上部のデータ名の表示部をマウスの右ボタンでクリックし，グラフの表示エディタを開きます．

6-1——電圧源を各種の信号源として設定する

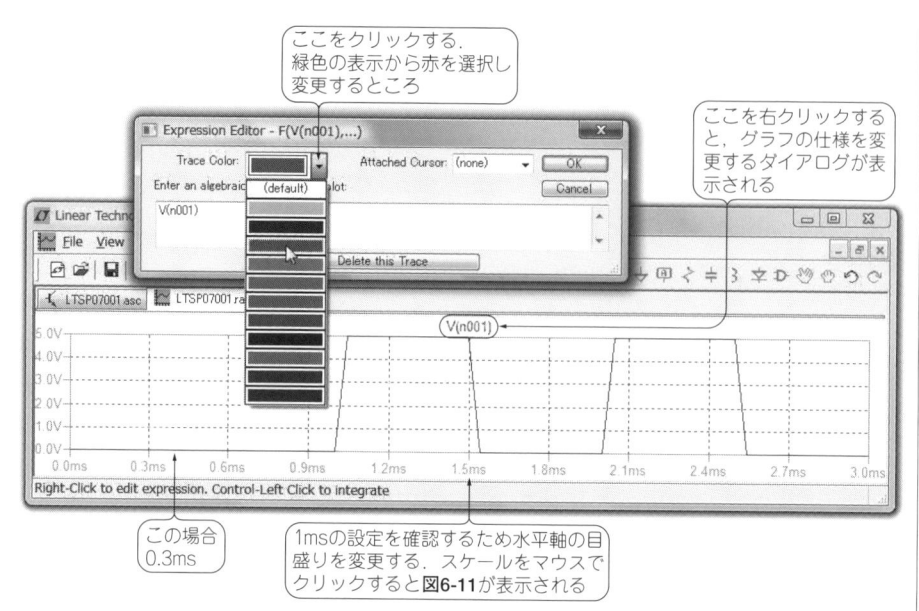

図6-10 デフォルトで表示されたグラフをカスタマイズする

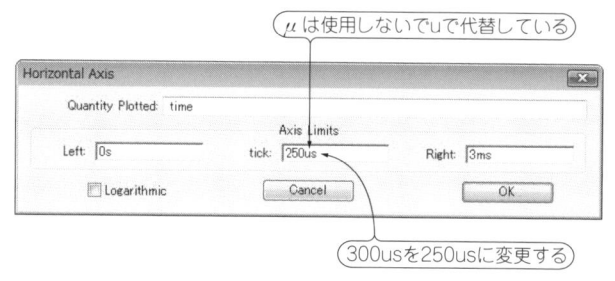

図6-11 水平軸のスケール変更

Trace Colorのドロップダウン・リスト，カラーのリスト中から赤を選択しました．この操作によって，グラフの表示色が緑から赤に変わります．

● スケールの表示を変更する

デフォルトのグラフ表示ではフルスケール3msで，300μsの刻みとなります．そのため0.9msの次は1.2ms，1.8msと1ms，2msが抜けてしまうので，目盛りの刻み幅を250μsに

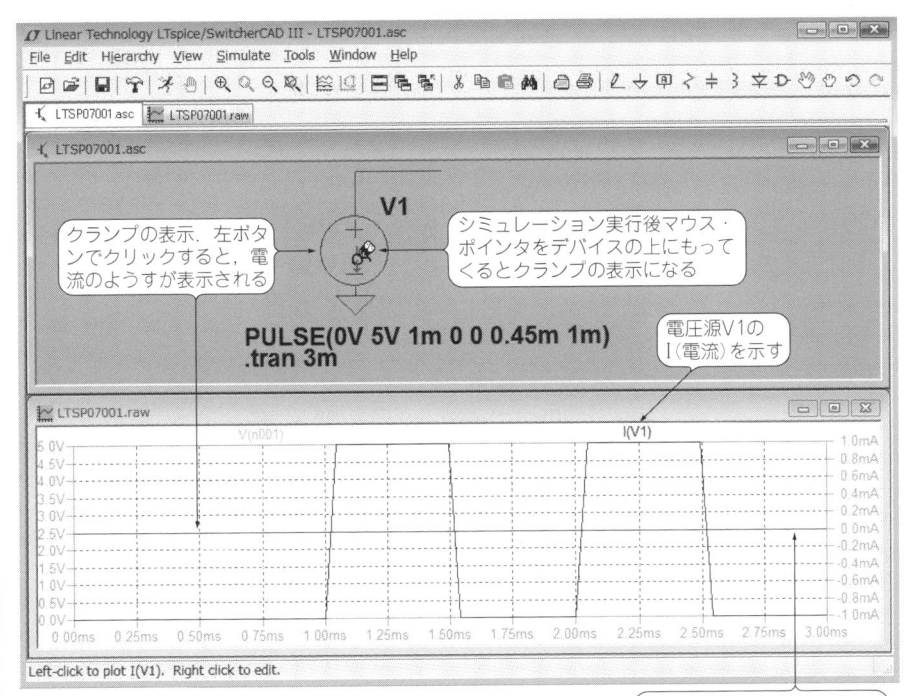

図6-12 負荷がないと電流は流れない

変更します．スケールの変更は，グラフの水平軸のスケール部分をマウスの左ボタンでクリックします．マウスのクリックによって，**図6-11**で示すように上限値，下限値，刻み幅の変更が行えます．

6-2 ── 電圧源で設定したパルスを出力してみる

● 電流の測定

電圧源の上にマウス・ポインタを持っていくと，**図6-12**に示すようにマウス・ポインタはクランプ・メータの形になります．この状態でマウスをクリックすると電圧源に流れる電流I(V1)がグラフ上に表示されます．ただし，回路がオープンになっていて電流が流れる先がありません．電源のスイッチが切られている状態です．そのため，**図6-12**に示すように電流のレベルはゼロのままになっています．

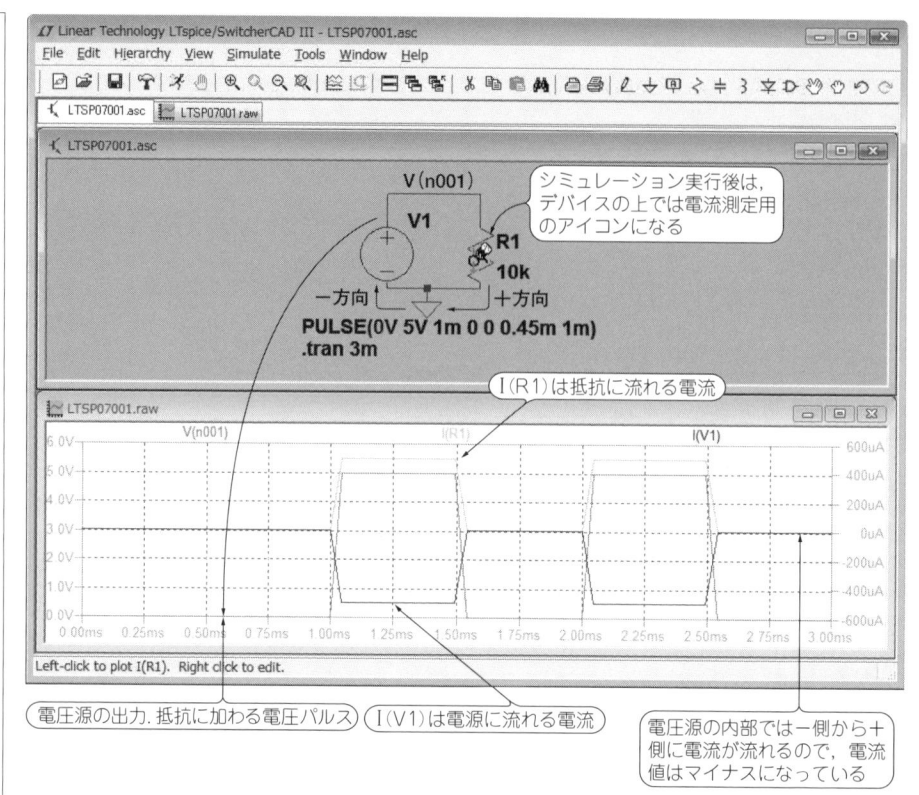

図6-13 負荷抵抗を接続すると電流が流れる

● 負荷に接続しないと電流は流れない

10kΩの負荷抵抗を接続します．V1からの電流は10kΩの負荷抵抗を通過してまた電源V1に戻ります．電源スイッチが入った状態となっています．**図6-13**に示すように電圧源だけでなく抵抗などのデバイスの上にマウス・ポインタを持ってくるとマウス・ポインタはクランプ・メータの形になり，この状態でマウスをクリックするとグラフのペインに抵抗R1(10kΩ)に電流の流れるようすが示されます．

電圧源V1に流れる電流は，R1に流れる電流のパルスと極性が反対になっています．

● パルスを利用すると

パルス波は連続した信号波として回路のシミュレーションに利用するほかに，マイコン

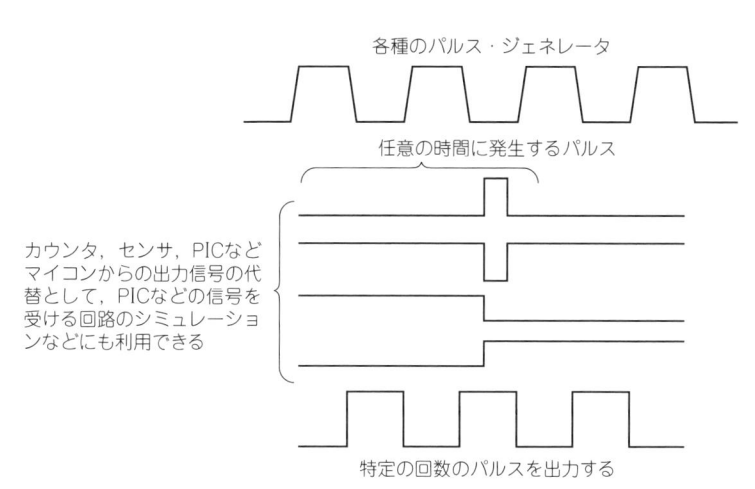

図6-14 パルス・ジェネレータを使用すると

の出力信号の代替や，カウンタ，センサなどからの信号処理を行う回路の信号源としてシミュレーションに利用することもできます(**図6-14**).

column 6-A

抵抗に流れる電流の方向と抵抗の両端の電圧差を直接測る

図6-Aの回路でシミュレーション時に抵抗に流れる電流の方向を確認してみました．

R1，R2の抵抗はツール・バーの抵抗のアイコンをそのまま持ってきて，回路図のウインドウにセットしました．R3だけはセットする前に2回CtrlキーとRキーで90°ずつ回転させました．そのためR3の抵抗だけ上下が入れ替わっています．

図に示すように電源V1を12Vの直流電源に設定して，過渡解析でシミュレーション時間を15msでシミュレーションしてみました．

● 過渡解析を設定してシミュレーション時間を15msに設定

Edit Simulation Cmdで過渡解析を選び，シミュレーション時間を15msに設定しました．その後，ツール・バーのRUNをクリックしてシミュレーションを実行します．その後抵抗の上にマウス・ポインタをもって行き，クランプ・メータで電流の流れる方向を確認します．

● 回路図の抵抗の電流の向き

図6-B，図6-Cに示すように抵抗を流れる電流の向きはLTspiceのクランプ・メータによれば上から下に流れるようになっていて，プラス電源端子からマイナスへ電源の向きと一致して違和感がない結果となっています．

一方，図6-Dに示したR3に流れる電流の向きは反対方向になっています．この抵抗だけ，180°回転させて設定してあります．

抵抗の電流の向きは実際に流れる電流の方向を示しているのでなく，抵抗の向きを表

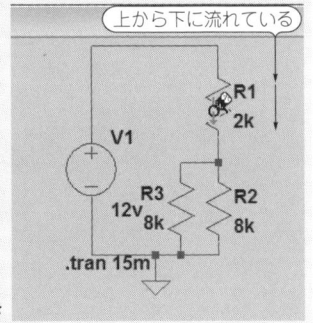

図6-A
テストの回路図

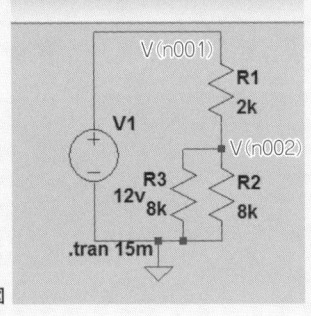

図6-B
R1の電流の向き

しているようです．シミュレーションで得られた電流，電圧の値を図6-Eに示します．

シミュレーション結果で，R3に流れる電流がマイナスの表記になっています．これはR3の抵抗だけほかの抵抗と反対に接続しているため，シミュレーション結果の電流の方向と反対になっていることを示しています．R3も再度180°回転し元に戻すとシミュレーション結果はプラス1mAとなります．

電圧はGNDを0Vとして計算されていますから違和感なく理解できます．電流については抵抗を電流が流れる方向に正負があります．そのため，抵抗のセットの向きによって電流値の正負が異なります．R3はほかの抵抗と方向を180°回転させ反対に接

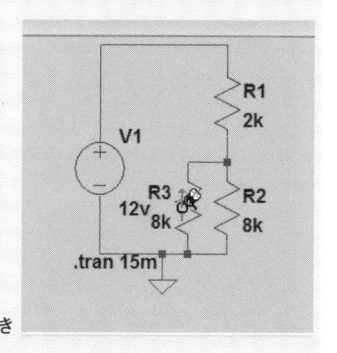

図6-C
R2の電流の向き

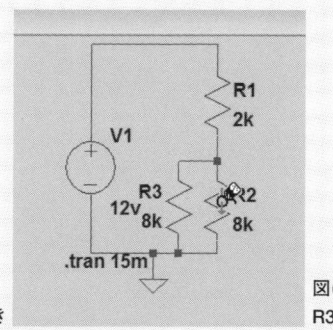

図6-D
R3の電流の向き

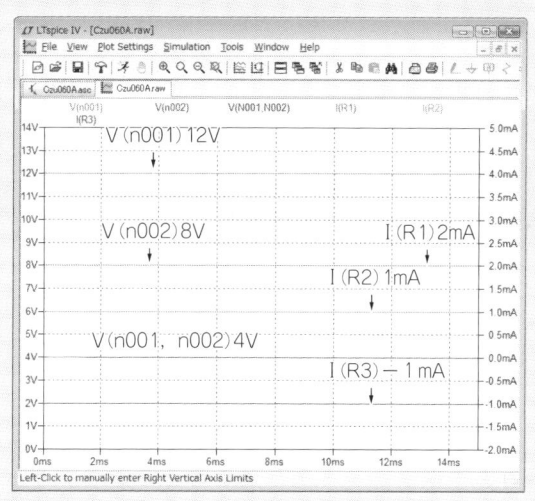

図6-E　シミュレーションの結果

続しているため－1mAのシミュレーション結果となります．このマイナスの符号が付くことで，マウスのクランプ・メータで示される電流の向きと反対の方向に電流が流れていることが示されます．

● マウスで2点間の電圧差を測定する

図6-Fに示すように，マウス・ポインタが赤いプローブのときに電圧差を測定するポイントの始点でクリックします．そのままマウスをドラッグすると赤いプローブは始点の場所に残り，マウス・ポインタは黒いプローブとなりマウスのドラッグと共に移動します．電圧差を測る終点でドラッグを終えると，始点・終点間の電圧差がグラフに表示されます．ここでは図6-Eのグラフに V(n001)，V(n002) で示される結果として4Vの直線が表示されています．この値がR1の抵抗の電圧降下分です．

抵抗の設定の向きはシミュレーションの結果そのものに影響を与えませんが，電流値の正負が変わりますので留意しておく必要があります．

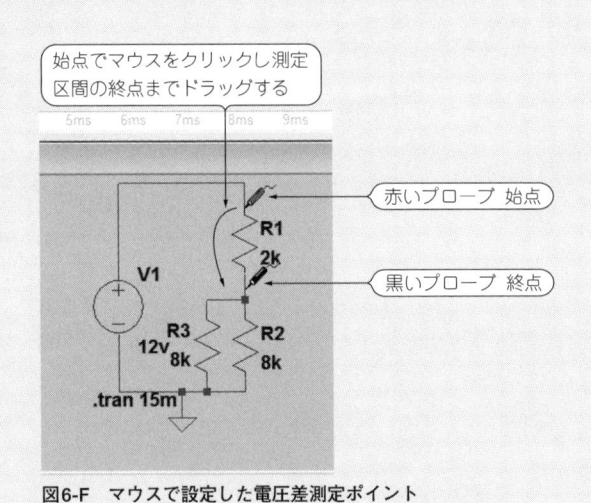

図6-F　マウスで設定した電圧差測定ポイント

第7章
LTspiceを使ってみる⑤
シミュレーション信号源の作成(2)

本章では，CRフィルタの特性を調べるシミュレーションを行います．

7-1 — CRフィルタをシミュレートする

増幅回路やフィルタ回路などでは，アナログ回路の信号源の基本となるのが正弦波です．この正弦波を，Voltage，batteryのコンポーネントを用いて作成する方法を説明します．

● 正弦波の設定

Voltageのコンポーネントから正弦波を出力し，**図7-1**に示すCR回路に正弦波を加えるテスト回路を用意します．

● CRフィルタ

C1，R1を組み合わせたフィルタは，周波数が高くなると出力が小さくなるハイカット・フィルタです．C2，R2の組み合わせでは，周波数が低い領域がカットされるローカット・フィルタとなっています．最初にAC解析を行うことで，このフィルタ回路の周波数特性を確認し，その後に特定の周波数の正弦波を加えて入出力波形の比較をシミュレートしてみます．

図7-1にはAC解析，過渡解析のために必要な項目が設定されています．CRの設定および配線を終えV1を所定の場所にセットした後，V1の設定方法から説明します．

● AC解析の設定

この回路に特定の周波数の正弦波を加える前に，この二つのCR回路に低い周波数から

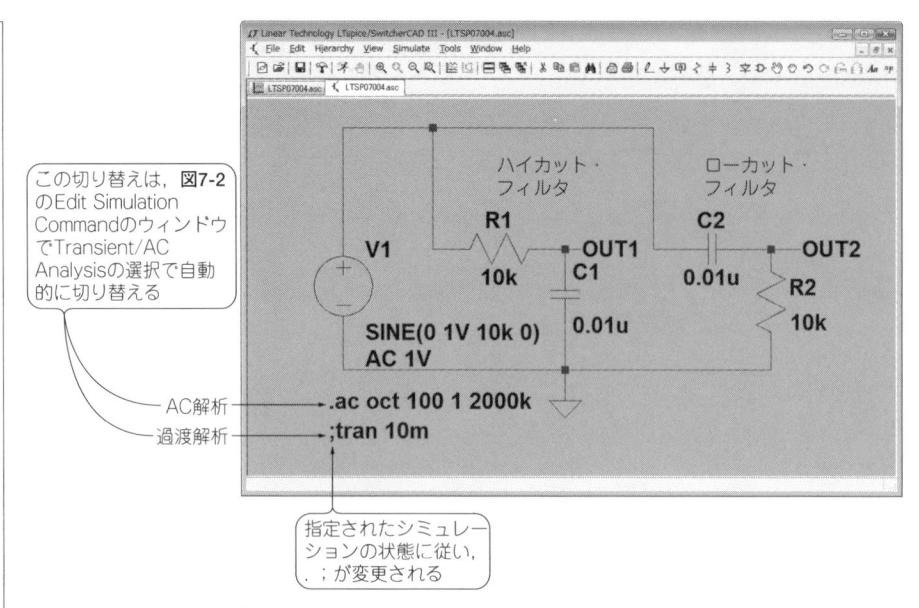

図中注釈:
- この切り替えは，図7-2のEdit SimulationCommandのウィンドウでTransient/AC Analysisの選択で自動的に切り替える
- AC解析 → .ac oct 100 1 2000k
- 過渡解析 → ;tran 10m
- 指定されたシミュレーションの状態に従い，.；が変更される

回路図ラベル: ハイカット・フィルタ, ローカット・フィルタ, R1 10k, C1 0.01u, OUT1, C2 0.01u, R2 10k, OUT2, V1, SINE(0 1V 10k 0) AC 1V

図7-1 正弦波テスト回路(1) CRフィルタ
CRフィルタに正弦波を加える．すべてのパラメータが設定されている．

高い周波数まで連続した正弦波を加え，周波数と出力電圧の状況がどのようになるかを調べます．

この解析をAC解析と呼び，LTspiceで簡単に行えます．このCRの組み合わせでは，カットオフ周波数は次のように計算されます．

$f_c = 1/(2\pi CR) = 1/(2\pi \times 10 \times 10^3 \times 0.01 \times 10^{-6}) \fallingdotseq 1.6$ kHz

このカットオフ周波数を中心に，上下1000倍くらいの範囲をカバーする掃引周波数を設定します．メニュー・バーのSimulate>Edit Simulation Commandでシミュレーションの設定ウィンドウを表示し，AC解析を選択します．図7-2に示すAC解析のウィンドウで，掃引周波数を1 Hzから2 MHzに設定します．

● 掃引信号の大きさを設定

掃引のための入力信号はAC 1Vに設定します．この設定はV1のVoltageのシンボルをマウスの右ボタンでクリックし，Advancedをクリックし，Independent Voltage Sourceのウィンドウを AC Amplitudeで設定します(図6-3参照)．そのほかにも，図7-3に示す

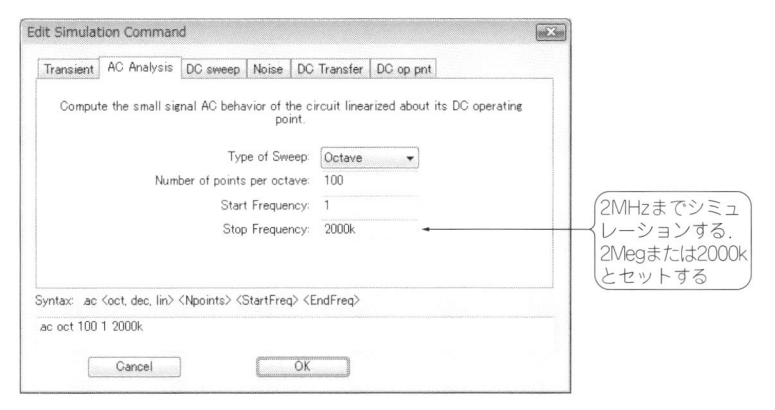

図7-2 AC解析の設定

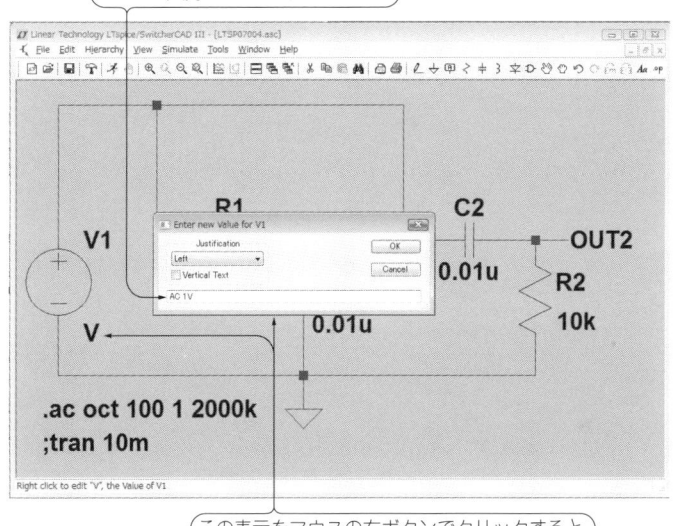

（注釈）2MHzまでシミュレーションする．2Megまたは2000kとセットする

（注釈）AC解析用のAC信号の大きさを設定．AC1Vと入力しOKをクリック

（注釈）この表示をマウスの右ボタンでクリックすると，直接信号源の電圧を設定することもできる

図7-3 AC解析のAC信号電圧設定

ようにVoltageのVをクリックして電圧源の設定ダイアログを表示し，直接AC 1 Vを設定する方法もあります．

7-2 —— CRフィルタの周波数特性をAC解析でシミュレートする

● シミュレーションの開始

　以上の設定の後，ツール・バーのRUNアイコンをクリックすると，図7-4に示すようにグラフのウィンドウが表示されます．次に，回路図のOUT1をクリックして，ハイカット・フィルタの周波数特性を表示し，続いてOUT2をクリックしてローカット・フィルタの特性を表示します．

● グラフのウィンドウの拡大表示

　図7-4のように，デフォルトでは回路図とグラフのウィンドウがタイル状に表示され，測定点の追加や，回路図を参照しながら検討するのには便利です．一方，グラフの詳細を

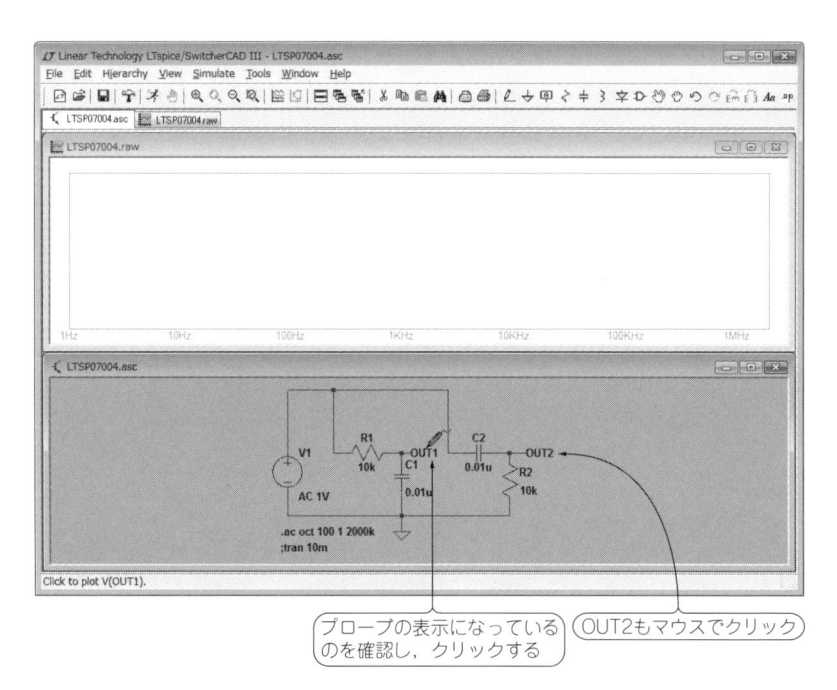

図7-4　AC解析の開始
シミュレーションを開始後，プローブで測定点を指定する．

検討するためにグラフのウィンドウを全面に表示したり，必要な部分を拡大表示することができます．

● タイル表示から全面表示

タイル表示から全面表示に変更するためには，グラフ，回路図のウィンドウの最大化ボタンをクリックするか，タグをダブル・クリックすることで行えます．

AC解析の結果から10 kHzの周波数のときのハイカット・フィルタ［V(out1)］の減衰率をシミュレーション結果から読み取ります．グラフのウィンドウの最大化ボタンをクリックして全画面表示することで，おおよその値を読み取ることができます(**図7-5**)．

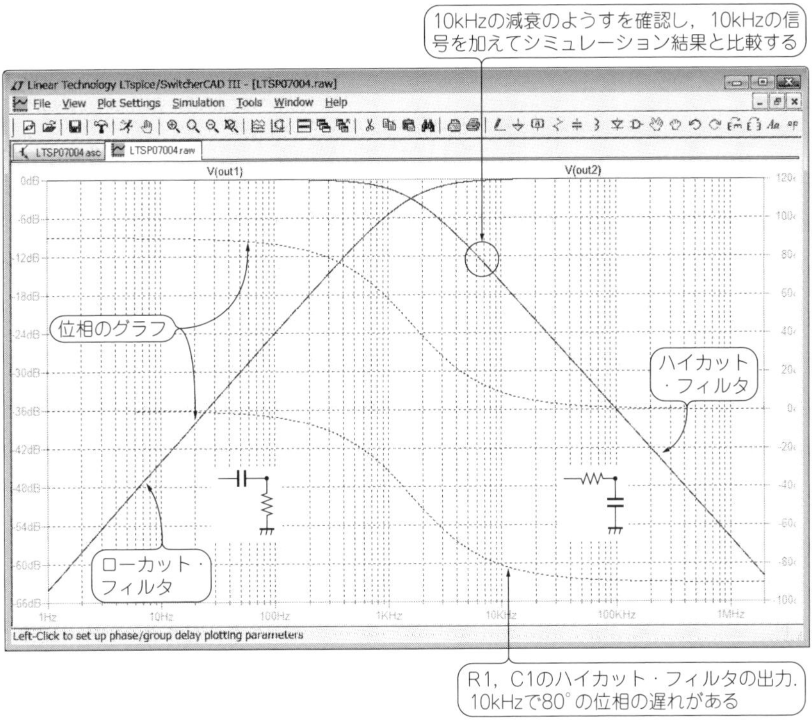

図7-5　CRフィルタの周波数特性

● グラフの表示をドラッグして拡大する

　グラフ表示のウィンドウ上にマウス・ポインタを移動すると，マウス・ポインタの表示が十字の形になります．そして，左下のステータス・バーには，マウス・ポインタの座標が表示されます．

　図7-6に示すように，周波数10 kHzとOUT1の交点近くをマウスでドラッグします．ド

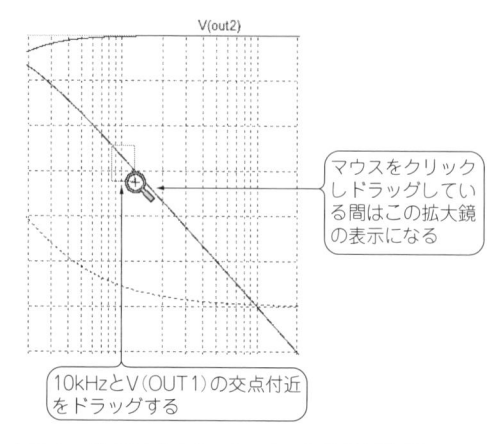

図7-6　グラフからシミュレーション結果を読み取る

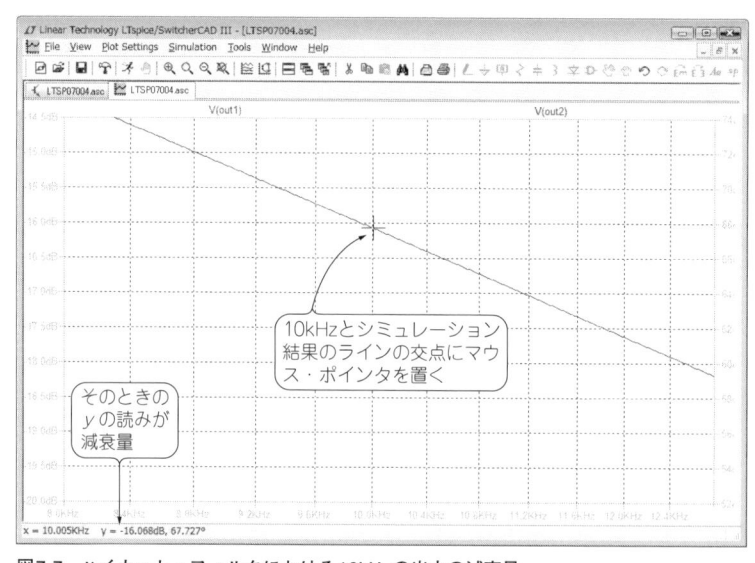

図7-7　ハイカット・フィルタにおける10kHzの出力の減衰量

ラッグのためにマウスの左ボタンをクリックすると，マウス・ポインタは十字の形から**図7-6**に示すように拡大鏡の表示になります．この状態で拡大表示する範囲をドラッグします．

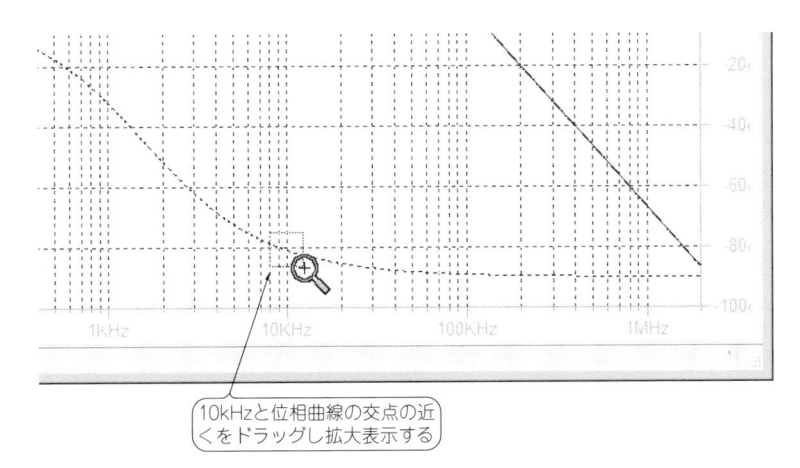

10kHzと位相曲線の交点の近くをドラッグし拡大表示する

図7-8 ハイカット・フィルタの位相を読み取るために拡大する

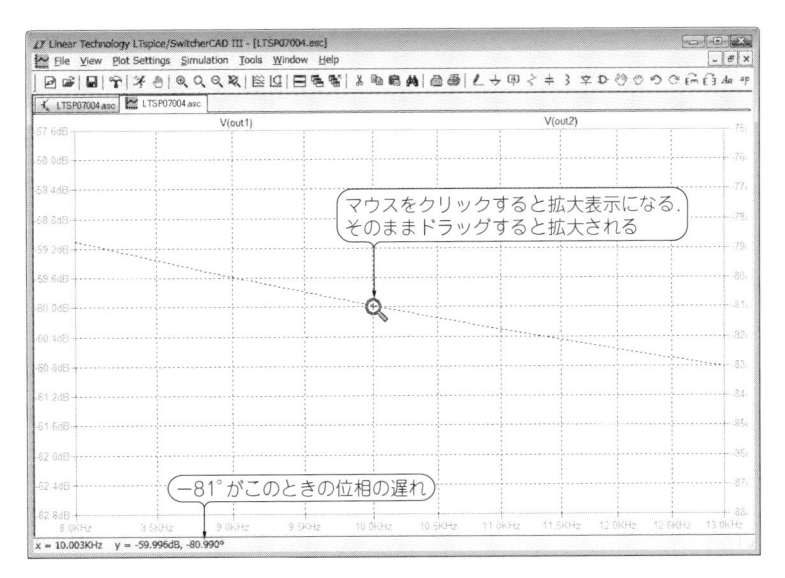

マウスをクリックすると拡大表示になる．そのままドラッグすると拡大される

−81°がこのときの位相の遅れ

図7-9 ハイカット・フィルタの位相を読み取る

● ドラッグを終えると表示が拡大される

図7-7は，図7-6でドラッグした範囲が拡大表示されたものです．周波数10kHzと特性曲線の交点にマウス・ポインタを移動しステータス・バーのY軸の値を読み取ります．－16 dBと読み取れます．

ウィンドウの拡大表示は，ドラッグするたびに何度でも行えます．

● 同様に10kHzの位相の値を読み取る

同様に，図7-8に示すように10kHzとOUT1の位相の交点周辺をドラッグして拡大します．拡大表示した図7-9からOUT1の10 kHzの位相を読み取ります．－81°（－80.99）とステータス・バーから読み取れました．

7-3 ── 信号源としての正弦波の設定

● 正弦波の設定

電圧源をマウスの右ボタンでクリックすると，電圧源の詳細な設定を行うための図7-

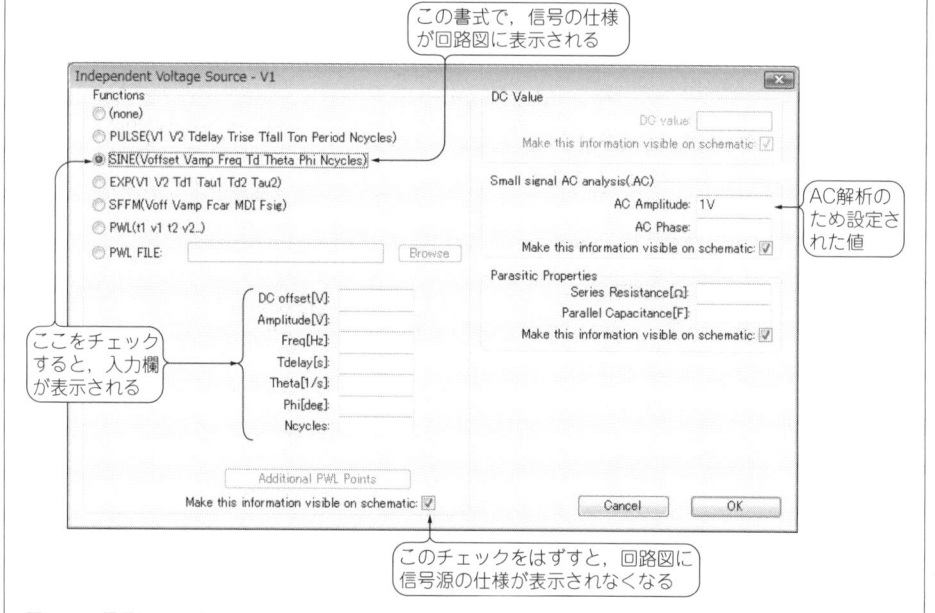

図7-10 信号源の設定ウィンドウで正弦波の設定，大きさ，周波数など多様な設定ができる

10のウィンドウが表示されます．AC解析のためAC 1Vに設定してあります．そのため，AC Amplitudeの欄に1Vが設定されています．電圧源にDC電圧以外の設定がある場合，マウスの電圧源を右ボタンでクリックすると，DC電圧の設定ダイアログをバイパスして図7-10の信号源の設定ウィンドウが表示されます．

最初に表示された状態ではファンクションは設定されず，(none)がチェックされています．正弦波ファンクションは，SINE(Voffset Vamp Freq Td Theta Phi Ncycles)の欄をチェックします．そうすると，図7-10に示すように正弦波の設定に必要な項目が入力できるようになります．

● 信号電圧と周波数を設定する

通常回路のテストのために使用する正弦波は，多くの場合，電圧と周波数を設定するだけで済みます．

その他，出力される正弦波については，信号の大きさ，シミュレーション開始から，信号が立ち上がるまでの遅延時間，周波数などについて任意の値が設定でき，信号の大きさを時間の経過と共に増大したり，減少したりするためのファクタの設定，位相の設定，出

---

column 7-A　　　　　　　　　　　　　　　SINEの設定項目

- ◆DC offset [V]　正弦波に直流成分が重畳している場合，ここにDC成分の電圧を設定する．
- ◆Amplitude [V]　正弦波の出力電圧を設定する．正負の電圧の絶対値を設定する．
- ◆Freq [Hz]　正弦波の周波数を設定する．
- ◆Tdelay [s]　正弦波の出力に遅れがある場合，遅延時間．遅れがない場合0の設定か，空白にしてもよい．
- ◆Theta [1/s]　出力正弦波を時間とともに減衰させるときの減衰の速度を設定する定数．
- ◆Phi [deg]　正弦波の位相が0から始まらない場合，開始位相をここで設定する．複数の位相のずれた正弦波が必要な場合ここで設定できる．
- ◆Ncycles　出力する正弦波のサイクル数をここで設定できる．設定しない場合連続して出力される．

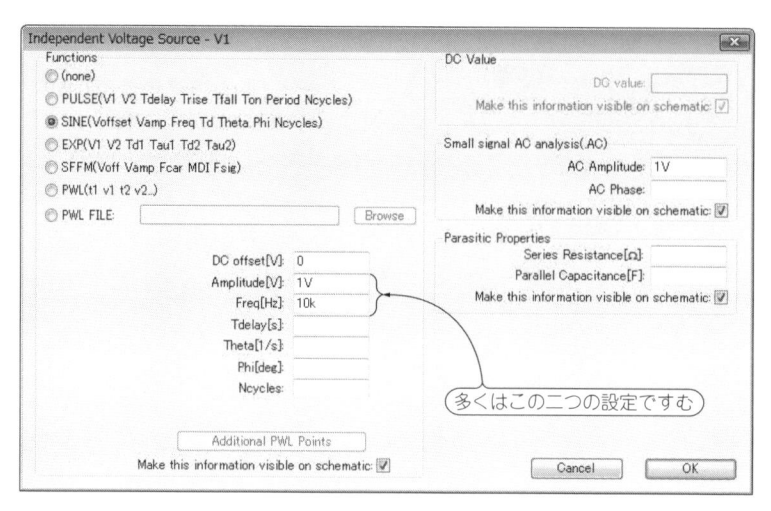

図7-11 1V 10kHzの正弦波を出力する設定

力信号の数など，多様な設定が用意されています．

● 10 kHzの正弦波の出力信号を設定

次に，10kHz 1Vの正弦波を作成し，CR回路の通過のようすを確認します．図7-11に示すようにAmplitudeの欄に1Vと正弦波のピーク電圧を設定します．後は，周波数のFreqの欄に10kと設定するだけで終わります．

● シミュレーション時間の設定

次は，シミュレーション時間の設定を行います．メニュー・バーのSimulate>Edit Simulation Cmdを選択します．Edit simulation Commandのダイアログ・ウィンドウのTransientの画面で，Stop Timeの設定を行います．10kHzの正弦波なので1サイクル0.1msとなります．最初はシミュレーション結果が30サイクル程度の波形として表示されるように3msを設定します．そのためにStop Timeの欄に3mと入力します．

その後，ツール・バーの人が走っているRUNをクリックすると，シミュレーションを実行します．

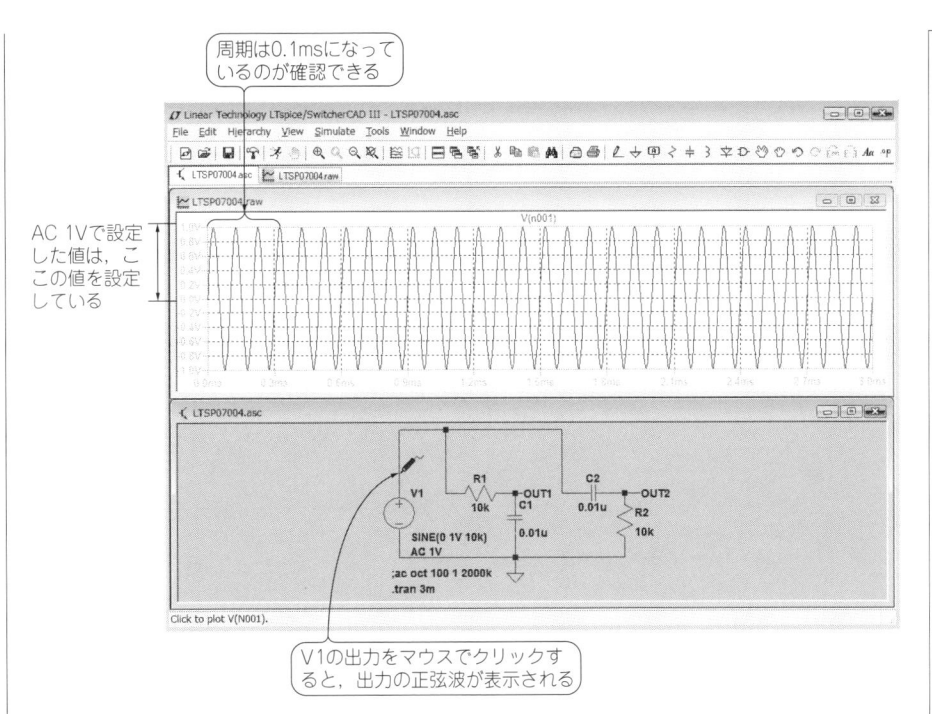

図7-12 V1からの正弦波出力波形

(注釈)
- 周期は0.1msになっているのが確認できる
- AC 1Vで設定した値は，この値を設定している
- V1の出力をマウスでクリックすると，出力の正弦波が表示される

7-4 ── シミュレーション結果の表示とグラフの波形の取り扱い

● シミュレーション結果の表示

RUN実行後，**図7-12**に示すようにV1の出力をクリックし，V1の出力波形を表示します．

● マウスでクリックして追加表示

V1からの出力を表示後，次はOUT1の出力波形を表示します．ラベルのOUT1を1回だけクリックします．測定ポイントをマウスでクリックするたびに，その測定ポイントのシミュレーション結果がグラフに表示されます．

● ダブル・クリックで単独表示

表示の数が多くなるとグラフが見づらくなったり，V1の出力とOUT1の出力のように

信号の大きさに差があったとき小さな信号が埋もれてしまう場合などがあります．その場合，確認しようとする測定ポイントをマウスでダブル・クリックすると，ダブル・クリックされた測定点の信号だけ表示されます．**図7-13**のV1，OUT1の両方のデータが表示された状態で回路図のOUT1をダブル・クリックすると，**図7-14**のようにOUT1の表示のみになります．

　正弦波の入力が，コンデンサを充電する方向から始まっているので，初期状態でフィルタの出力が安定するまで少し時間がかかります．入力する信号の波形の開始位置（位相）により，この初期のバラツキが生じます．

● 波形を比較できるよう加工して追加

　V1の波形とOUT1の波形の位相のずれを確認するために，V1の波形をOUT1の波形の

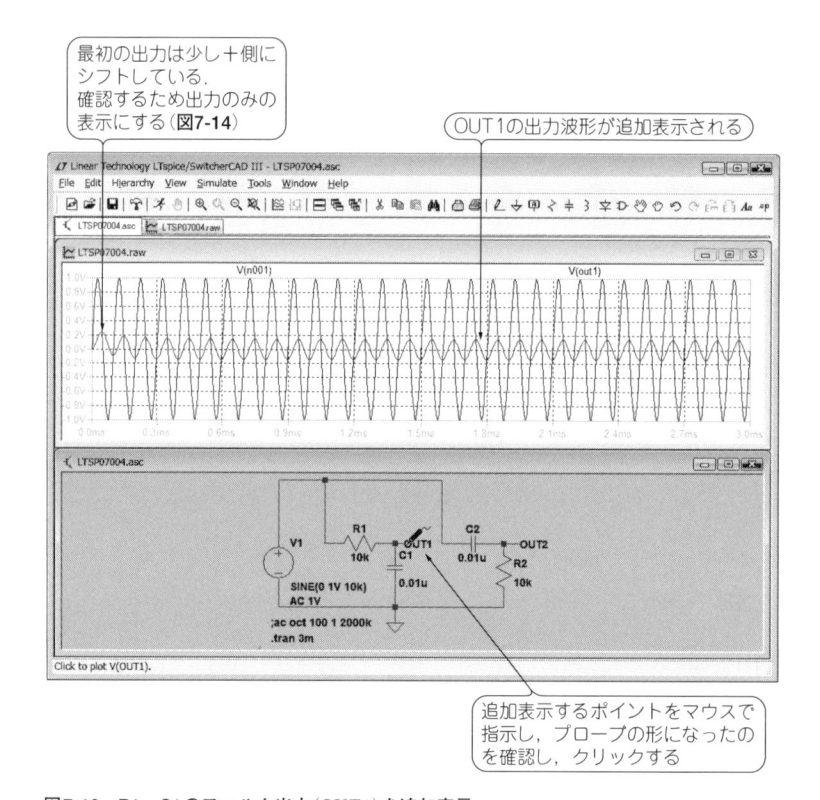

図7-13　R1, C1のフィルタ出力（OUT1）を追加表示

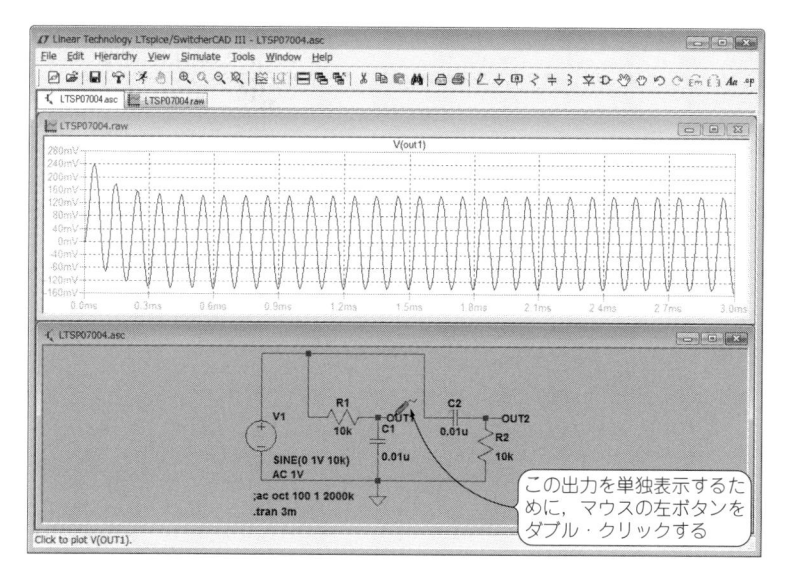

図7-14 ダブル・クリックで単独表示となる

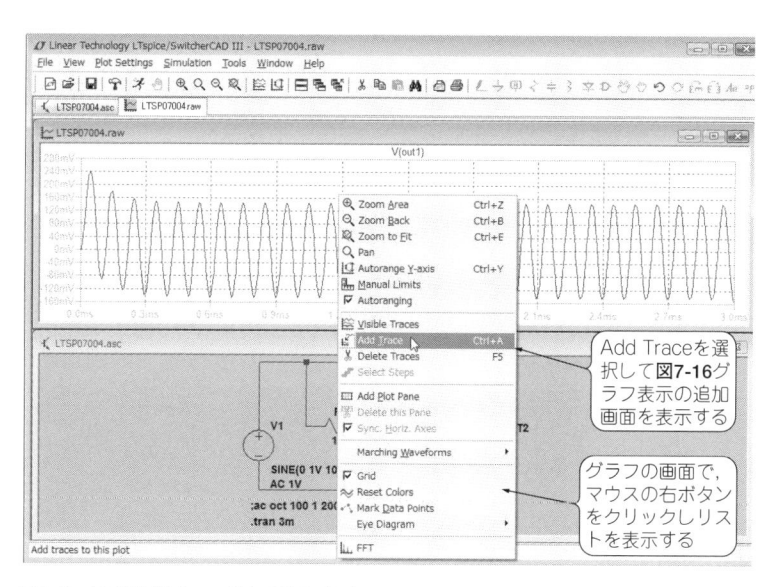

図7-15 V1の波形を0.15倍して追加表示
V1の波形は図7-12.

7-4——シミュレーション結果の表示とグラフの波形の取り扱い

この中から表示するデータをマウスで選択する

V(n001)を選択し、*0.15をキー入力する

選択された項目は、ここにセットされる

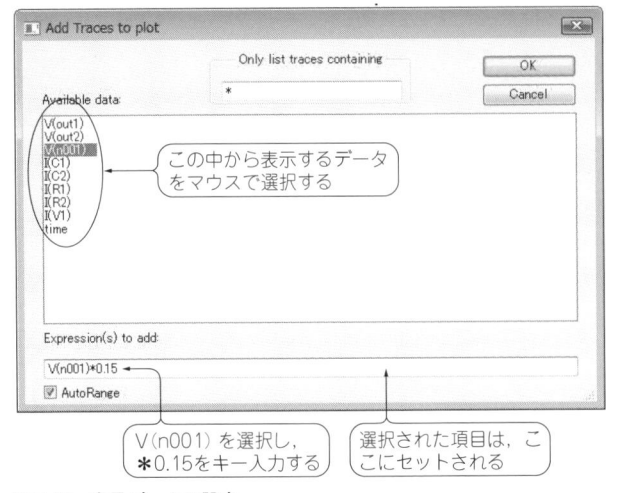

図7-16 表示データの設定

波形のようすを確認するため、この部分をドラッグして拡大する

ステータス・バーには、ドラッグした領域の情報が表示される

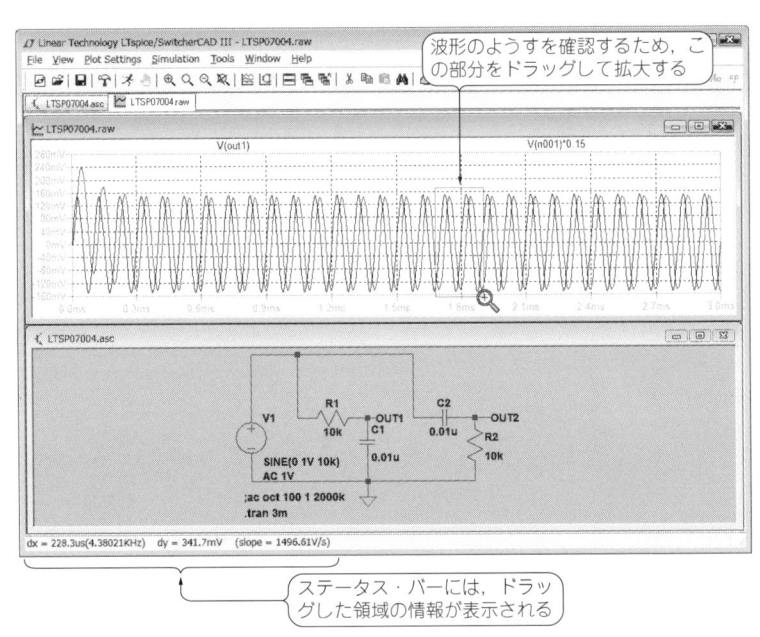

図7-17 V1の出力を表示しOUT1の波形と比較する

第7章——LTspiceを使ってみる⑤ シミュレーション信号源の作成(2)

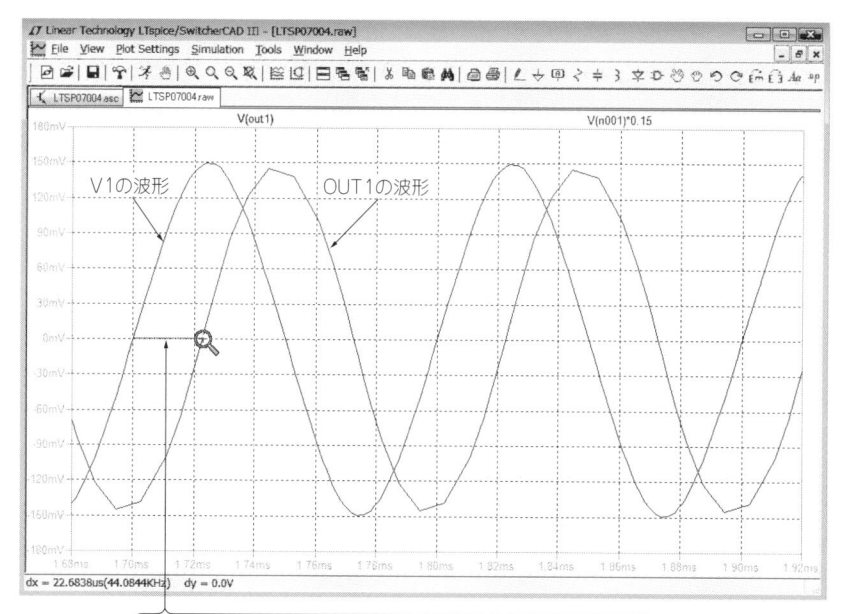

図7-18 V1とOUT1の波形の遅れを読み取る
1波形分ドラッグすると，グラフの波形の同期および周波数が表示される．

ピークに合わせるため0.15倍して追加します．

図7-15でグラフ画面をマウスの右ボタンでクリックし，リストの中からAdd Traceを選択して図7-16の表示の設定画面を表示します．この画面で表示可能な項目のリストからV(n001)を選択すると，選択された項目は下のテキスト入力欄にセットされます．ここでV(n001)を0.15倍するため，

V(n001) * 0.15

と，*0.15をキーボードで追加します．ここの欄では差を求めるために項目間の引き算などの処理も行えます．

図7-17はV1の波形を縮小して表示した結果です．このグラフの中から，後半部分の2波長分くらいをドラッグして拡大表示します．

拡大表示した結果が図7-18です．V1の波形に対してOUT1の波形の進行が遅れていることがわかります．この遅れの時間をグラフから読み取ります．0VのラインとV1，OUT1との交点の時間を読み取り，その差を求めます．

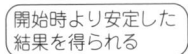

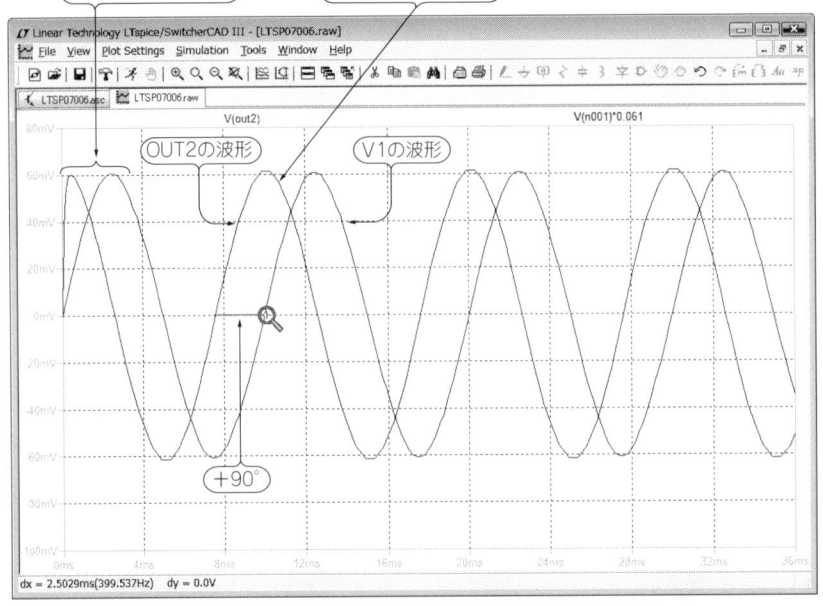

図7-19 ローカット・フィルタは位相が進む
ローカット・フィルタの100Hzの処理.

● ドラッグすると移動量が表示される

LTspiceグラフ表示画面をマウスでドラッグすると，図7-18に示すようにその移動量がステータス・バーに表示されます．ステータス・バーには，

dx = 22.6838us(44.0844kHz)　　　dy = 0.0V

とあります．V1とOUT1の遅れは0.02268msで正弦波の周期は0.1msなので，位相の差は，

(0.02268/0.1) × 360° = 81.6°

となります．周波数特性の結果とほぼ同等な結果が得られます．

● OUT2については100Hzの正弦波をシミュレート

OUT2の出力はローカット・フィルタの出力です．このフィルタの入力用に100 Hzの正弦波を作成しシミュレートします．入力信号は縮小して表示し，OUT2の出力の関係を図7-19に示します．フィルタの出力(OUT2)の波形は，フィルタの入力(V1)より約90°分(1/4波長分)先行しています．

column 7-B .Measureコマンドでシミュレーション結果を読み取る

シミュレーション結果についてグラフから読み取る方法のほかに，.Measureコマンドでシミュレーション結果を読み取る方法があります．

● バンド・パス・フィルタ回路のピーク値(max)を読み取る

図7-1のローパス（ハイカット），ハイパス（ローカット）フィルタに組み合わせて，フィルタの時定数をピークとするバンド・パス・フィルタが作られます．AC解析を行うと図7-Aに示す結果が得られます．

このグラフを拡大して，ピーク値，そのときの周波数を読み取ることができます．3桁くらいの精度でよい場合は画像の拡大で対応するほうが簡単で便利です．しかし計算機ですから計算して機械的に最大値を求めることができるはずです．そのためのdot Command，.measureが用意されています．

● .measure(.meas)コマンド

回路図画面に.measureコマンドを設定し，シミュレーションを実行するとascファイルのフォルダにascファイルと同じ名前のlogファイルが作成されます．その中に図7-Bに示すように.measureコマンドで指定した条件で検出されたシミュレーション結果が書き込まれます．V(out)の最大値を求めます．

 .meas ac res1 max v(out)　（acは省略可）

 結果　res1: max(v(out))＝（－9.54244dB,0.113534°）FROM 10 TO 1e＋006

AC解析で，V(out)の最大値をres1にセットします．結果は，電圧値は－9.54244dBで位相は0.113534°となっています．

V(out)が最大値のときの周波数，

 .meas ac res2 when V(out)＝res1（acは省略可）

 結果　res2: v(out)＝res1 AT 1586.83

AC解析でV(out)がres1で求めた最大値になるときの周波数（水平軸の値）を求めています．結果は1586.83Hzと得られました．.Measureコマンドで得られた結果を，新たな値を求めるために利用することができます．

● 精度を上げるにはシミュレーションの計算密度を上げる（.Mesureコマンドの精度）

.Measureコマンドはシミュレーションの計算結果により算出します．そのためシミュレーションの計算ポイントの数を多くするとよりよい精度が得られます．上記のシミュレーションはac oct 100 1 1000kとオクターブあたり100ポイントとなっています．これを1000ポイントにして次の条件で再度シミュレーションしてみました．

```
ac oct 1000 1 1000k
```

新たな，シミュレーションの結果のlogファイルの内容です．
```
res1: max(v(out))=(－9.54243dB, 0.00762928°)FROM 10 TO 1e+006
res2: v(out)=res1 AT 1591.23
```
res1の結果に示すように位相は前回の結果より一層0に近づいています．精密な結果が必要な場合は注意する必要があります．

この.measureコマンドは，ピークtoピーク，実効値，平均値，最大値，最小値のほか，特定の条件を満たすときの電圧値，電流値なども得ることができます．詳しくはHelpを参照してください．

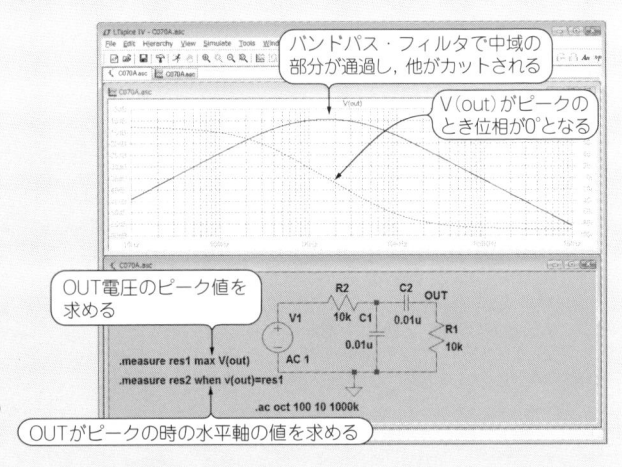

図7-A
バンドパス・フィルタの周波数特性

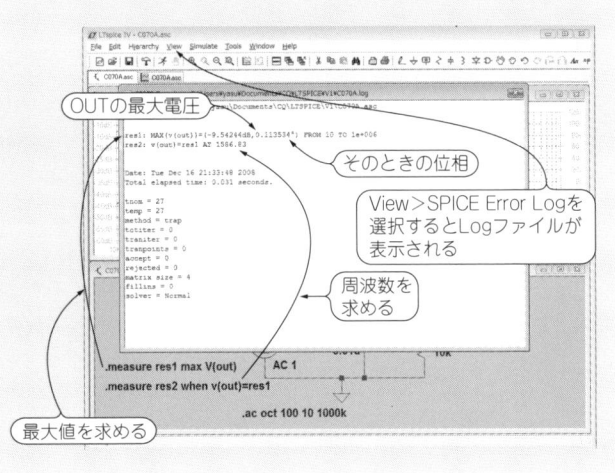

図7-B
.measureコマンドの実行結果の表示Logファイルに記録される

電子回路シミュレータLTspice入門編

第8章
ダイオードの動作と平滑化回路

本章では，図8-1のようなダイオードを利用した整流回路，商用の交流電源を整流した電源のリプル，リプルの平滑化回路についてシミュレーションします．

8-1 —— ACアダプタのAC電源をシミュレート

最近は大容量のDC電源はスイッチング・レギュレータが普通になっていますが，AC100Vの商用電源をトランスで低電圧化して整流・平滑化する従来タイプの電源も，小容量の電源の場合は簡便に利用できるので，まだまだ利用価値があります．

ここでは，実験回路などで利用するDC電源回路のシミュレーションを行います．AC

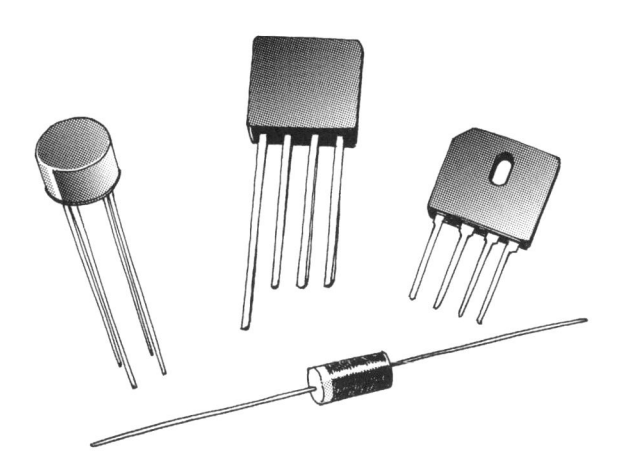

図8-1　各種ダイオードの外観

電源100Vの電源からトランスで十数ボルトの低い電圧を取り出し，ダイオードを利用した整流回路，コンデンサによる平滑回路など，実験用のDC電源を得る場合の各回路の動作についてシミュレーション行い，その動作を確認します．

● シミュレーションはAC100Vをトランスで低電圧化したものを利用

シミュレーションは，トランス出力の低電圧のAC電源から始めます．**図8-2**のように，AC電源はVoltageを正弦波出力に設定したものを用います．この電源は強力で，PCの中では数テラAの電流をも供給できるものです．

最初に，AC電圧と周波数の設定を行います．周波数は東日本の50Hzを設定します．Amplitudeの値は，正弦波のピーク電圧を設定します．Amplitudeにマイナスの値をセットすると**図8-3**に示すように位相が180度(半波長分)ずれます．

● AC電圧の表示は通常実効値

通常，交流の電圧はここでAmplitudeに設定したピーク値(波高値)でなく，実効値と呼ばれる値を用います．抵抗負荷に消費される電力は，電流×電圧と等しくなります．実効値とは，所定の直流電圧を抵抗負荷に加え，消費される電力と同等になる，交流電圧の平均値となります．この平均値は，瞬時ごとの波高値を二乗した総和の平均値を求め，その

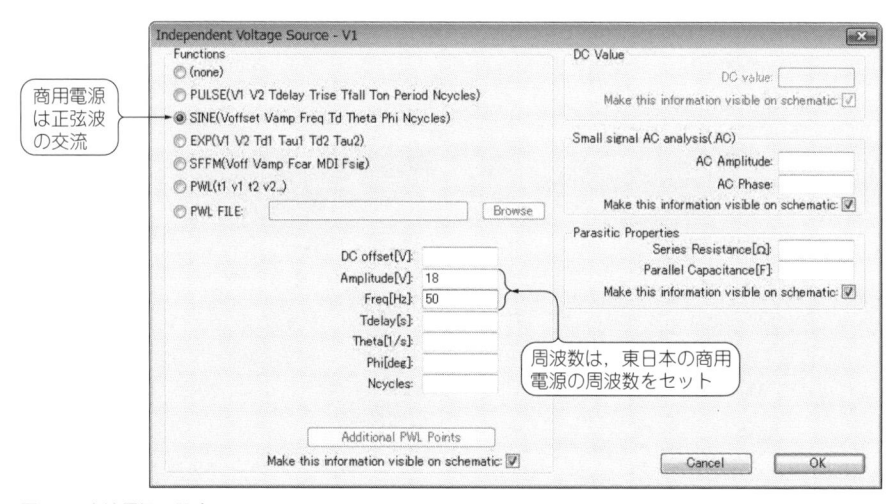

図8-2 交流電源の設定

平方根となります．RMS(Root Mean Square value)と表示します．正弦波の場合，実効値と波高値の間には次の関係があります．

$$\text{実効値} = \frac{\text{波高値}}{1.414}$$

電力会社から供給されるAC100Vの100Vは実効値の値で，波高値のピーク電圧は実効値を$\sqrt{2}$倍して141Vとなります．LTspiceのグラフ表示の画面から，この実効値を読み取ることができます．表示されているグラフの軌跡の名称を，Ctrlキーを押しながらマウスの左ボタンでクリックすると，表示領域の平均値とRMSが表示されます．全波整流回路の項で具体的な例を示して説明します．

8-2 ── ダイオードによる整流回路(ダイオードを1本使用)

まず，ダイオードを1本利用した整流回路の動作を確認します．**図8-4**にテストする回

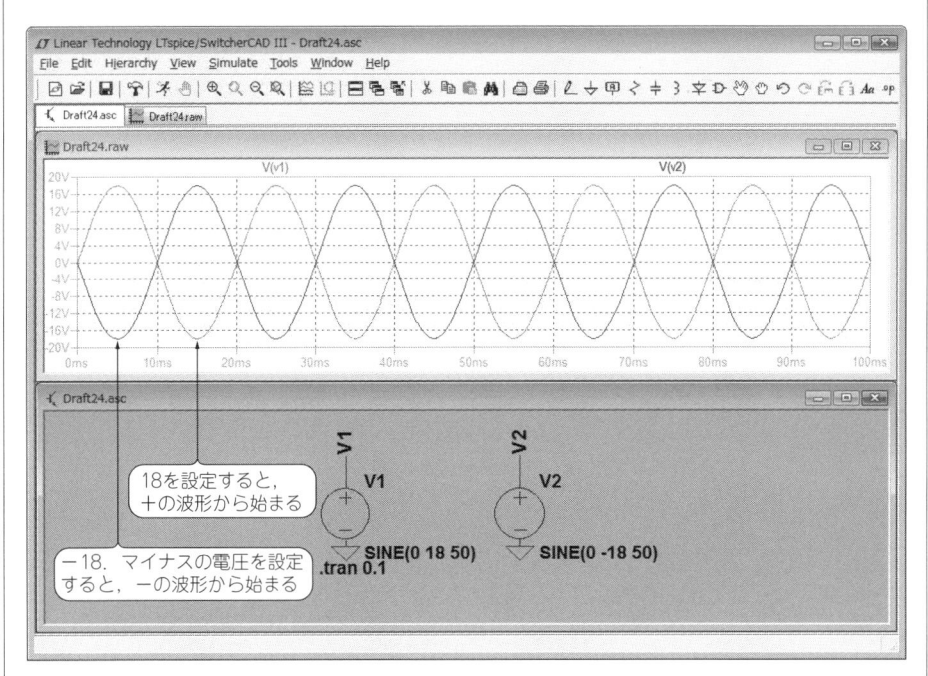

図8-3 交流電源の設定 設定電圧の正負の違い
電圧の設定の値の正負で位相が180°異なる．整流して電源として利用する場合，結果は同じになる．

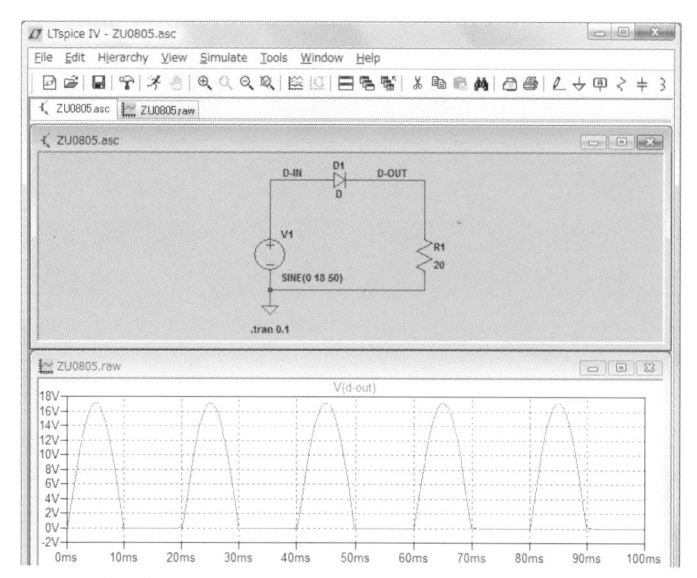

図8-4　1本のダイオードによる整流回路
ダイオード1本では入力の半分しか整流できない．

路を示します．このダイオードは，LTspiceが用意したデフォルトのダイオードをそのまま使用しました．このダイオードに加わる電圧を確認するために，ダイオードの前後にラベルD-INとD-OUTを用意してあります．

シミュレーションのタイプを過渡解析と指定して，ストップ・タイムを5周期くらいの波形のようすを確認できるように0.1s(秒)と設定します．シミュレーションを実行し，D-OUTの結果を図8-4に示します．

● ダイオード1本では入力の半分しか整流できない

ダイオードの出力は，入力波形のプラス側の波形のみ出力されています．負荷として20Ωの抵抗を用意しましたので，この回路に流れる電流についても確認します．マウスでR1の負荷抵抗をクリックすると，図8-5に示すように電圧のシミュレーション結果に加え負荷に流れる電流も表示されます．入力された電源の正弦波のプラス波形のみが出力されています．負荷が抵抗だけですので，電流と電圧の位相が同じになっています．

ノード，配線などにマウスを持っていくとプローブの形状になり，クリックすると電圧が表示されます．電圧を表示する場所も，プローブが表示されている場合，Altキーを押す

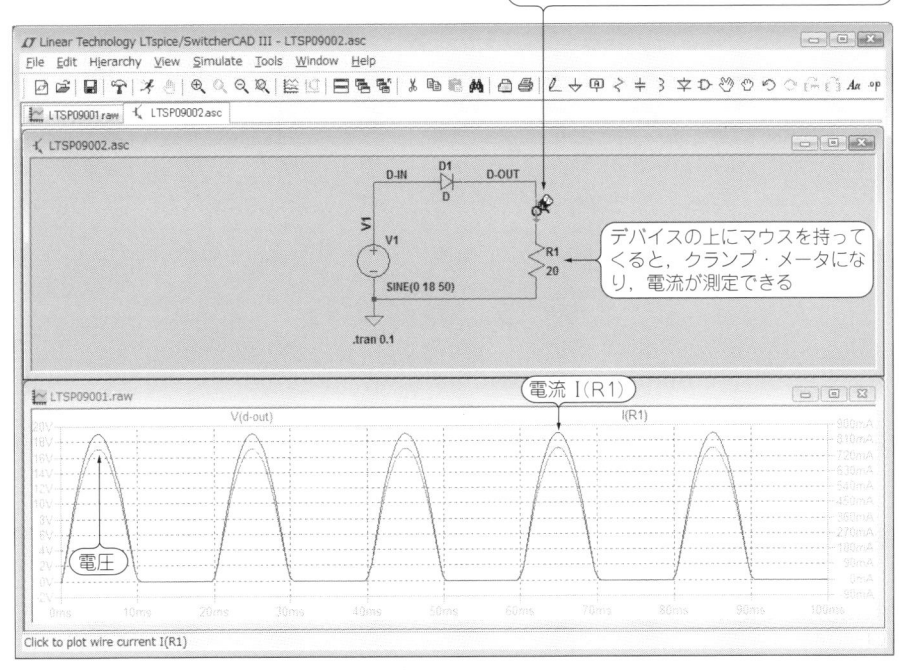

図8-5 ダイオードによる整流回路の電圧,電流

とクランプ・メータになって電流値を表示できます.デバイスなどクランプ・メータのシンボル表示の場合は,Altキーを押すと温度計の表示に変わり,消費電力の表示ができます.

● ダイオードを実物のモデルにする

今までのシミュレーションは,デフォルトのダイオードで行いました.ここで,LTspiceが用意しているダイオードのリスト中から実物のモデルを選択することにします.

図8-6に示すように,ダイオードをマウスの右ボタンでクリックし,ダイオードの仕様を表示します.この中の「Pick New Diode」のボタンをクリックすると,LTspiceで用意されているダイオード・モデルのリストのウィンドウが表示されます.この中から該当するダイオードを図のように選択し,OKボタンをクリックすると,ダイオードは選択されたダイオードに変わります.

今回は,ダイオードのリストの中にローム社の整流用ダイオードがありましたので,そ

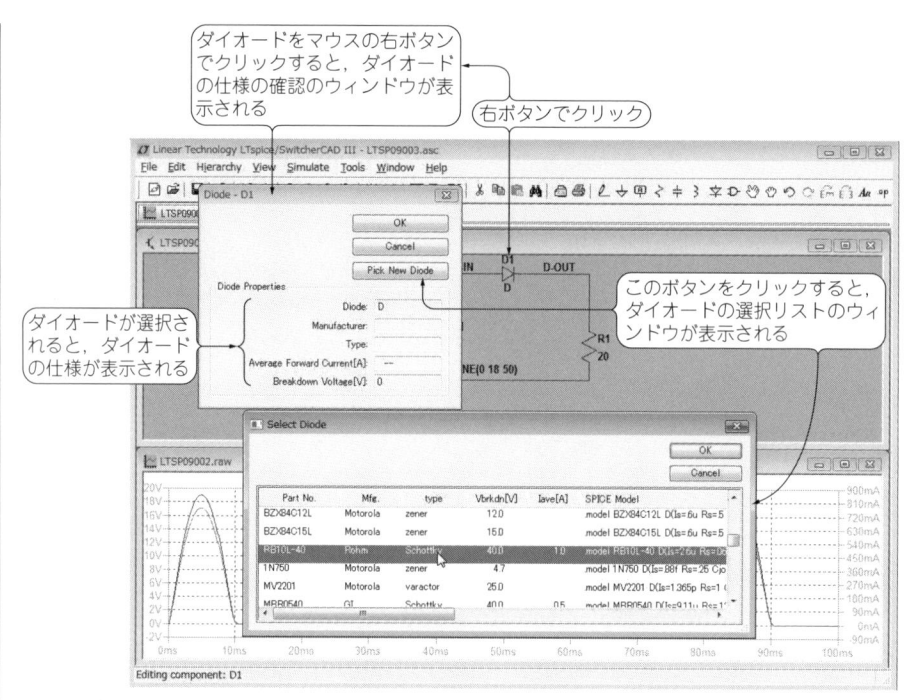

図8-6 ダイオードの選択

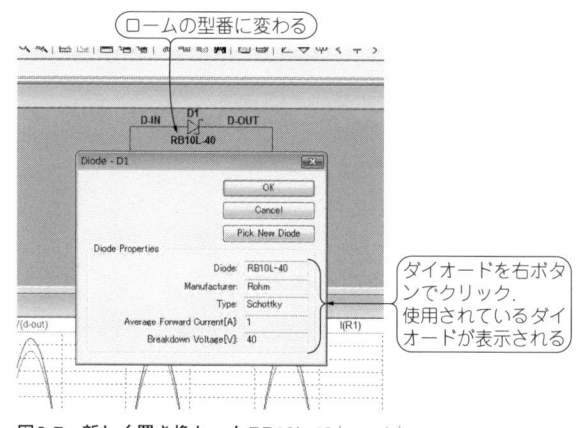

図8-7 新しく置き換わったRB10L-40(ローム)

のダイオードを選択しました．1Aの平均電流が流せる，耐圧40Vのショットキー・バリア・ダイオードです．**図8-7**に変更された結果を示します．

8-3 ── グラフ表示のペインを追加

グラフのウィンドウは，それぞれ異なったスケールの複数のグラフを表示することもできます．それぞれのグラフは窓枠という意味もあるペインとも呼ばれます．**図8-8**にダイオードの電圧降下のようすのグラフを追加します．ダイオードの電圧降下は，

　　　D-IN − D-OUT

で計算し，その計算結果をグラフとして表示します．

● 追加したペインにグラフを表示する

図8-8に示すようにメニュー・バーのPlot Settings>Add Plot Paneを選択すると，新し

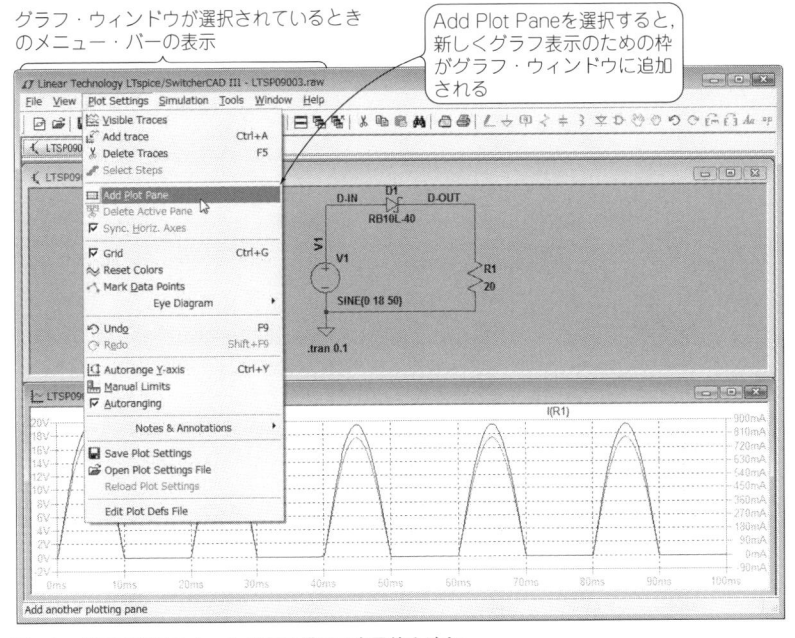

図8-8 グラフ表示のウィンドウにグラフ表示枠を追加

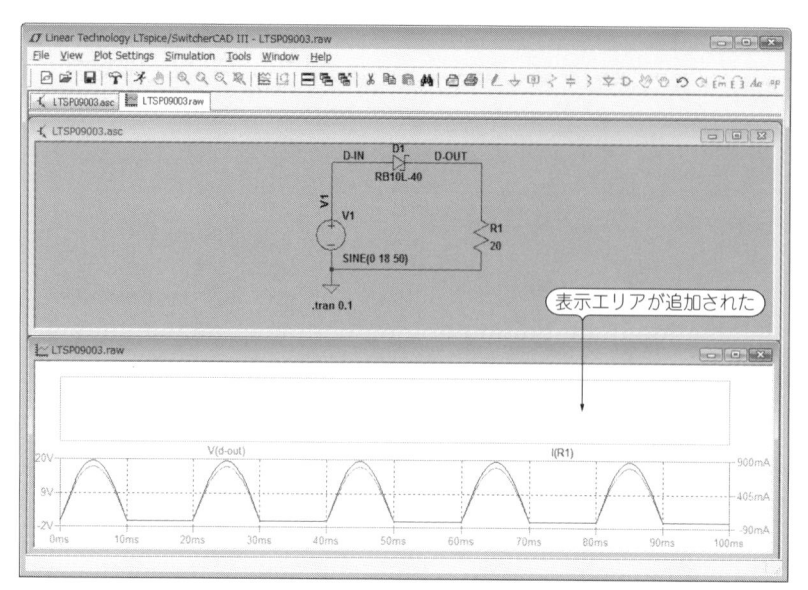

図8-9 新しく追加されたグラフ表示のペイン

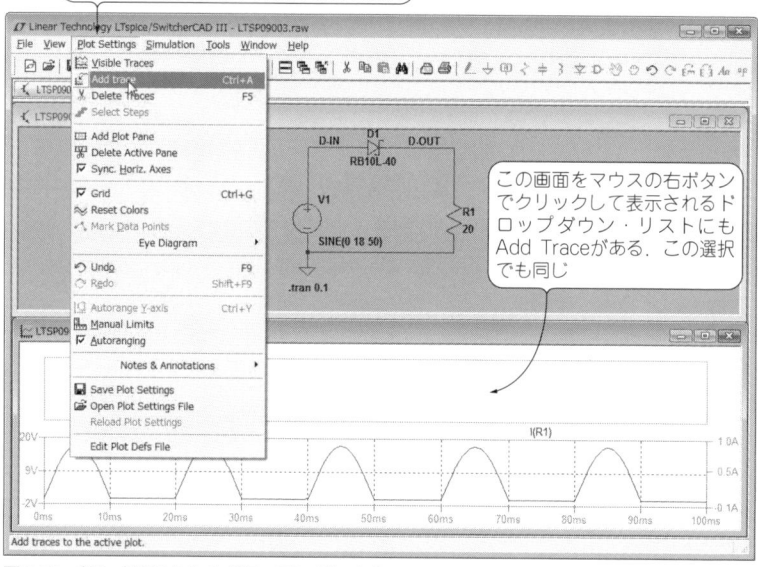

図8-10 新しく追加されたグラフ面にデータをセット

④ V(d-in)－V(d-out)をセットしOKボタンをクリックする

① V(d-in)を選択するとここにセットされる

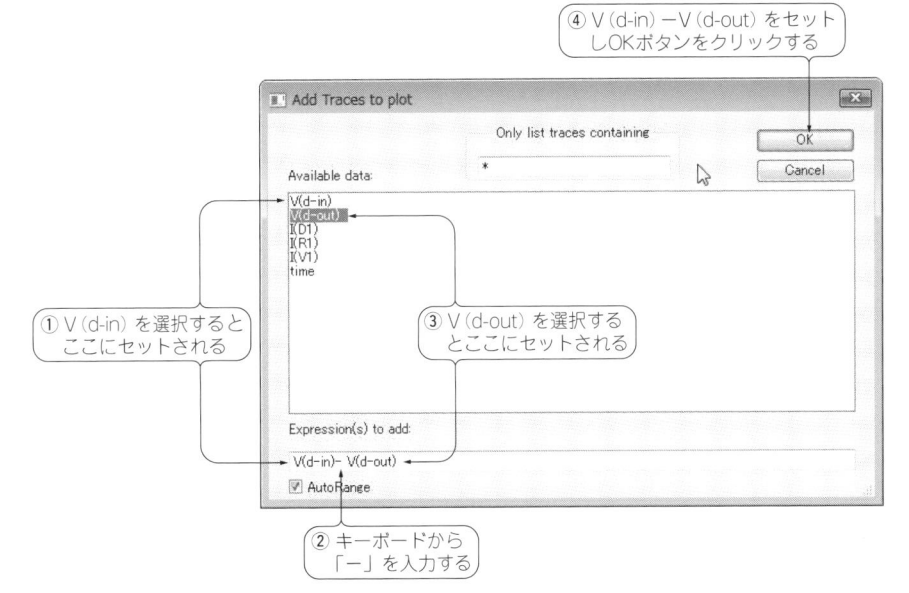

③ V(d-out)を選択するとここにセットされる

② キーボードから「－」を入力する

図8-11 V(d-in)－V(d-out)の計算結果を表示

いグラフ表示のためのPlot Paneが追加されます．

次に，グラフ表示のためのペインを追加し，D-IN，D-OUTのダイオードに加わる電圧を表示してみます（**図8-9**）．

追加されたペイン（Pane）中でマウスを右クリックすると，**図8-10**に示すようにAdd Trace, Delete Trace, Add Plot Pane, Delete this Paneなどグラフ表示に関連する処理のメニューが表示されます．ここでは，その中からAdd Traceを選択して，D-IN－D-OUTの計算結果を表示することにします．

これは，シミュレーション結果に基づくプロット・データを表示する画面になります．このペインにAvailable dataの欄で表示される項目をグラフ表示することができます．その項目は，マウスで選択すると下方のExpression(s) to addの欄に追加されます．直接その欄に書き込むこともできます．

今回は**図8-11**のようにV(d-in)を選択し，次に－をキー入力し，その後マウスでV(d-out)を選択します．OKボタンをクリックすると，ダイオードに加わる電圧の値がグラフ表示されます．

図8-12では順方向の電圧は0.4Vくらいですが，正弦波がマイナス側に触れているとき

> この部分の0Vからプラス部分が
> ダイオードの電圧降下分

> 一波形のときは逆電圧となる

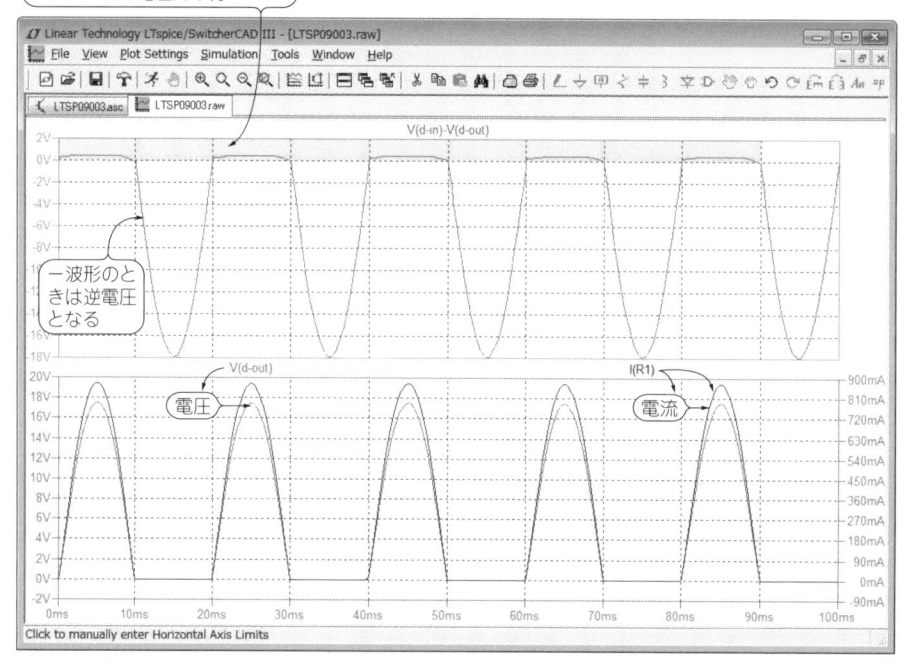

図8-12 ダイオードの電圧降下およびダイオードに加わる逆電圧

は逆方向に18V以上の電圧が加わっているのがよくわかります．Traceを一つしか追加しませんでしたが，複数の項目を選択表示することもできます．また，グラフ表示できるのは，各測定ポイントの値のほかに，測定項目の差，比率などの計算値なども表示させることができます．

以上のシミュレーション結果から，ダイオードで整流しただけでは安定した直流電圧はまだ得られていません．次に，整流回路の出力を平滑回路で平準化します．

8-4 ── ダイオードによる半波整流回路に平滑回路を追加する

● デバイスのパラメータを変化させてシミュレートしてみる

半波整流回路にコンデンサを追加して，整流した電圧を平準化します．コンデンサは電荷をためることができます．大きく変化する整流出力を，コンデンサを追加して一定値以

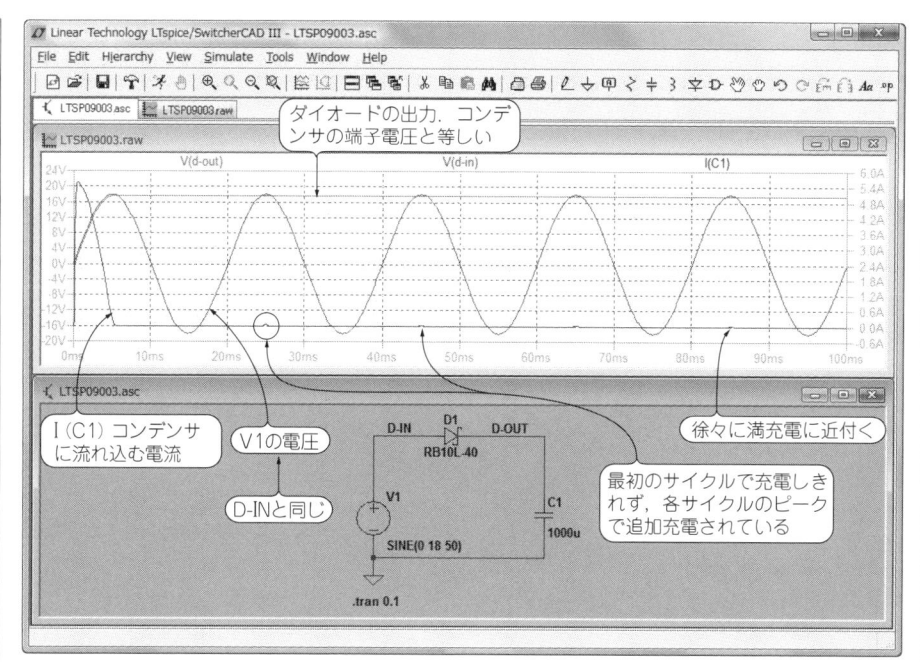

図8-13 整流回路にコンデンサのみ接続する

上の直流電圧源にすることを確認していきましょう．

◆ 出力にコンデンサを接続する

　交流をダイオードで整流された出力は，まだ交流成分が残っていて変動があります．そのため，コンデンサに整流された電気を一時的に貯めます．このコンデンサは，河川のダムや，雨水を貯めるため池みたいな役割を果たします．

◆ 出力にコンデンサのみ接続する

　ダイオードからの整流された出力にコンデンサのみ接続されている場合，今回のシミュレーションではAC電源の内部抵抗を無視できるほど小さいとしています．そのため，内部抵抗は0として設定していません．図8-13に示すように，最初に整流された出力でコンデンサが充電されると，負荷が接続されていないためほかに放電される回路がないので，出力のピーク電圧は18Vで維持されます．ただし，最初のサイクルのピーク電圧の期間だけでは完全にピーク電圧まで充電し切れません．充電状況を電流曲線で確認すると，以後も各サイクルのピーク電圧時に追加充電の電流が流れ，徐々に充電完了に近づき充電電流が少なくなっているのがわかります．

8-4——ダイオードによる半波整流回路に平滑回路を追加する

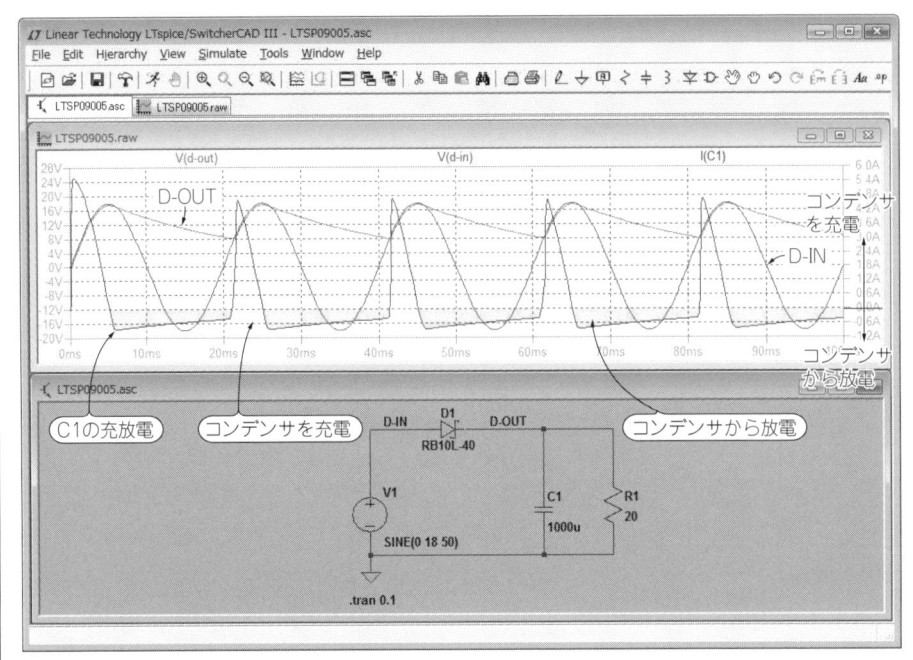

図8-14 整流・平滑回路に抵抗の負荷を接続する

● コンデンサと抵抗の負荷を接続

　平滑回路の後に，20Ωの抵抗負荷を接続してシミュレートした結果を図8-14に示します．I(C1)でコンデンサの充放電電流を示してあります．右側のスケールがこの充放電流を示すスケールで，+6.0Aから-1.2Aの目盛りがふられています．プラスの電流はコンデンサへの充電を示し，マイナスの電流はコンデンサから負荷の抵抗に供給される電流を示します．コンデンサの挿入により負荷には8V以上の電圧を供給できるようになりました．

　無負荷のときは，整流された電圧はピーク電圧と等しく平坦でしたが，負荷を接続すると出力に正弦波のピークと等しい山形の電圧の変動が現れます．この変動をリプルと呼びます．この負荷リプルの大きさは，ため池の役割をしているコンデンサの容量を大きくすると小さくなり，負荷に流れる電流が増大すると大きくなります．

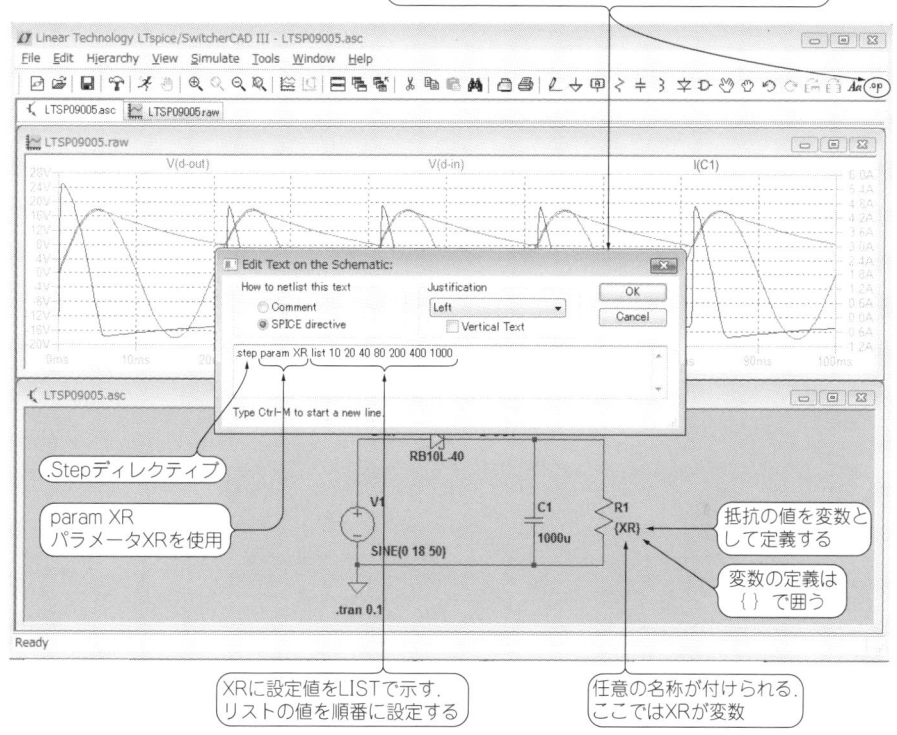

図8-15 .stepディレクティブとパラメータで負荷の値を変化させる

8-5 ── パラメトリック解析　特性値のパラメータを変化させシミュレートする

● 負荷を変化させてシミュレートする

ここでは，負荷の大きさを変化させて，リプルの大きさがどのようになるかを確認してみます．

このためには，負荷として接続されているR1の抵抗の値を変化させて，その結果を同じグラフ上に重ねて表示してみましょう．

● 負荷の抵抗の値を変数にする

負荷の抵抗の値をparamで変数として指定し，.stepコマンドで変数の値をどのように変化させるか指定することで，この目的は達成できます．

まず，次のlistを使用した.stepコマンドでシミュレートします(**図8-15**)．

● コマンドの表記

.step param　変数名　list n1 n2 n3 …

変数名は，対象となるデバイスの値を｜｜で囲い変数として定義します．ここでは負荷抵抗R_1の値を ｜XR｜ として抵抗値の変数 XRを定義します．

ツール・バーの右端の「.op」アイコンをクリックしてspiceディレクティブの設定ダイアログを表示し，次のコマンドを回路図ウィンドウに設定します．

.step param XR list 10 20 40 80 200 400 1000

list以下の数字の値を変数XRの設定値として，順番にシミュレートします．このシミュレートの結果を，**図8-16**に示します．

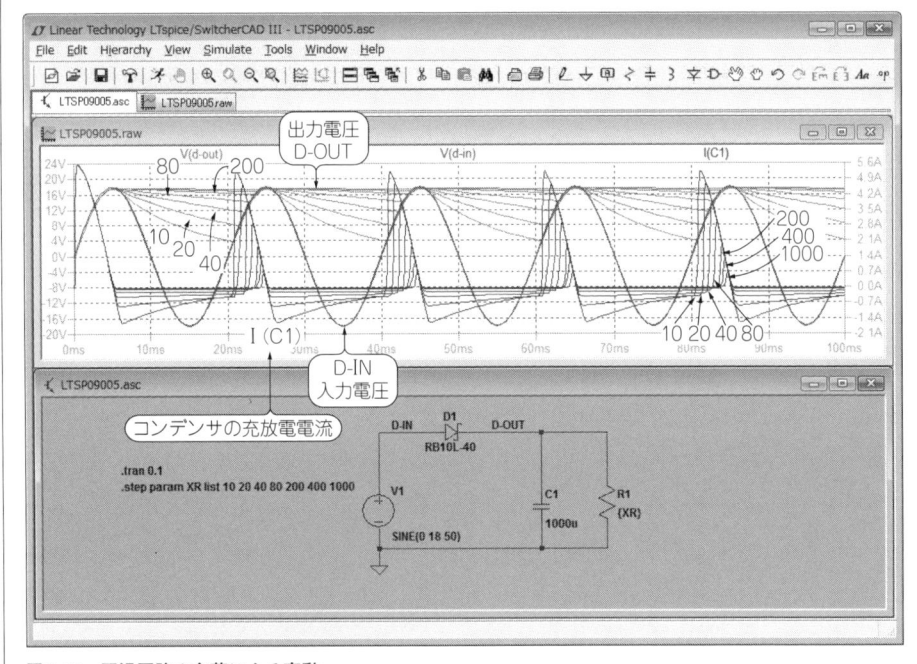

図8-16 平滑回路の負荷による変動

D-IN，D-OUTの電圧の値とC1に流れる電流の値が表示されています．リプルの大きさは，負荷に流れる電流の大きさに大きく依存していることがわかります．

● 変数の指定方法

変数の値はリストで指定すると任意の値をどのようにも設定できます．一方，多くの場合は，

開始値　終了値　刻み値

を指定するほうが目的にかないます．

.step param XR 10 510 50

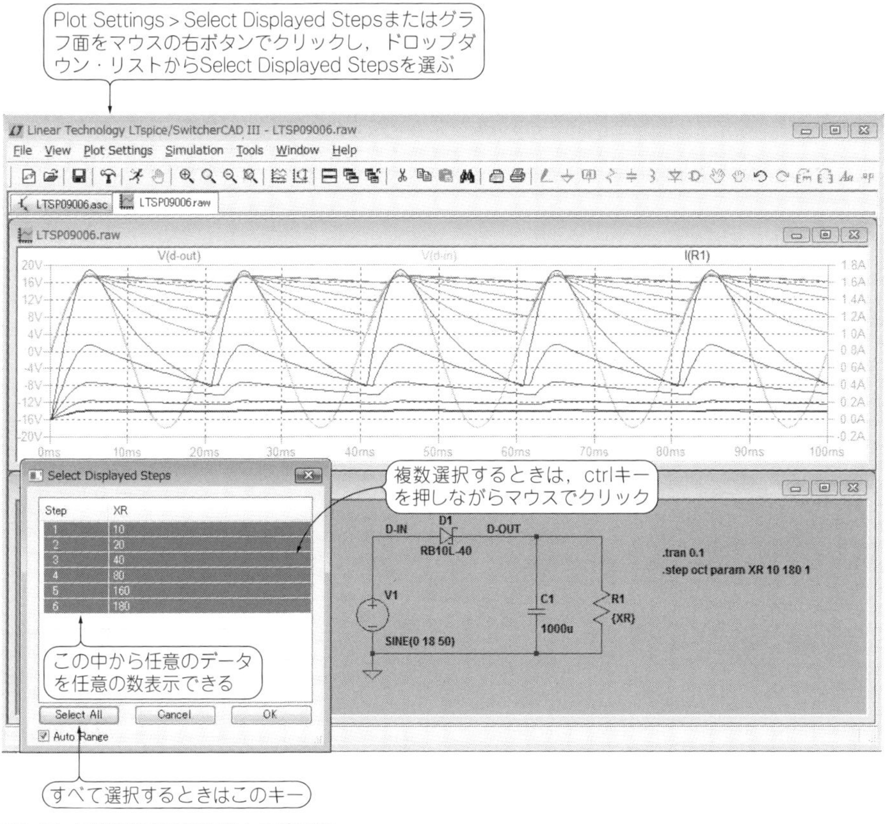

図8-17　平滑回路の負荷変動と負荷電流
任意のステップを表示できる．

この場合，変数の初期値が10Ωで終了値510Ω，刻み幅50Ωで，10　60　110　160と順番に変数を増加させてシミュレートします．

AC解析のところで，周波数特性をオクターブで変化させたのと同様の指定も行えます．
.step oct param XR 10 180 1

この設定は10Ωから倍々していき180Ωまで変化させます．オクターブ間は1ポイントですから，オクターブの倍々された値がシミュレートのポイントとなります．最後は，倍々された値の160Ωの次に180Ωの値を設定してシミュレーションを行い終わります．

AC解析の場合の .acコマンドは，オクターブ間のシミュレーション・ポイントの数，開始周波数，終了周波数の順になっていて今回の設定と順番が異なっていて間違えてしまいました．注意してください．

このシミュレーション結果を図8-17に示します．

今回のシミュレーションはパラメトリック解析とも呼ばれ，この方法を用いると，特定のデバイスの特性値の変化がどのような影響を与えるかを容易に確認することができます．

半波整流は，交流入力の半分しか取り出されていません．残りの半分も直流として取り出す方法を次に考えます

8-6 ── ダイオードによる全波整流回路

前項の半波整流回路では，交流波形の半分の波形からしか電力を取り出せません．両方の波形から取り出す全波整流回路のテストを行います．

写真8-1に示すトヨデンのトランス30V　0.5A（HT3005）の出力を例に，全波整流回路の検討を行います．

このトランスは，最大電圧は30Vで，15Vのタップが30Vの巻き線の中間に用意されています．この中間のタップをセンタ・タップと呼びます．このセンタ・タップが用意されているため，図8-18に示すように多様な利用方法が選択できます．

(a) センタ・タップを利用した全波整流回路

センタ・タップをGND電位にして，半波整流回路を組み合わせて全波整流回路を実現しています．電源となる回路で，電流は交互にどちらか一方のダイオードにしか流れません．そのため，ダイオードによる損失は1本分のみとなります．具体的な動作のようすをシミュレータで確認します．

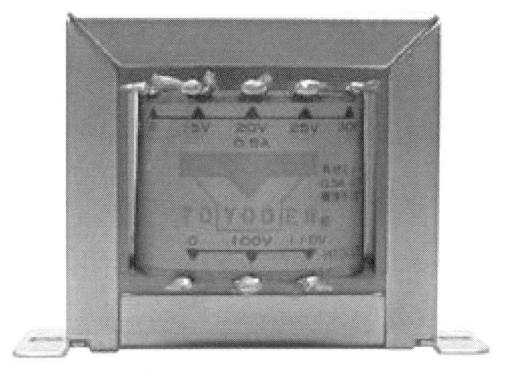

写真8-1　トヨデンの30V，0.5AのトランスHT3005

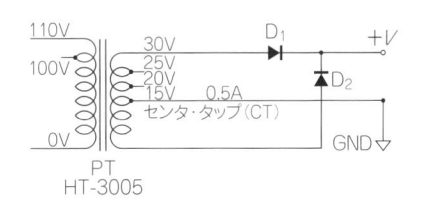

（a）センタ・タップを用いた全波整流回路

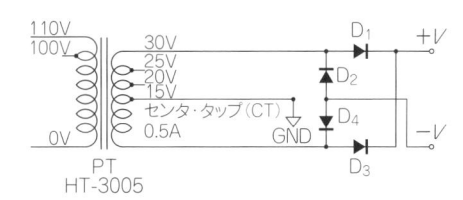

（b）（a）にマイナス電源を追加

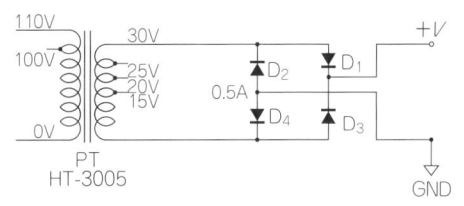

（c）ダイオード・ブリッジによる全波整流回路

図8-18　トランスから直流電源を得る方法

(b) マイナス電源を追加する

　(a)の回路では出力の半分しか利用していませんので，残りでマイナスの電源を構成しています．

(c) ダイオード・ブリッジ回路による全波整流回路

　一般的に利用される整流回路です．電源からの電流経路のプラス側，マイナス側の両方にダイオードが存在するため，センタ・タップ式に比べダイオードによる損失は倍になります．

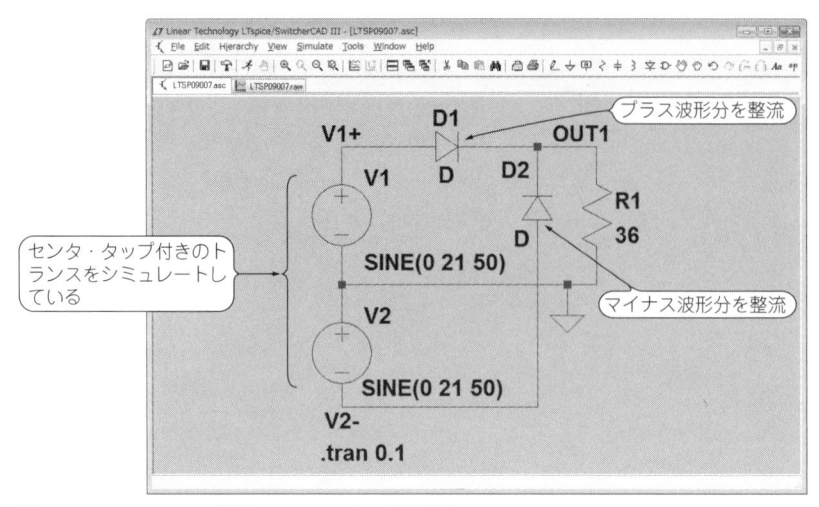

図8-19 センタ・タップ付きトランスからの整流回路

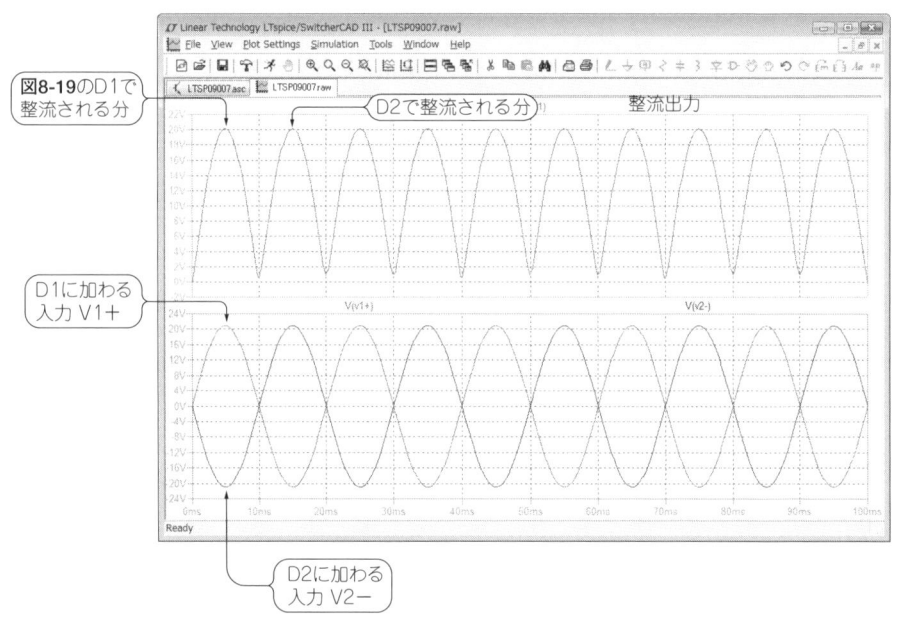

回路図中の注釈:
- プラス波形分を整流
- センタ・タップ付きのトランスをシミュレートしている
- マイナス波形分を整流
- V1+, V1, D, D1, D2, OUT1, R1 36, V2, V2-
- SINE(0 21 50)
- SINE(0 21 50)
- .tran 0.1

図8-20 センタ・タップ付きトランスによる整流回路の入出力

波形図中の注釈:
- 図8-19のD1で整流される分
- D2で整流される分
- 整流出力
- D1に加わる入力 V1+
- D2に加わる入力 V2−

第8章――ダイオードの動作と平滑化回路

● センタ・タップ方式の全波整流回路

　センタ・タップをもったトランスをAC電源として，全波整流回路のシミュレートを行います．**図8-19**のようにセンタ・タップから上の巻き線からの電源V1とセンタ・タップから下の巻き線からの電源V2の二つのVoltageを割り当てます．

　この回路のシミュレーションの結果を**図8-20**に示します．

　この回路では，V1＋の交流電源のプラス側に振れているときダイオードD1経由で出力OUT1へ供給されます．V1＋の交流電源がマイナス側に触れている場合，V1からの電力の供給は遮断されます．と同時に，このときにはV2－の交流電源のマイナス側出力はプラス側に振れています．そのため，V2－の出力はD2経由でOUT1に電力が供給されます．

　その結果，**図8-20**に示すように，V1，V2のプラス側の波形が取り出されout1に示され，もれなく全波整流が行われます．

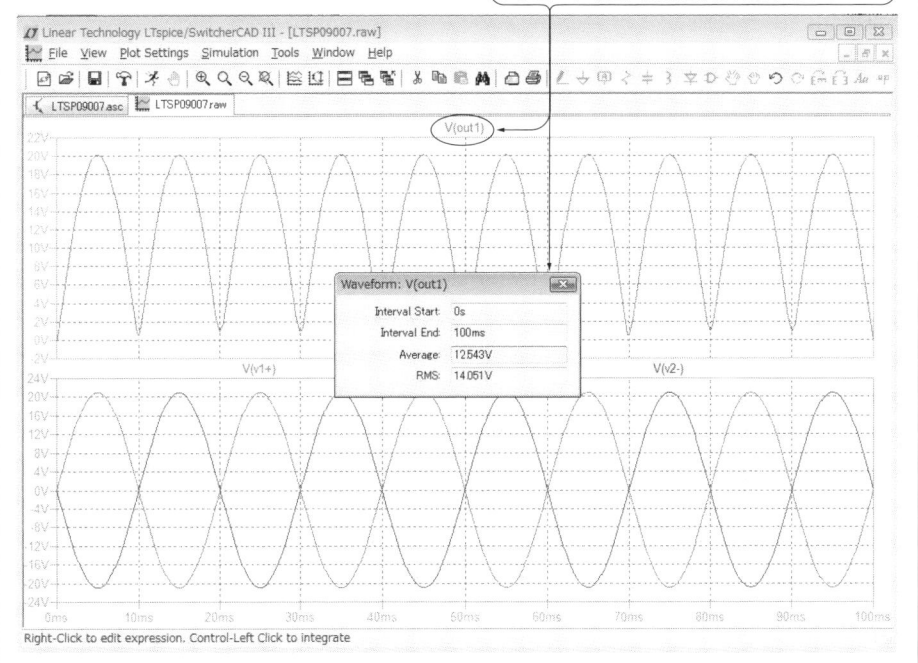

図8-21 平均値，実効値の計算表示

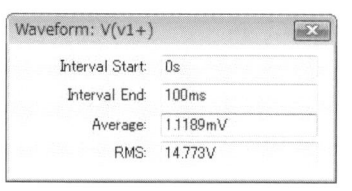

```
Waveform: V(v1+)
Interval Start:  0s
Interval End:    100ms
Average:         1.1189mV
RMS:             14.773V
```

図8-22　整流回路入力　V1＋の実効値

● 平均値，実効値(RMS)を求める

波形表示の画面の波形の表示名をCtrlキーを押しながらマウスでクリックすると，図8-21に示すように，平均値を求める開始時間，終了時間，波形の平均値および実効値が表示されます．

V1＋，V2－の元の電源はピーク値を21Vに設定しました．実効値は21V/1.414＝14.84Vで，ほぼ同じ値となります(図8-22)．

上記の結果から，V1＋，V2－のダイオードの入力値とダイオードからの出力の整流後の電圧の差が0.722Vとなります．この電圧は，ダイオード一つ分の電圧降下にほぼ相当する値になります．

● 平滑コンデンサの容量を検討する

全波整流回路について，直流電源として利用できるようにコンデンサを挿入して，整流した出力を平滑化します．その際，コンデンサの容量をどの程度の大きさにすればよいか検討できるように，コンデンサの容量を変化させながらシミュレーションする.stepディレクティブを使用します．

検討の条件として，前回の整流回路の出力をコンデンサによる平滑回路で平準化してプラス15Vの安定化電源出力を得るものとします．

その際，全体の回路をシンプルにするために，3端子の固定出力のレギュレータICを使用して安定化電源を得るものとします．

この3端子レギュレータの入出力の電圧降下分を3Vとして，平滑化出力の最低電圧は，

　　安定化出力の電圧(15V)＋レギュレータの電圧降下分(3V)

　　平滑化出力の最低電圧＝15＋3＝18V

となります．

ブレッドボードなどで電子回路のテストを行うときの電源を想定して，0.5Aの最大電流を満足するものとします．

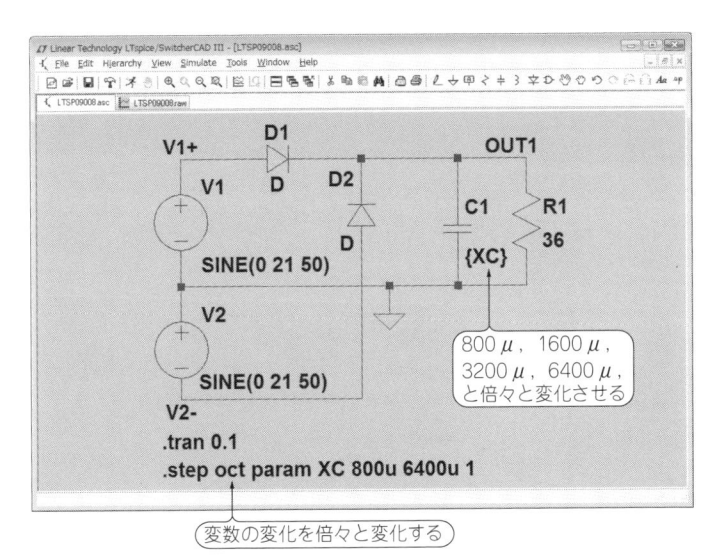

図8-23 平滑コンデンサの容量を検討する

以上の条件をまとめると，

    安定化出力 ……………………15V
    レギュレータのドロップ電圧 ……3V
    最大消費電流………………………0.5A
    負荷 ……………………………36Ω

として平滑回路のコンデンサの容量を確認します．

図8-23では，コンデンサの容量をパラメータ変数XCとして定義します．コンデンサの容量を800μFから倍々で増加し，6400μFまで変化させます．倍に増加させる間のシミュレーション・ポイントを1点に設定します．

以上のパラメータを変更して行うシミュレーションを .stepディレクティブで指定しています．

    .step oct param XC 800u 6400u 1

シミュレーションの結果は図8-24に示すようになります．

OUT1の電圧は，800μFのときにリプルの谷の値が16Vくらいで，次の1600μFのコンデンサの容量で18V近辺の値になっています．I(C)がコンデンサの充放電電流を示します．コンデンサの容量を大きくすると電源投入時に大きな突入電流が流れます．この突入電流に整流回路のダイオードが対応できるか検討が必要になります．

8-6——ダイオードによる全波整流回路

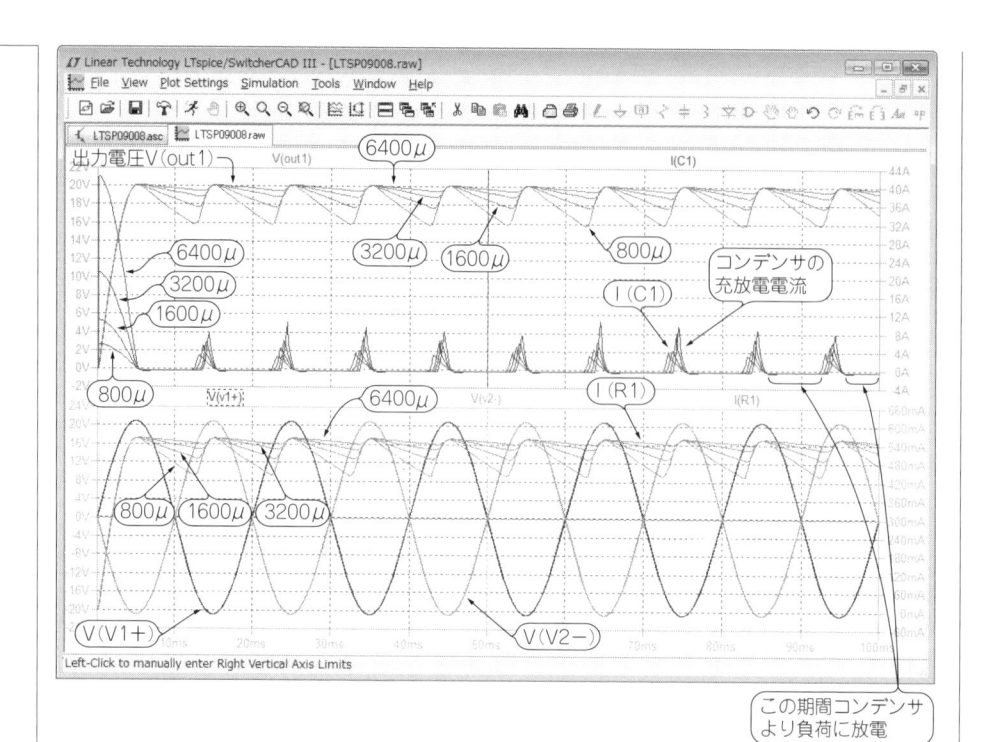

図8-24　全波整流のシミュレーション

　リプルが18V近辺になる電圧表示を細かく確認するために，コンデンサ容量を1200 μFから2400 μFまで200 μの刻みで増加するシミュレーションを行ってみます（**図8-25**）．

　.step param XC 1200u 2400u 200u

と指定して，再度シミュレーションを実行します．

　シミュレーション結果をそのままのグラフ表示すると，電圧は－2Vから22Vのレンジの表示になっています．16Vから20Vの範囲を拡大表示してこの範囲での変化を詳細に検討します．ここでは拡大したい範囲をドラッグしたものも**図8-26**に示します．その他に拡大するには，電圧の軸をマウスでクリックしてスケールの上限，下限の値を変更する方法があります．

　このように拡大して見れば，リプルの谷が18V以上になるコンデンサの容量を求めることができます．XCの容量が1600 μF～2000 μFがリプル電圧18Vの近辺にあることがわかります．次に，この部分だけを選択表示します．

第8章——ダイオードの動作と平滑化回路

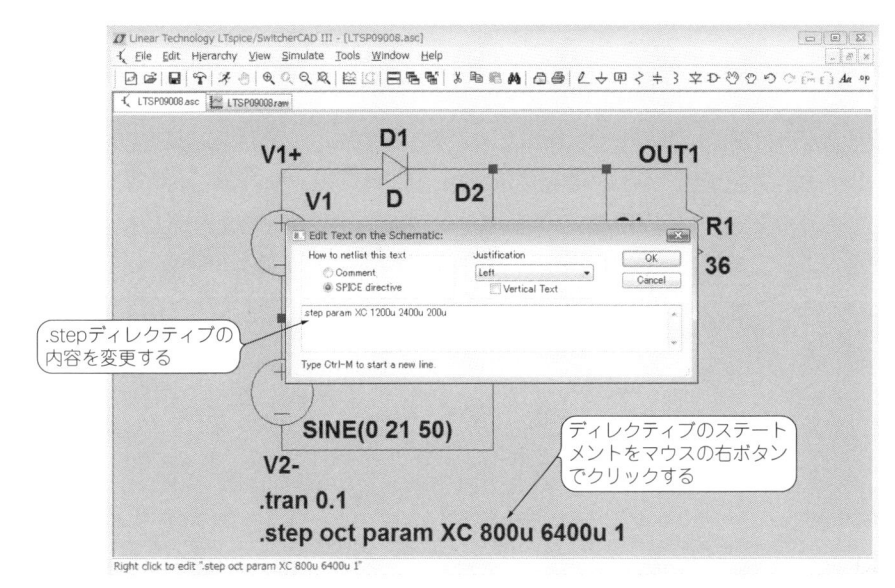

図8-25 XCを1200uから2400uまで200u刻みでシミュレート

● ステップ動作のトレースの選択

ステップ動作でステップごとにラインの表示をオン/オフする機能があります．その機能を使えば，シミュレーションのステップ動作の変化を各ラインごとに確認することができます．

具体的には，グラフ表示の画面上でマウスの右ボタンをクリックし，表示されたメニューのリストからSelect Stepsを選択すると，図8-27に示すようにトレースを選択するダイアログ・ウィンドウが表示されます．

マウスで表示したい項目の欄をクリックすると，クリックされた項目のみ青に反転表示されます．複数のステップの表示を行う場合，Ctrlキーを押しながらマウスでクリックすることで，複数の選択ができます．

ここでは，XCの値が1600 μF，1800 μF，2000 μFの容量を選択し表示しました（図8-28）．

また，左の電圧軸をマウスでクリックし，表示目盛りを変更しました．マウスでドラッグして拡大すると両方の軸について拡大されます．

このように見やすいグラフから，2000 μFでリプルの谷は18V以上になっていることが

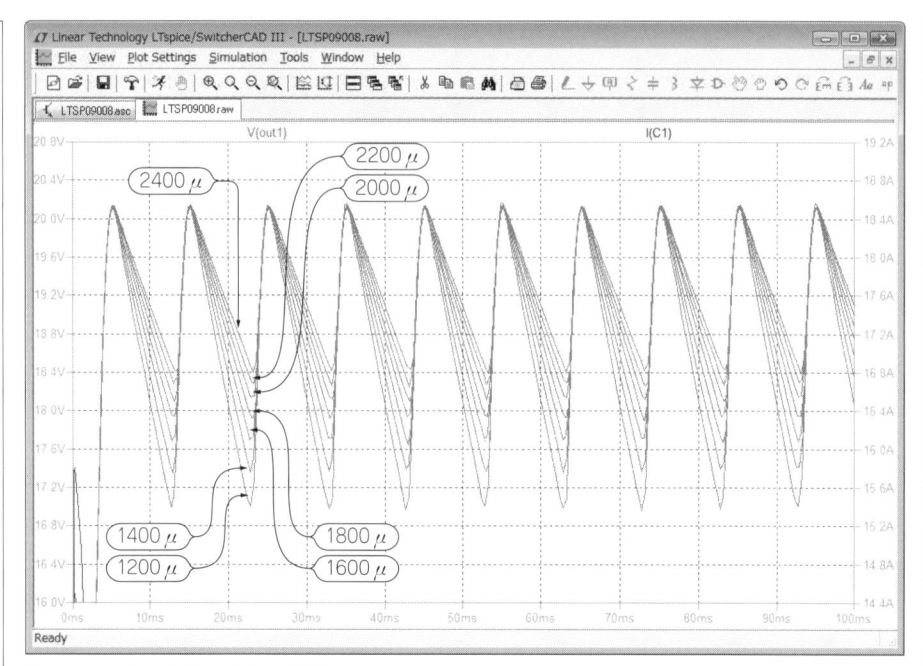

図8-26　リプルの状況を拡大し確認する

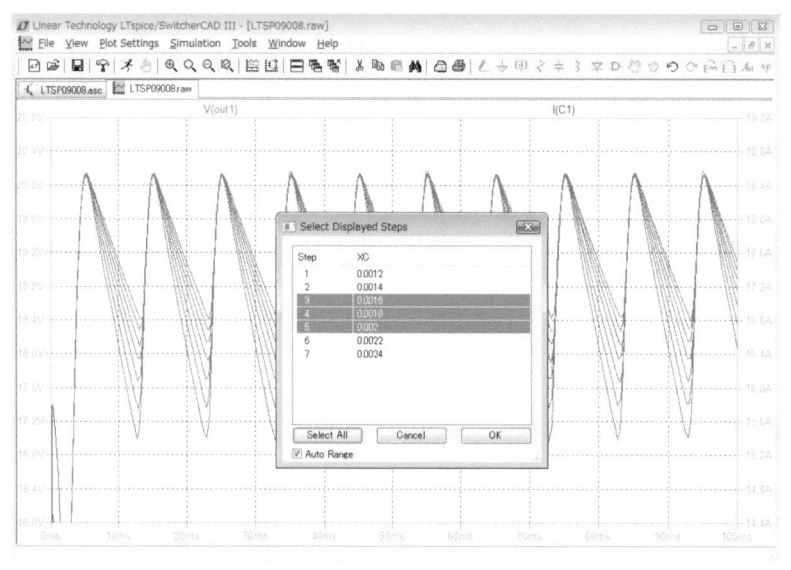

図8-27　「Select steps」でリプルが18V近くのシミュレーションを選択表示する

第8章——ダイオードの動作と平滑化回路

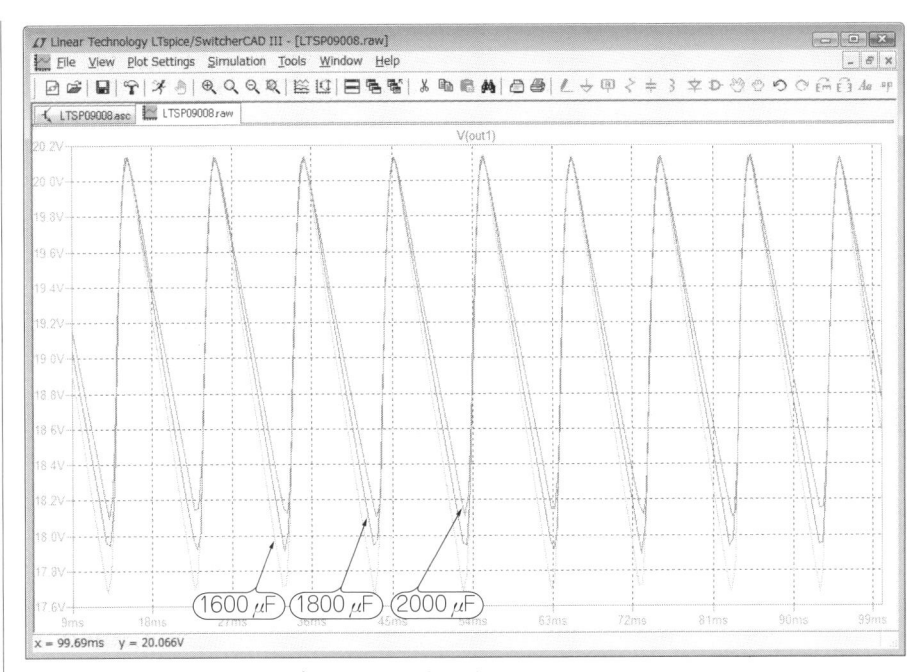

図8-28 C1は2000 μF以上でリプルの谷が18V以上になる

読みとれます．このように，パラメトリック解析を行うと，比較的容易にデバイスの適正な値を求めることができます．

8-7 —— ブリッジ・ダイオードの全波整流回路で±安定化電源を作る

次に，整流回路，平滑回路，3端子のレギュレータICを使用して構成した±2電源の安定化電源についてシミュレートしてみます(図8-29)．

センタ・タップ付きのトランス，ブリッジ整流回路，コンデンサによる平滑回路，プラスおよびマイナスの3端子レギュレータICで構成します．

3端子レギュレータICはリニアテクノロジー製で，電圧出力が固定のものは12Vが最大でしたので，±12Vの安定化電源を作ることにしました．

● プラス電源

プラス電源はLT1086-12を使用しました．負荷は0.5Aの電流を流すため，24Ωの抵抗

にしました．

● マイナス電源

マイナス電源は，可変出力のLT1964-SDをコンポーネントのPower Productsの中から選びました．最大電流200mAのものです．

● アナログ・デバイセズ社のデバイスを探すには

コンポーネントを選択すると，図8-30に示すようにデバイスのリストが表示されます．このリストに表示されているデバイスの内容を順番に確認して，この二つのデバイスを選択しました．

また，図8-31に示すように回路図のデバイスをマウスの右ボタンでクリックし，表示されるウィンドウには，テスト回路を表示するボタンとインターネット経由でデータシートを取り出し表示するボタンがあります．LT1964-SDのデータシートを呼び出し，図8-32に示す出力電圧の調整法に従い，図8-29の回路図には－12Vの出力の設定を行ってあります．

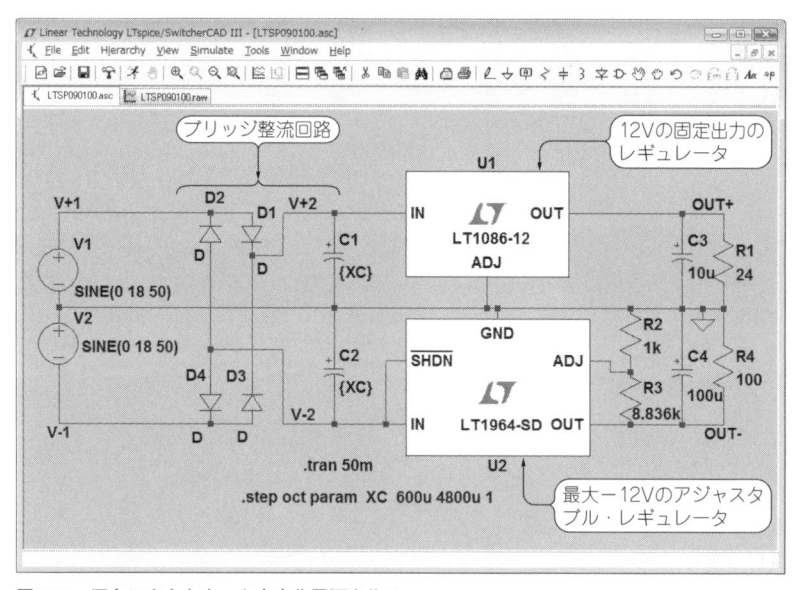

図8-29　正負に出力をもった安定化電源を作る

● コンポーネントの配置を変える

　LT1964-SDは回路図に取り出したときと，**図8-29**の回路図の配置とは異なっています．このマイナス電源LT1964-SDは，**図8-33**のような手順で回転と反転をし，**図8-29**のよう

> この概要を確認しながらLT1086-12，LT1964-SDを選ぶ

> このボタンを押すと，テスト回路が表示され，使い方の概要を見ることができる

図8-30 コンポーネントのデバイスの探索

> アナログ・デバイセズ社のデバイスをマウスの右ボタンでクリックする．テスト回路またはデータシートを表示するウィンドウが現れる

> インターネットに接続していると，ここをクリックするとアナログ・デバイセズ社のWebサイトへ接続しデータシートが表示される

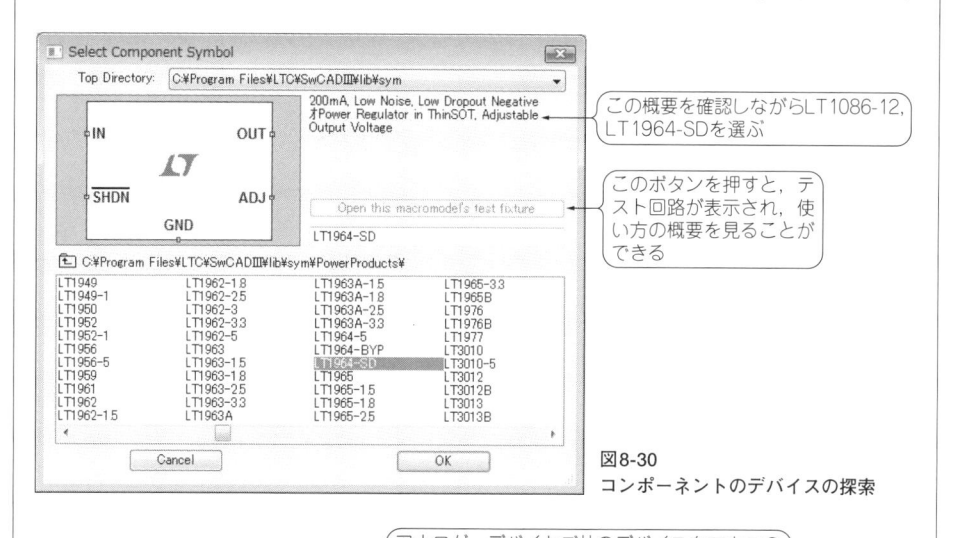

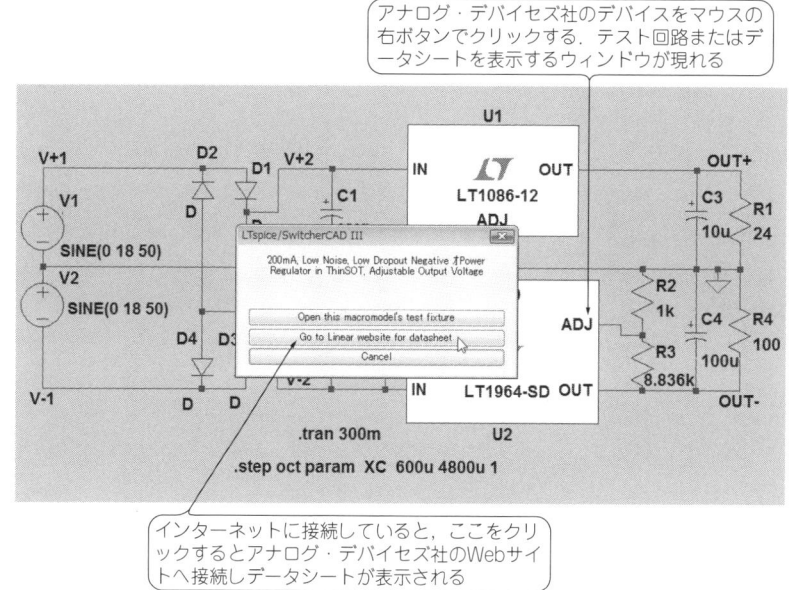

図8-31 アナログ・デバイセズ社のデバイスは容易に技術データも入手できる

に配置します．

最初にコンポーネントを取り出したときは，図8-33の左端のようにGNDが下になっています．このコンポーネントを確定する前にCtrlキー＋Rキーを押して配置を90度回転します．これを2回続けて180度回転すると上下が変わります（図の中央）．この状態ではINとOUTが反対になっていますので，確定せずCtrlキー＋Eキーを押して左右反転（ミラー）

$V_{OUT} = -1.22V(1 + \frac{R2}{R1}) - (I_{ADJ})(R2)$

$V_{ADJ} = -1.22V$

$I_{ADJ} = 30nA\ AT\ 25°C$

OUTPUT RANGE = -1.22V TO -20V

Figure 1. Adjustable Operation

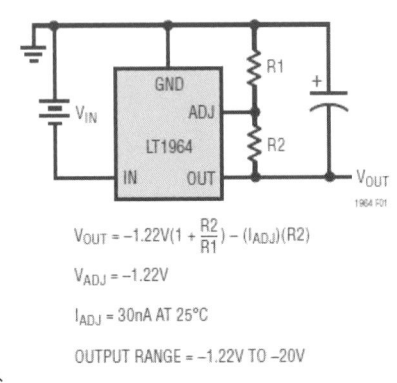

図8-32
回路図エディタからデータシートを呼び出せる

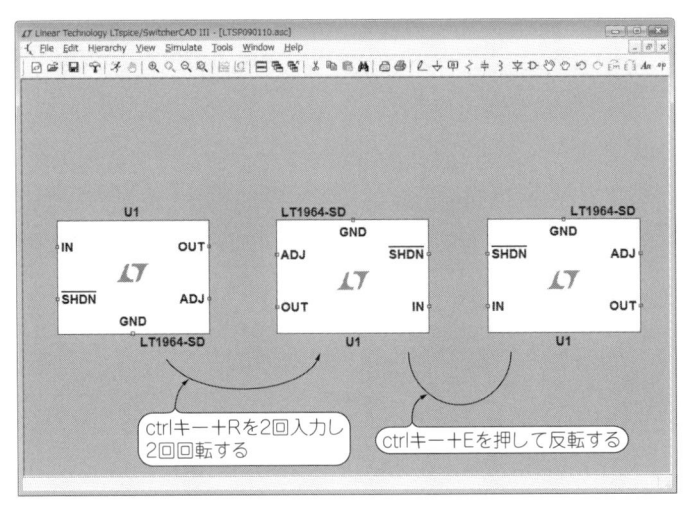

図8-33　LT1964-SDの配置の変更
上下を反転する．

します．これで右端の状態になります．

途中で確定した場合は，ツール・バーの移動コマンドを選択し，コンポーネントをマウスでクリックすると，コンポーネントはグレイの表示になり，回転やミラー反転ができる状態になります．

● シミュレーション結果

プラス電源のシミュレーション結果を図8-34に示します．

V(OUT+)のラインが，プラス電源出力のOUT+ポイントにおける電圧の変化です．V(V+2)が，レギュレータへの入力ポイントV+2の電圧の変化です．

平滑コンデンサの容量によってリプルの大きさが変わっています．この回路では1200μF以上の平滑コンデンサの容量が必要なのがわかります．また，600μFの平滑コンデンサの場合，リプルの谷は12Vを超えてしまうので，安定化出力にもリプルが現れているのが確認できます．

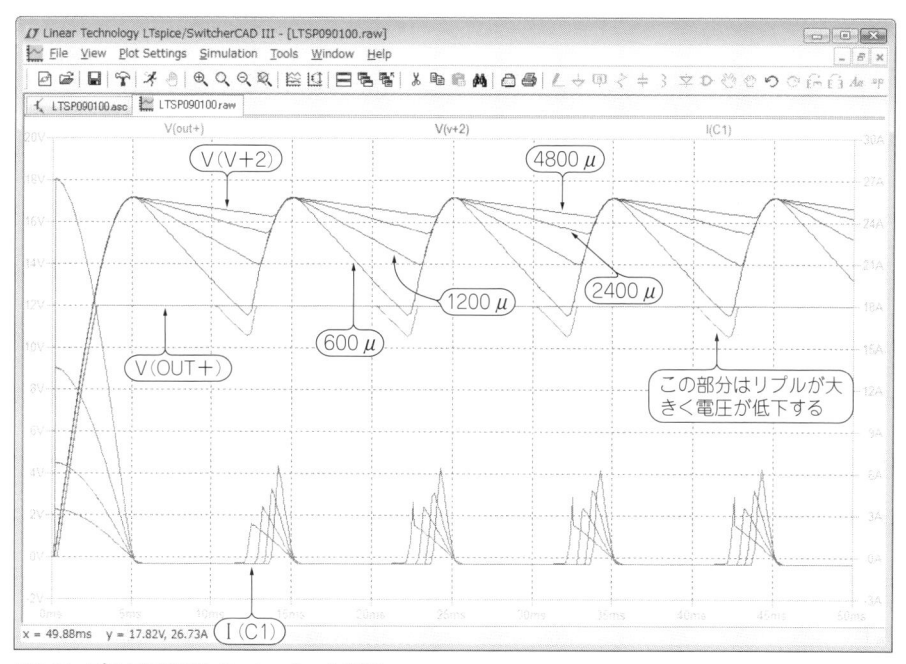

図8-34 プラス電源のシミュレーション結果

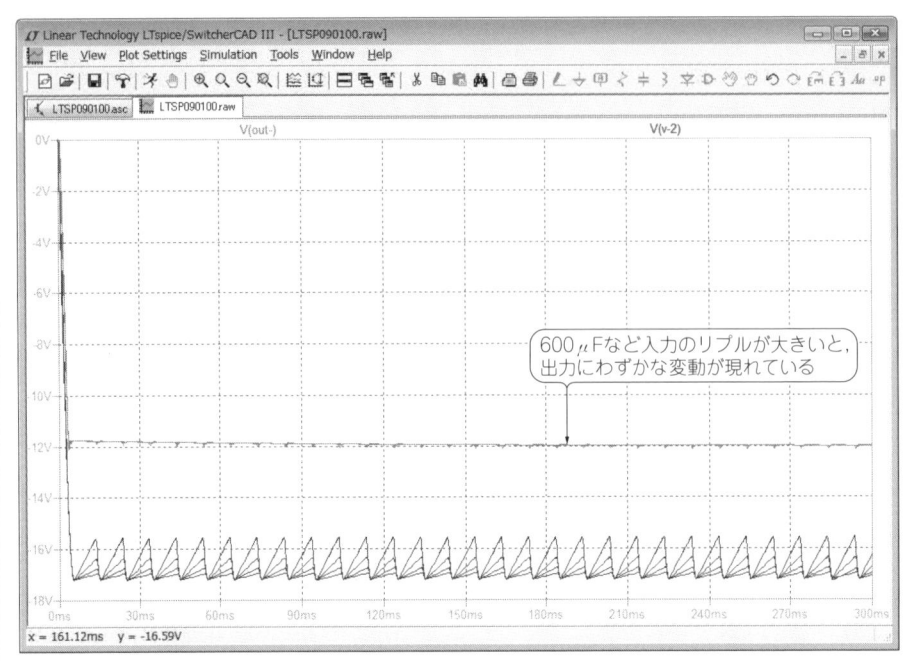

図8-35 マイナス電源のシミュレーション結果

● マイナス電源のシミュレーション

図8-35はマイナス電源のシミュレーション結果です．負荷電流が0.2Aですのでリプルは小さく，安定化出力を維持できないような状態にはなりません．

ただし，リプルが大きい場合，出力にも微小なリプルが現れています．出力には，減衰していますがリプルが残っています．また，最初の出力電圧は－12Vより少し絶対値で小さい値になっていて，出力が安定するまで少し時間がかかっています．

● リプルが少ない場合に出力は安定する

図8-36は図8-35の画面でマウスの右ボタンをクリックし，Select Stepsでステップ動作の，平滑コンデンサの容量の大きい4800 μFのものだけ選んで表示しました．

平滑コンデンサが4800 μFになると，リプルも小さくなります．あわせて出力の微小なリプルも小さくなっていることが読みとれます．出力電圧は300msくらいで－12Vに収斂し以後安定しています．このように，回路シミュレータがあると，実際の回路を組み立てる前に随分いろいろなことがわかります．

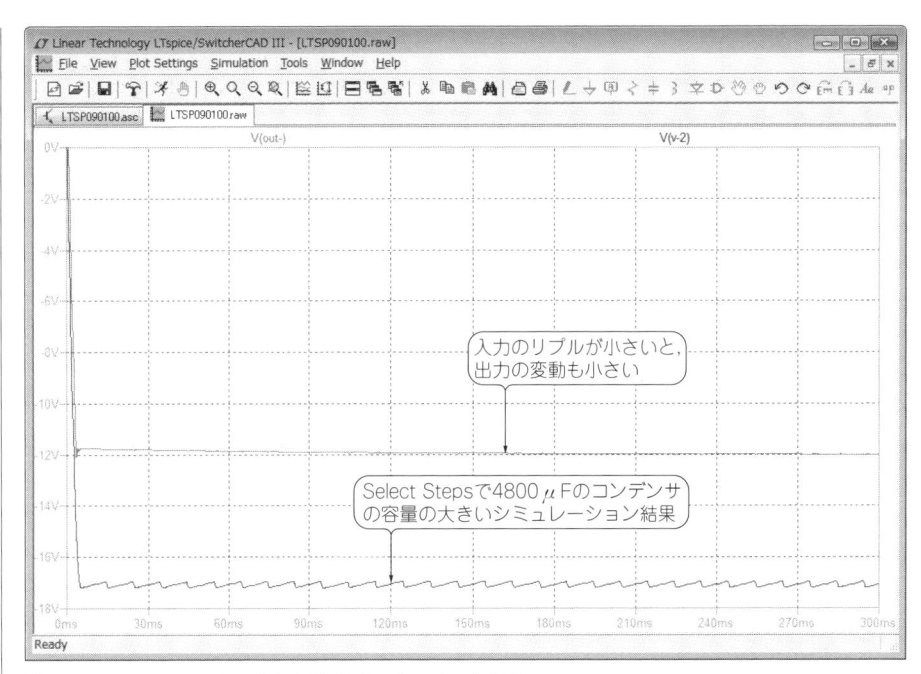

図8-36 C2＝4800 μFのマイナス電源シミュレーション結果

column 8-A　　　　　　　　　　　　　　　　　　　　　温度の影響を調べる

　回路が利用される場所は，冬の屋外で氷点下を大きく下回るところから，夏の炎天下の車の中の50度を超える高温，オーブンの制御など半導体の限界を試すような高温もあります．.stepコマンドでデバイスの温度による影響をシミュレーションすることができます．

● ダイオードの順方向電圧の温度の影響を調べる

　具体的な例としてダイオードの順方向電圧について確認してみます．ダイオードの順方向電圧降下は，温度上昇と負の相関があります．温度の−25℃から100℃まで25℃間隔でシミュレートしてみます．「.step」コマンドで行います．ツール・バーの(.op)アイコンをクリックし，SPICEディレクティブを入力するダイアログを表示します．

　　　.step　開始温度　終了温度　ステップ幅の温度

開始温度：シミュレーション開始時の温度．これら温度の検証範囲は，軍事，工業，民生用と用途に応じて範囲が異なります．ここでは日常の生活環境を考えて−25℃を開始温度としました．

終了温度：ここで設定された温度までシミュレーションを繰り返します．

ステップ幅の温度：ここで設定された温度間隔で，シミュレーション終了温度まで繰

り返します．
　次に示す設定の条件で行ったシミュレーション結果を図8-Aに示します．
　　.step temp　－25 100　25
　各デバイス，温度を変えて，右側から－25℃，0℃，25℃，50℃，75℃，100℃の6本の線で温度変化が示されています．
　この温度特性は温度センサにも利用されています．一方温度の上昇に応じて順方向電圧が減少します．ダイオードに同じ電圧を加えていると電流の増加が生じより発熱し，順方向電圧のさらなる減少，電流増加が繰り返されることになります．通常のダイオードの回路では上限の電流で制御されます．

● .tempコマンド
　このほかに温度を変化させるシミュレーションを行うコマンドとして「.temp」が用意されています．このコマンドは次のようにして使用します．
　　.temp <T1>　<T2>　……
　T1，T2はシミュレーションを行う温度を示すもので，コマンドの後にリストとして任意の数を設定します．この方法でも温度変化時のシミュレーションが行えます．これは，「.step」を利用した，
　　.step temp　list <T1>　<T2>　……
と同じ結果になります．

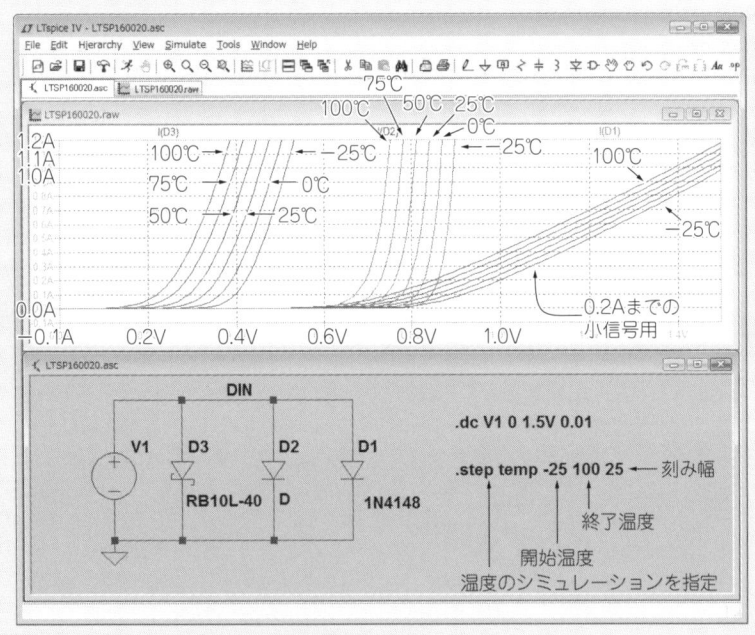

図8-A　ダイオードにおける温度の影響をシミュレーション

電子回路シミュレータLTspice入門編

第9章
トランジスタの動作確認

● 各タイプのトランジスタが用意されている

　電子工作でもICを使う場合が多いのですが，出力電流が少なくLEDが点灯できない場合や，3.3Vの出力で5Vなどの異なった電源の回路の入力と接続する場合などには，トランジスタが一つあればこれらの問題にたいてい対応できます．そのため，今でもトランジスタは便利に使っています．

　まず，ICの出力の1mA以下の電流をトランジスタで何十倍かに増幅する回路の動作を確認してみます．トランジスタについてはバイポーラ・トランジスタ(PNP，NPN)が，FETは，NMOS，PMOS，NJFについて，それぞれデフォルトのモデルが用意されています．一般的な回路の特性の確認など仕様ぎりぎりの性能を問題にするのでない限り，多くの場合はこのデフォルト・モデルでシミュレーションの目的を達成することができます．

　また，あまり多くはありませんが，各社の代表的な実在のデバイスのSpiceモデルも用意されているので，リストの中から型番を選択して実在のデバイスのモデルを使用したシミュレーションも行えます．ルネサス，ロームなど国内のメーカの製品も標準で用意されています．

　リストにないデバイスも，Spiceモデルのデータがあればこのリストに追加する方法が用意されています．電子工作などでよく目にする2SC1815は標準のリストには用意されていませんが，付属のCD-ROMに格納されているtoragi.libを組み込むことで，簡単に利用できるようになります．

● ユーザがSpiceモデルを追加できる

　近年，ICやディスクリートのデバイスのSpiceモデルが，各社のWebで公開されている例が多くなりました．デバイスのSpiceモデルがある場合，LTspiceに組み込んで利用で

9-1——デフォルトのモデルを利用する

きます．第10章で説明します．

9-1 — デフォルトのモデルを利用する

今回は，電子工作で定番のように見られる2SC1815がリストにないので，デフォルトのNPNトランジスタを用いて，まずトランジスタ回路のシミュレーションを行います．多くの場合，このデフォルトのデバイスのシミュレーションで概要はつかめます．デフォルトのデバイスは，それぞれトランジスタなどの理想的な特性をもつデバイスとして設定されています．そのため，一般的な回路の特性をシミュレーションするには十分目的を達成できます(図9-1)．

● トランジスタで電流の増幅を行う

数mAのICの出力を増幅して20～30mAの電流を流し，LEDに十分な光量を得るなどを目的としてトランジスタを利用してみます．そのための回路を図9-2に示します．

● 電圧源で電源，信号源を準備

V2の電圧源で5Vの電源を供給します．V1の電圧源は，ピーク4V，1kHzの方形波パル

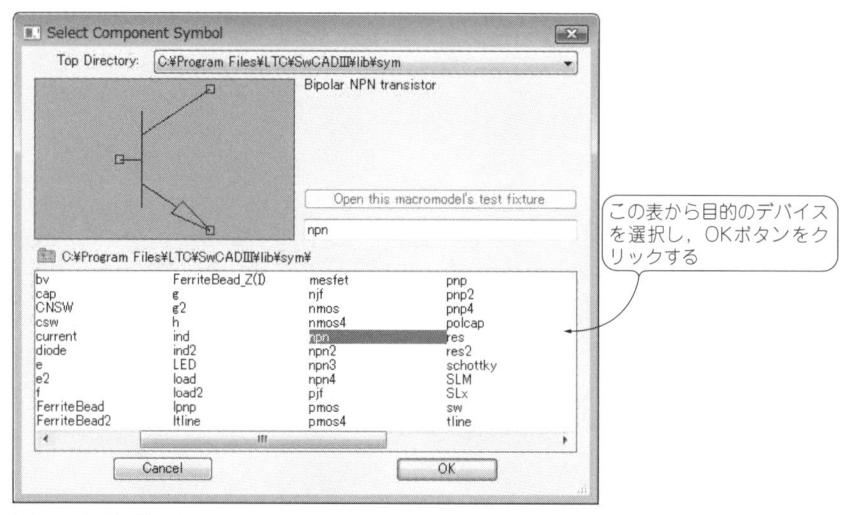

図9-1 トランジスタ NPN, PNP
バイポーラ・トランジスタ，FETなど各種のモデルが用意されている．

スを作成します．これがSIG1の信号源です．V1にあるSIG1のラベルは出力に設定したラベルです．

● 入出力ポートのラベルを設定

配線の先端で，ほかに接続されていない配線の先端はポートと呼ばれ，ラベルの形を入

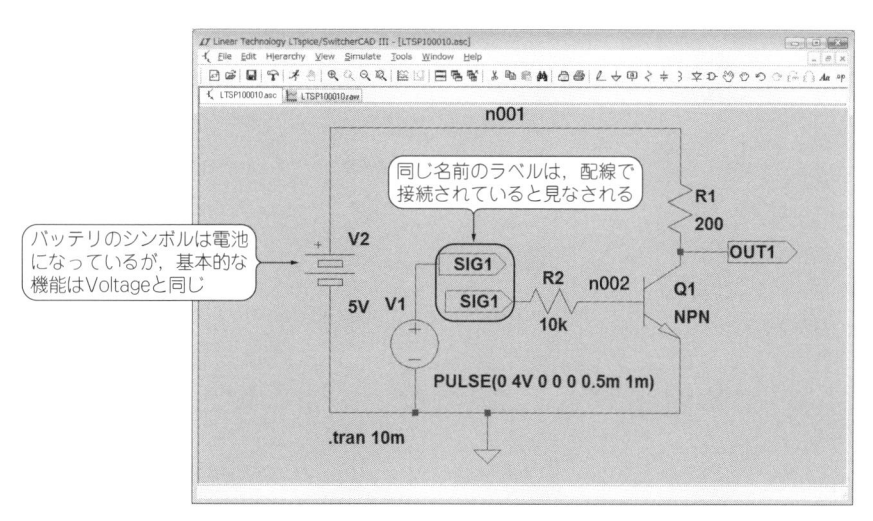

図9-2 トランジスタをON/OFFする

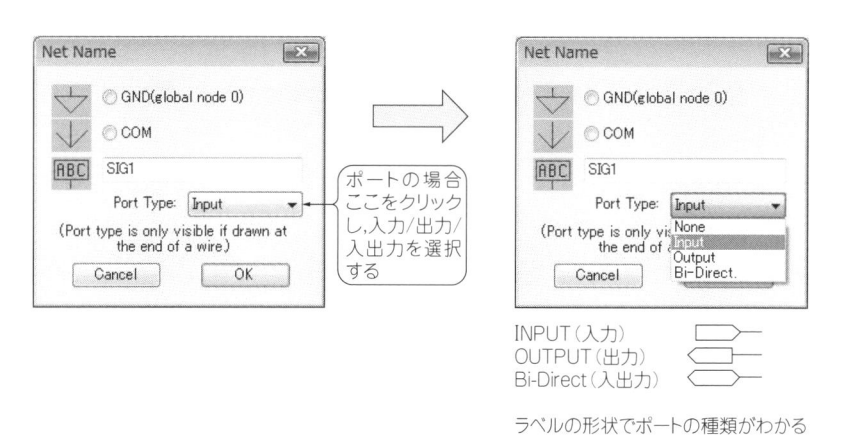

図9-3 ラベルの設定
配線の先端はポートと呼び，ポート用のラベルが設定できる．

9-1——デフォルトのモデルを利用する

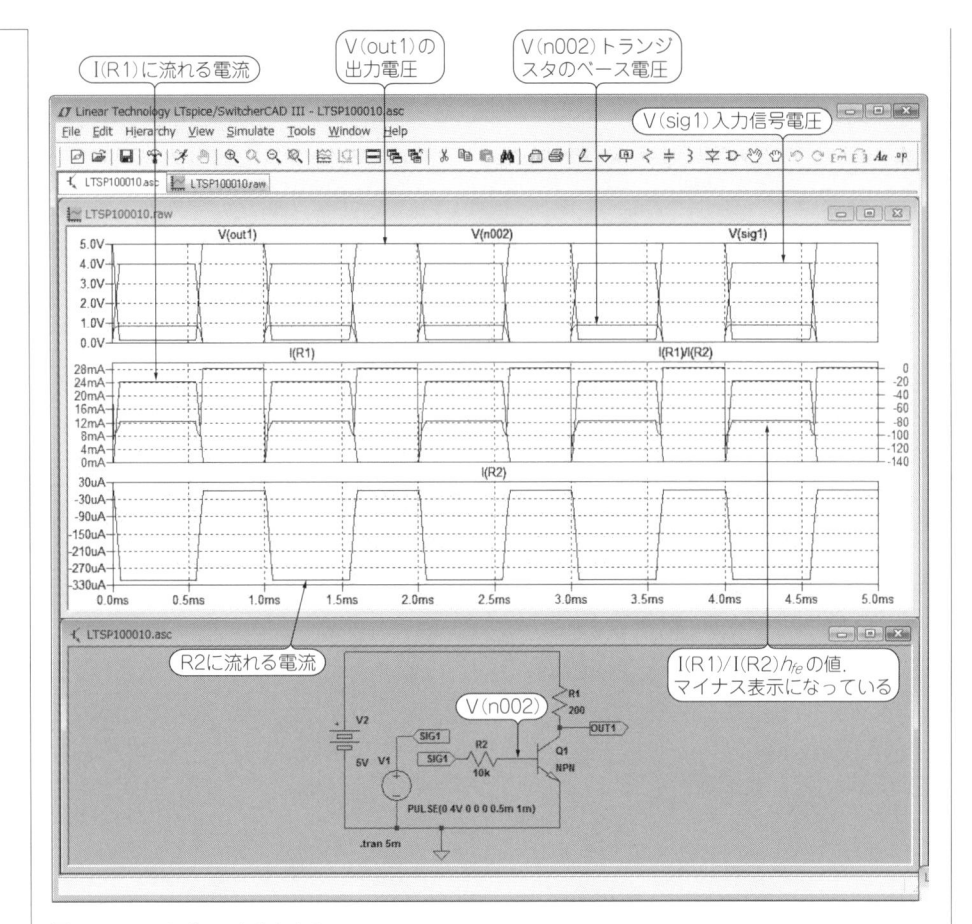

図9-4 1kHzのパルスを入力する
入力と出力は，ピークが4Vと5Vの差はあるが，立ち上がり時間，立ち下がり時間の遅れは認められない．

出力/入力/出力と，そのタイプに応じた形に設定することもできます（**図9-3**）．V1に接続したSIG1のラベルは出力，R2に接続したSIG1のラベルは入力に設定しました．同じ名称のラベルはポート・タイプが異なっても同一配線に接続されているものと見なされます．その例として，配線で直接接続しないで出力，入力のラベルで示しました．このタイプの設定は，設定時にPort TypeのInput, Output, Bi-Directから選択して決めます．デフォルトではこの値はNoneになっています．このポート・タイプは表示を見やすくするためのもので，シミュレーションには何ら影響を与えません．

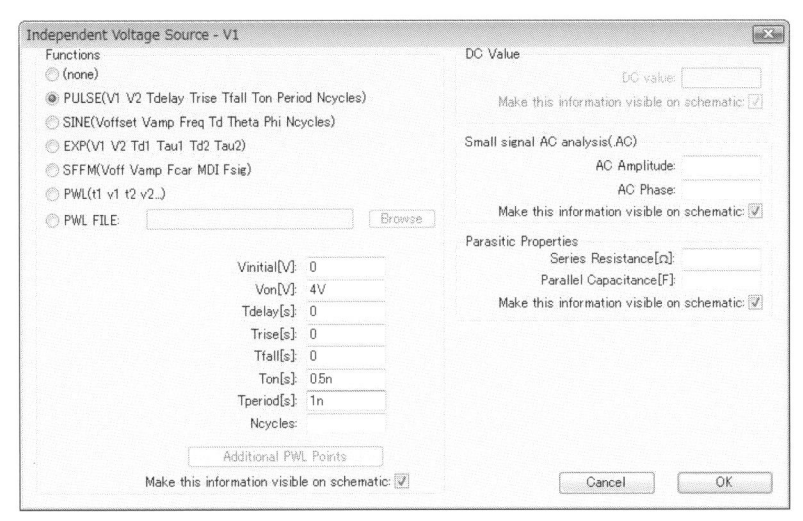

図9-5　1GHzのパルス波形の設定

● R2で電圧を電流にしてベースに電流信号を加える

V1で発生したパルス信号をSIG1からトランジスタのベースに10kΩの抵抗を介して加えます．信号の電圧が上昇してもQ-Bで示すトランジスタのベース電圧は0.6Vから0.7Vくらいから後は上昇しません．0.6Vから0.8V以上では電圧の上昇はベース電流の増加となり，最大320μAくらいのベース電流となります．

● ベース電流の変化に応じてコレクタ電流が変化する

トランジスタはベース電流のh_{fe}倍のコレクタ電流が流れます．そのため，ベース電流の増減がh_{fe}倍されてトランジスタのコレクタ電流の変化となります．トランジスタのコレクタ電流の変化はR1の電圧降下の変化となり，信号はOUT1の電圧変化として取り出せます．図9-4は，1kHzの方形波パルスをデフォルトのトランジスタのベースに加えたシミュレーション結果です．

上段の図のV(sig1)のラインが入力信号です．ピークが4Vの方形波です．V(n002)のラインがベースの入力電圧でピークでも1V以下の波形です．下段の図でベースに流れる電流波形を示しました．入力信号の電圧パルスが，約320μAのピークとなる電流パルスとして記録されています．中段I(R1)はR1に流れる電流で，トランジスタのコレクタ電流と同じになります．このコレクタ電流はここでは，ベース電流の約73倍となっています．

9-1——デフォルトのモデルを利用する

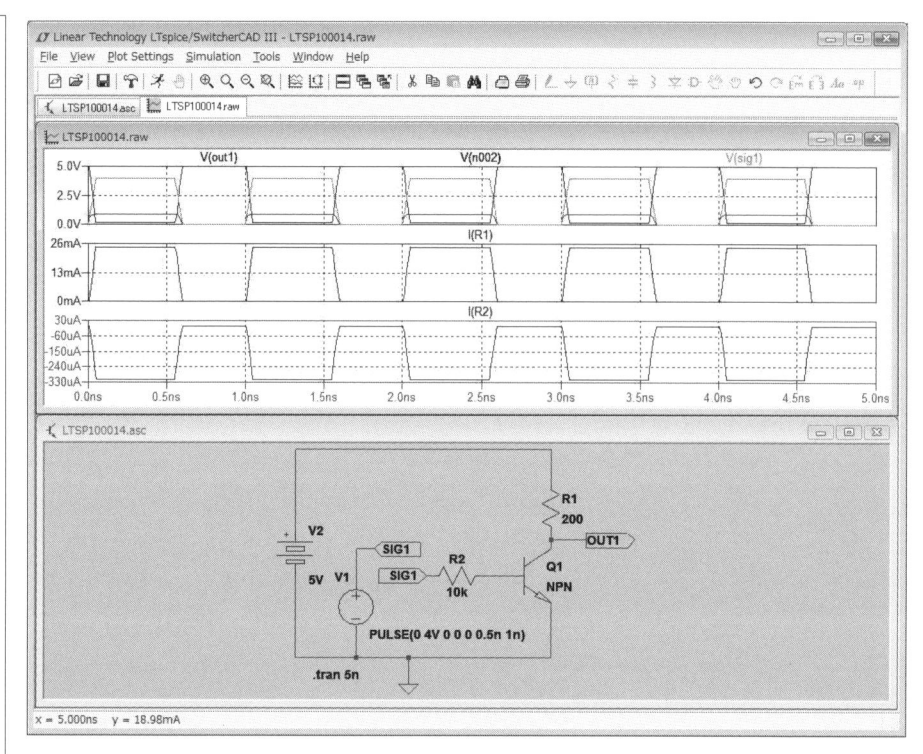

図9-6 デフォルトのトランジスタで1GHzのパルスを処理

　電源が5Vに設定してあり，負荷抵抗が200Ωと設定してあるため25mAで電源電圧5Vの電圧降下となり，この条件では24mA以上の電流が流れません．抵抗の値を100Ωにすると32mAくらいの電流が流れ，h_{fe}の値が100になります．

■ 高速のパルスでテストすると

　図9-4の1kHzのパルスでは，入力信号と同じ形状の出力信号が得られました．トランジスタの動作による遅れは観察できませんでした．パルスのon時間を0.5ns，パルスの周期を1nsとして，1GHzの信号ではどのような結果になるかを確認します．

　図9-5で示すように，mの単位を百万分の1のnに変更します．その後シミュレーションを実行した結果が図9-6です．グラフの時間軸の単位がmsからnsに変わっていますが，入力信号と出力信号の間では何の変形もなく，時間遅れもなく入力信号と同じ波形が出力

第9章——トランジスタの動作確認

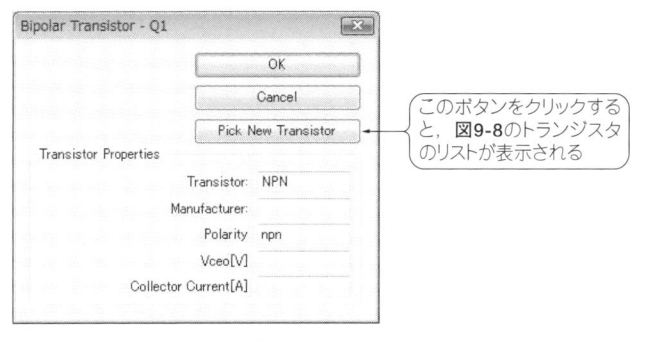

図9-7　バイポーラ・トランジスタの設定

されています．デフォルトのトランジスタの理想的なモデルとして設定されています．そのため，高速の信号に対してもトランジスタのモデルをそのまま適用しますので，1kHzのパルスも，1GHzのパルスも同じようにトランジスタの原理に従って計算，変換されシミュレーションの結果を示します．

しかし，具体的なデバイスでは内部に時間遅れの原因となる要素をもっているので，対応できる信号の速度もデバイスごとに異なっています．

具体的にどのようになるか，LTspiceで用意されている小信号用NPNトランジスタの2N3904というデバイスのモデルを用いてテストしてみます．

9-2── 実在のデバイスのモデルを利用する

● 実在のトランジスタのモデル選択

LTspiceに組み込まれたトランジスタなどデバイスの選択は，次のように行います．トランジスタのシンボルを右ボタンでクリックすると，図9-7に示すバイポーラ・トランジスタの仕様のウィンドウが表示されます．デフォルトのトランジスタの場合はNPNとトランジスタのタイプが表示されているだけです．実在のトランジスタのSpiceモデルが選択されている場合，トランジスタの型番，メーカ名，極性，Vceo，コレクタ電流などの基本的な仕様が表示されています．

● 新しいトランジスタを選択する場合

新しくトランジスタを選択する場合，「Pick New Transistor」のボタンをクリックし，

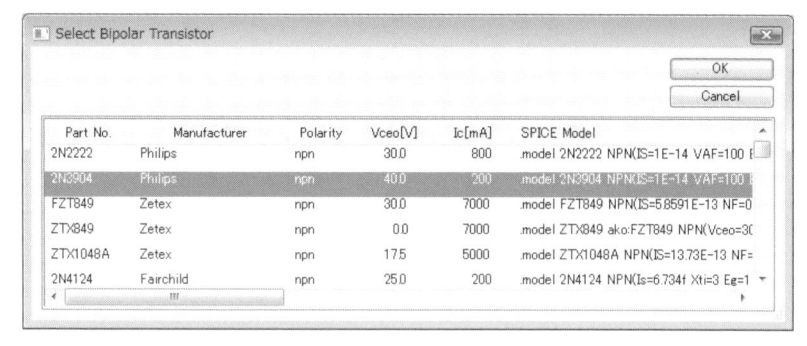

図9-8 バイポーラ・トランジスタのリスト
このリストに，新しいトランジスタのモデルを追加することもできる．

図9-8に示すトランジスタのリストを表示します．

このリストから該当するトランジスタを選択します．選択されたトランジスタは反転表示されます．このリストでSpiceモデルの記述を確認することもできます．OKボタンをクリックすると，図9-9に示すように回路図のトランジスタは選択されたトランジスタの型番に置き換わります．

● 2N3904でシミュレーション

デフォルトのトランジスタでは，1GHzのパルスでも同じ入力と同じ波形のパルスが出力されていました．図9-9に示すように，2N3904のモデルでシミュレーションすると，入力信号は加わっていますが，出力は5Vのままです．0.5n秒の短時間ではコレクタ電流はここでは70μAしか増加していません．そのためOUT1の電圧の変動は14mVくらいしか変動しません．

● 周期を10μsでシミュレート

周期を一万倍の10μsに設定します．この設定は回路図の電源のPULSEの次のテキストの記述部分をマウスの右ボタンでダブル・クリックして，図9-10テキストの編集ダイアログで変更することもできます．

  PULSE（0 4V 0 0 0 0.5n 1n）

ここで，0.5nを5u，1nを10uと変更します．図9-10は変更した後のようすです．この設定でシミュレーションを行った結果を図9-11に示します．

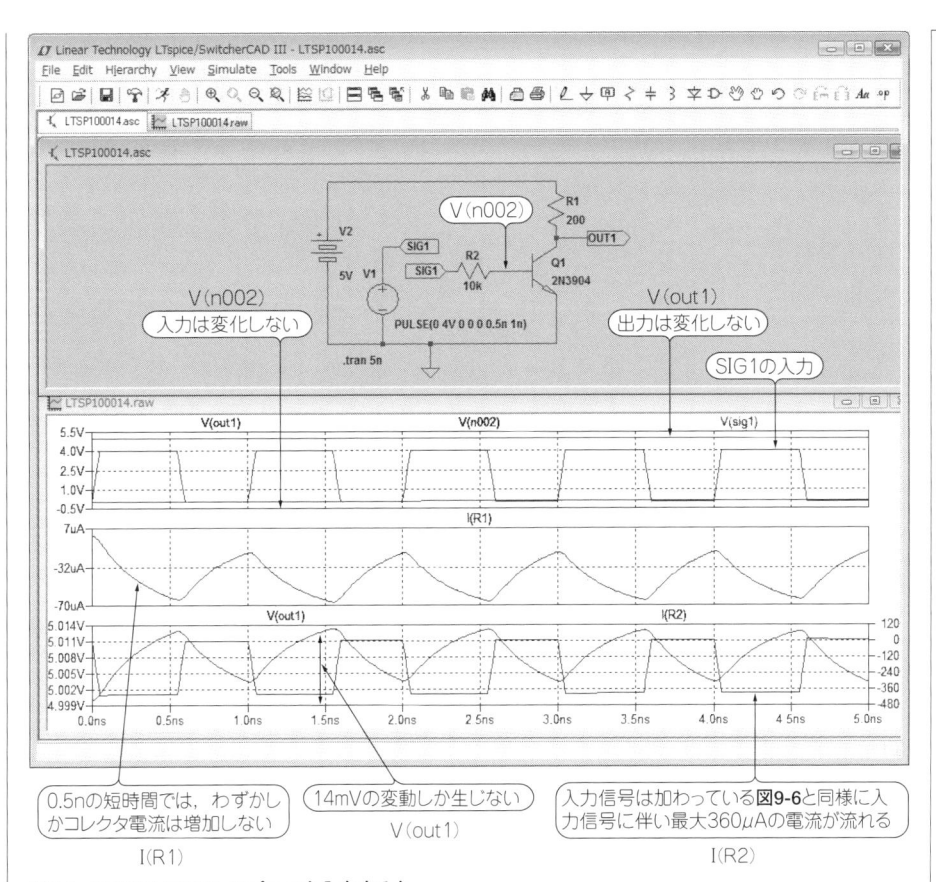

図9-9 2N3904に1GHzのパルスを入力すると
デフォルトのトランジスタでは，図9-6のように1GHzのパルスを再現できるが，実際のトランジスタは動作速度に上限がある．

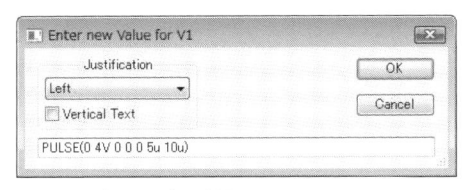

図9-10 パルス設定の変更

9-2——実在のデバイスのモデルを利用する

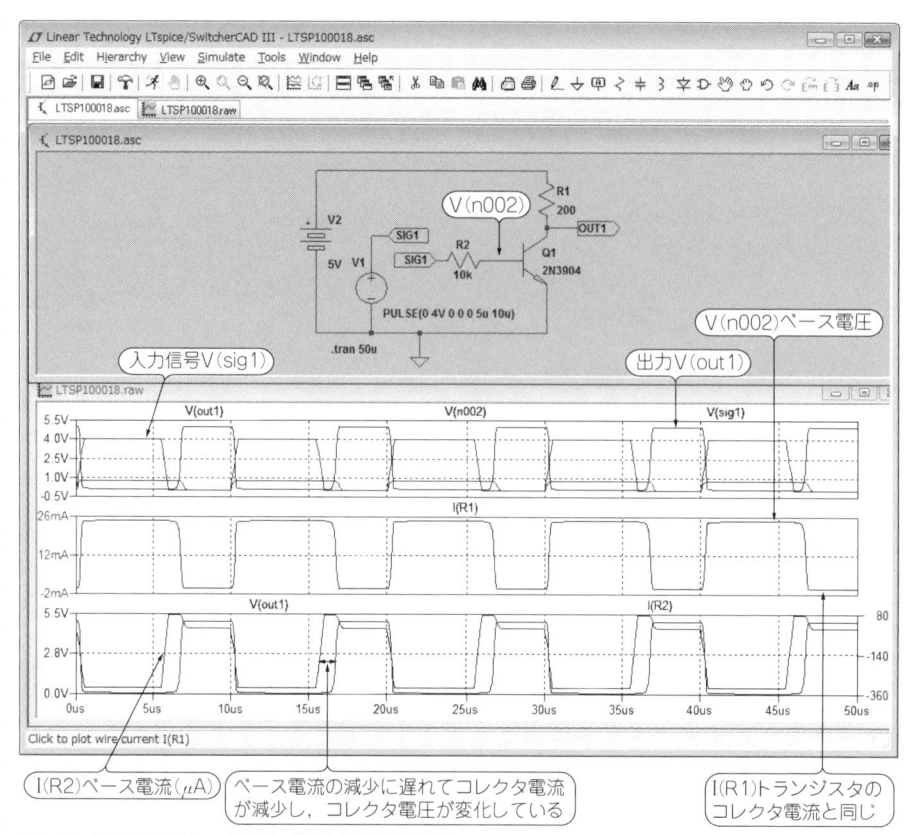

図9-11 2N3904で10μs周期のパルス処理（100kHz）

先ほどの条件より，10000倍と周期が長いのでパルスは出力されていますが，元の波形に比べ電圧の波形のパルスの立ち上がりがだいぶ遅れています．実際のデバイスでは，とくに高速の処理になると理想的な動作とはズレが生じ，場合によっては動作が追いつかなくなります．

● 1kHzのパルスを入力すると

この2N3904について，1kHzのパルス入力のシミュレーション結果と図9-4のデフォルトのトランジスタのシミュレーション結果を比較してみます．

図9-11のPULSEの設定を，

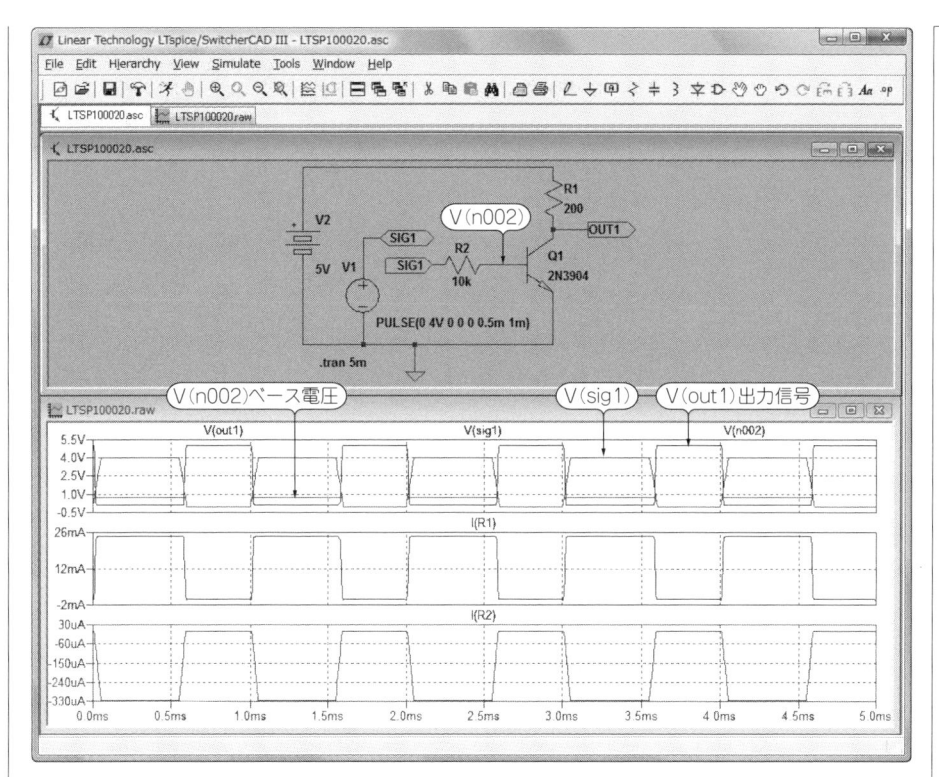

図9-12 2N3904を1kHzのパルスでシミュレーションした結果
I(R1)とI(R2)は遅れもなく入力信号が正確に出力に現れている.

PULSE(0 4V 0 0 0 0.5m 1m)

と1kHzでパルス出力の設定を行いシミュレーションします. その結果を, **図9-12**に示します.

2N3904の1kHzのシミュレーション結果では入力に対する出力の遅れもなく, **図9-4**のデフォルトのトランジスタのシミュレーション結果とも同様な結果が得られています.

実際のデバイスは処理速度に限界があるので, 適用できる範囲を見極める必要はあります. この点を注意すれば, デフォルトのデバイスによるシミュレーションで多くの場合問題ありません.

9-3 — 電圧制御スイッチでトランジスタをオン/オフ

　LTspiceには電圧で制御できるスイッチがコンポーネントとして用意されています．シミュレーション時に回路のオンオフを任意に行うことができるようになります．スイッチのオンオフ制御の電圧源はVoltage電圧源のPWL機能を利用して任意のパルスを作ります．電圧制御スイッチでトランジスタをオン/オフしてみます．

■トランジスタのオン/オフを行うスイッチ

　電圧制御スイッチ（Voltage controlled switch）は図9-13に示すようにスイッチの端子と電圧制御用のプラス，マイナスの電圧入力端子をもっています．

● スイッチ部
　デフォルトでスイッチが閉じているときのオン抵抗は1Ωです．スイッチがオフのときの抵抗値はデフォルトでは，コントロール・パネルのSpiceのタグで設定されるGminの逆数の値となります．Gminのデフォルト値はE-12に設定されています．そのためオフ時のデフォルト抵抗値は（1E + 12）Ω，1000GΩとなります．オン抵抗は0に設定することはできません．ゼロを設定したいときはゼロでない十分小さな値を設定します．

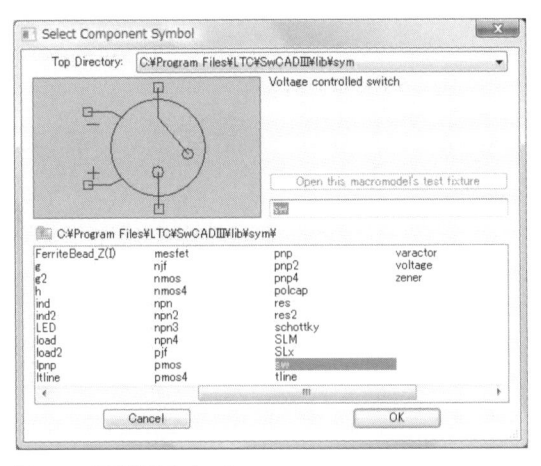

図9-13　電圧制御スイッチ

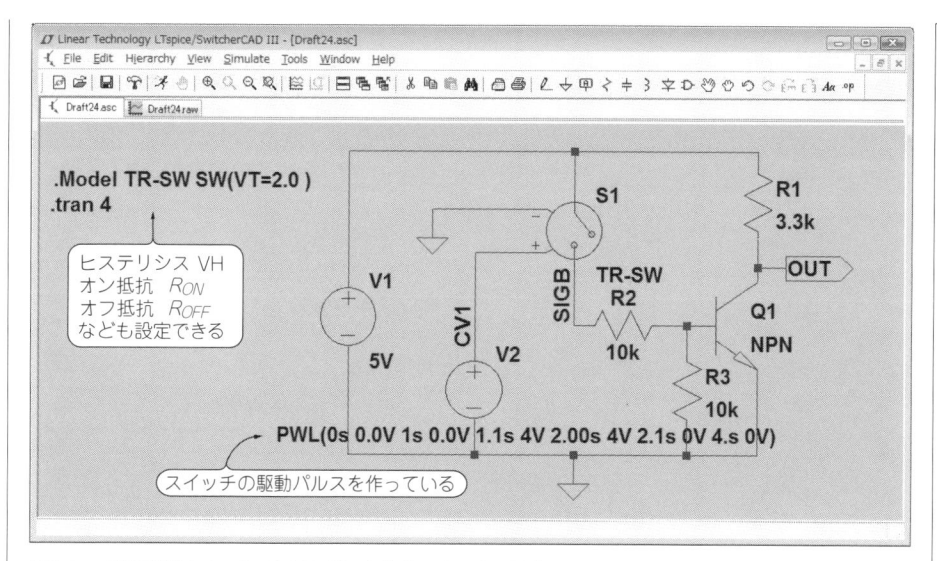

図9-14 電圧制御スイッチでトランジスタをオンオフする回路

● 電圧制御部

電圧制御部に加わる電圧が，パラメータVT（スレッショルド電圧）で設定された電圧を超えるとスイッチがオンとなり，VTの設定値より電圧が下がるとスイッチはオフになります．パラメータVHを設定することでスイッチのオン/オフする電圧にヒステリシスをもたせることもできます．

● テスト回路

図9-14に示す，トランジスタの回路で電圧制御スイッチ（Voltage controlled switch）の動作を確かめてみます．

● V1はトランジスタの回路に電力を供給する5Vの直流電源

Q1のトランジスタは電圧制御スイッチでベース電流のオン/オフ制御を行います．このベース電流のオン/オフによりコレクタ電流がオン/オフされ，OUTの電圧が変動します．

S1は今回のテスト対象の電圧制御スイッチです．

V2は電圧制御スイッチのオン/オフを制御する電源で，PWLにより出力を制御しています．

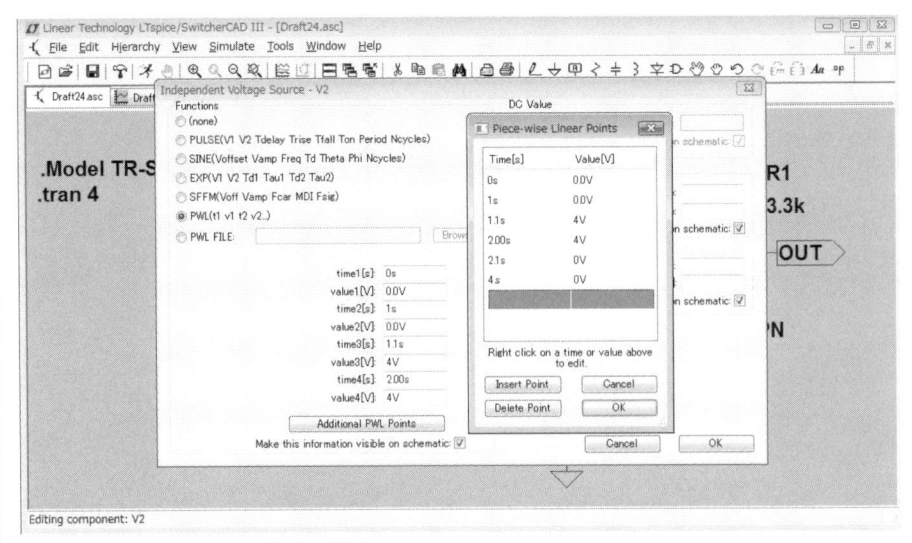

図9-15 スイッチを駆動する電圧源の設定

● V2の設定

V2の電源ソースの設定はPWLをチェックし，次にAdditional PWL Pointsのボタンをクリックします．

その結果，**図9-15**に示す時間と電圧を入力する表が表示されます．この表に次の時間と電圧の値を入力します．

 0.0s 0.0V

 1.0s 0.0V

 1.1s 4.0V

 2.0s 4.0V

 2.1s 0.0V

 4.0s 0.0V

このように時間と電圧の組み合わせを任意に作成できます．任意の時間に任意の大きさの電圧の波形を作ることができます．

● S1の設定

電圧制御スイッチのSWの名称をTR-SWと変更しました．この名称を.Modelディレク

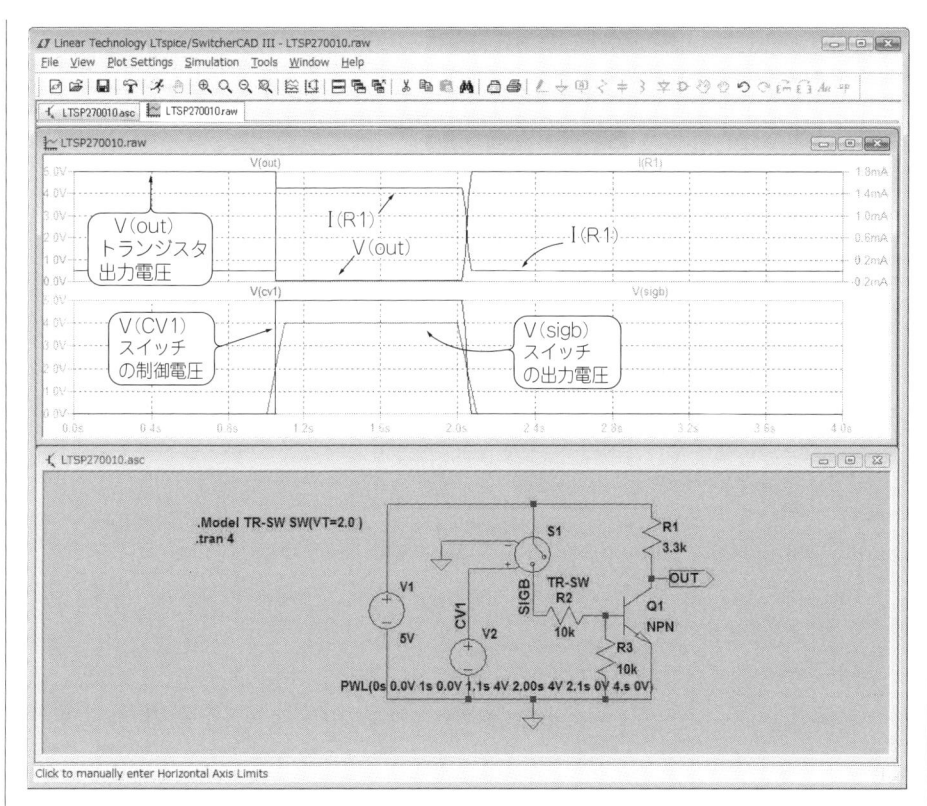

図9-16 電圧制御スイッチによるトランジスタのオン/オフ

ティブで指定し，このスイッチの特性を設定します．

TR-SWのデバイスは，SW(電圧制御スイッチ)でスレッショルド電圧が2Vであることを示します．

.Model TR-SW　SW(VT = 2.0)

以上の設定を行ってシミュレーションを実行します．

● 実行結果

図9-16が実行結果です．

これを使うと，シミュレーションの中で任意の時間にスイッチのオン/オフができます．

column9-A   トランジスタの電流増幅

　トランジスタのR2のベース抵抗に加える電圧を変化させR2に流れるベース電流とR1に流れるコレクタ電流のようすを確認してみます．

　ベース電圧を変動させるために，DCスイープの設定を次のように行います．Voltage V1の開始電圧を0Vとしてスイープの終了電圧を4Vとします．0.1Vずつ増加します（図9-A，図9-B）．

　シミュレーション結果を図9-Cに示します．

● B-E間が所定の電圧以上になると

　ベース-エミッタ間（B-E間）の電圧が0.7〜0.8V以上になると，ベース電流が流れはじめます．ベース電流が流れると，ベース電流のh_{fe}倍のコレクタ電流が流れます．この

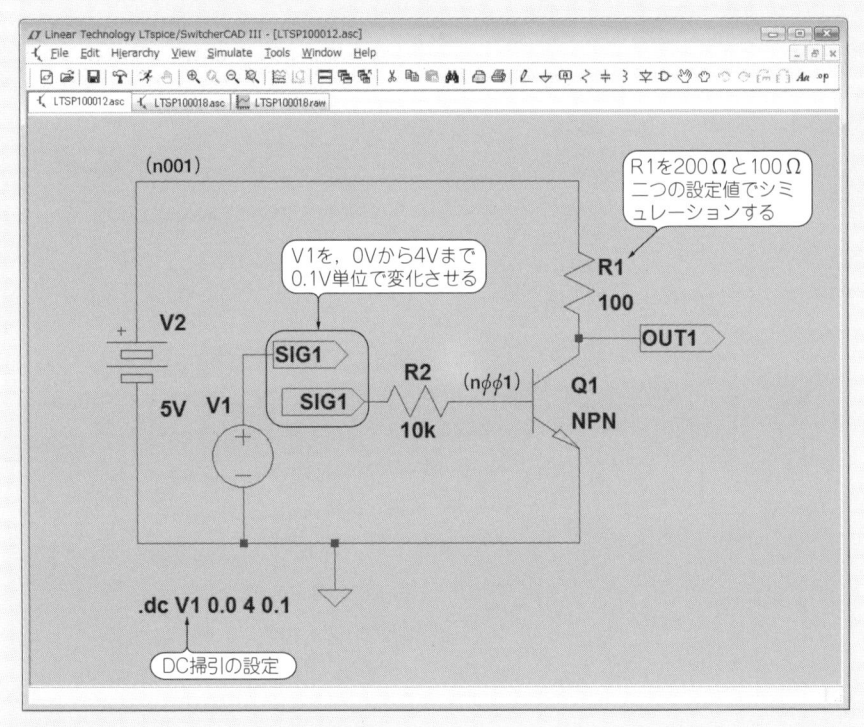

図9-A　DC掃引でトランジスタの動作を確認

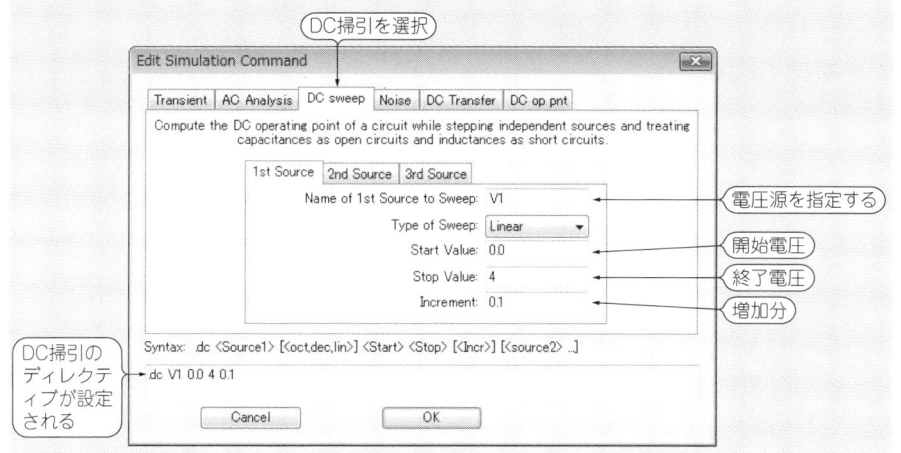

図9-B　DC掃引の設定

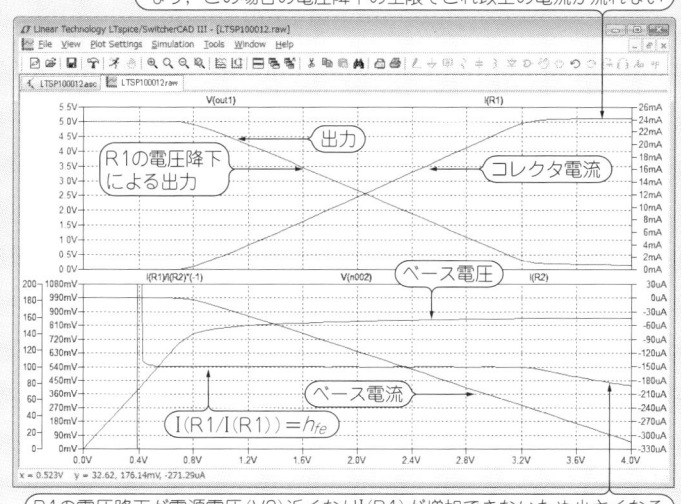

- DC掃引を選択
- 電圧源を指定する
- 開始電圧
- 終了電圧
- 増加分
- DC掃引のディレクティブが設定される

R1＝200Ωのときは，この24mAの電流で電圧降下が4.8Vとなり，この場合の電圧降下の上限でこれ以上の電流が流れない

- 出力
- R1の電圧降下による出力
- コレクタ電流
- ベース電圧
- ベース電流
- $I(R1)/I(R1)) = h_{fe}$

R1の電圧降下が電源電圧（V2）近くなりI(R1)が増加できないため小さくなる

図9-C　R1＝200Ωのシミュレーション結果

9-3——電圧制御スイッチでトランジスタをオン/オフ

(R1＝100Ωのため電圧降下が少なく電流増加の制限にならない)

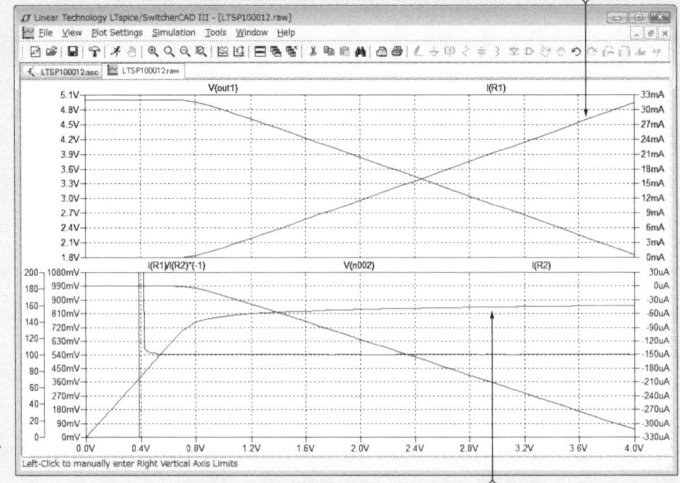

図9-D
R1＝100Ωのシミュレーション結果

(I(R1)/I(R2)がこの期間コンスタントになっている)

デフォルトのトランジスタの場合，ベース電流の100倍のコレクタ電流が流れています．

● Add TraceでR2とR1に流れる電流の比を表示

メニュー・バー>Plot Settings>Add TraceでAdd Traces to plotのウィンドウを表示してI(R1)/I(R2)を表示します．R2に流れる電流はマイナス表示されます．そのため，I(R1)/I(R2)の値がマイナスになります．そのままでもかまいませんが，プラスの表示にするためには，

I(R1)/I(R2)＊(－1)

と(－1)を乗算することでプラス表示となります．

R1が200Ωでは25mAの電流が流れるとR1の電圧降下が5Vとなり，電源電圧に到達するためこれ以上の電流が流れません．そのため，ベース電流が増加してもコレクタ電流が増加しなくなります．

● 負荷抵抗を少なくすると電圧変動が少なくなる

図9-DではR1の値を100Ωに変更すると，ベース電流の増加にあわせてコレクタ電流も同様に増加しています．

負荷抵抗を大きくすると，ベース電流の変化に対してより大きな電圧変化が得られます．トランジスタの増幅回路では増幅度を大きくするために，負荷抵抗を大きくしています．

電子回路シミュレータ LTspice 入門編

第 10 章
トランジスタの Spice モデルを追加し増幅回路をシミュレーション

　トランジスタの Spice モデルを新たに追加する方法を説明します．電子工作でもよく利用される小信号用トランジスタ 2SC1815 を LTspice に組み込み，実在のトランジスタで回路の動作を確認してみます．

10-1 ── リストにないトランジスタを利用するための三つの方法

　LTspice では，あらかじめ用意されたデバイスのリストにない新しいデバイスを利用するために，図 10-1 に示すように次の三つの方法が用意されています．
(1) 回路図上に .Model ディレクティブでデバイスの仕様を記述
　回路図上に，.Model ディレクティブのステートメントとして，デバイスの Spice モデル・パラメータを記述します．デバイスのシンボルには .Model ステートメントで定義したデバイス名を記述し，回路図のデバイスのシンボルとシミュレーションのためのデバイス・パラメータとは .Model ディレクティブによって結び付けられます．
(2) デバイスのモデル・パラメータが格納された Lib ファイルを指定
　エクステント (拡張子) が LIB のデバイス・モデルを格納するファイルを用意します．新しく追加するトランジスタの Spice モデルのデータをこの lib ファイルに格納します．次の Spice 命令で，回路図にライブラリ・ファイルの指定を行います．
　　.include myltspice.lib
(3) standard.bjt ファイルに格納する
　¥lib¥cmp¥ フォルダにある standard.bjt ファイルにトランジスタの Spice モデルを格納すると，標準で用意されているデバイスと同じように，トランジスタの選択画面のリストに追加表示され，その中から選択するだけとなります．

① 回路図に .Modelを記述

2SC1740

メーカ提供のモデル・パラメータ記述する．

・Model～ モデル・パラメータ

② ライブラリを用意

2SC1740

モデル・パラメータが格納されているファイル名を指定する．

・include～ libファイル名

③ Standard.bjtファイルに Spiceモデル・データを追加する

この方法を用いると，標準トランジスタと同様に，一覧表で表示され，その表から選択できる．

図10-1　トランジスタなどのデバイスを追加する三つの方法
この三つの方法について具体的な手順を示し，実行してみる．

10-2 ── 回路図上に .Modelディレクティブで記述

　回路図上に .Modelディレクティブのステートメントを記述するためには，トランジスタのデバイスのSpiceモデルのパラメータが必要です．たとえば，ローム(株)は製品に関するSpiceモデルをWebで公開しています．ロームの小信号トランジスタ2SC1740Sのパラメータを .Modelディレクティブに記述して利用してみます．

　ロームのトランジスタのSpiceモデルは，Webで入手できます．トップページのサポートの中のDesign Modelをクリックすると，各種のトランジスタやダイオードの選択メニューが表示されます．その中からバイポーラ・トランジスタを選択すると，バイポーラ・トランジスタのリストが表示されます．その中から2SC1740Sを選択します．PDFファイルとlibファイルがダウンロードできます．PDFファイル，LIBファイルの内容は同一です．

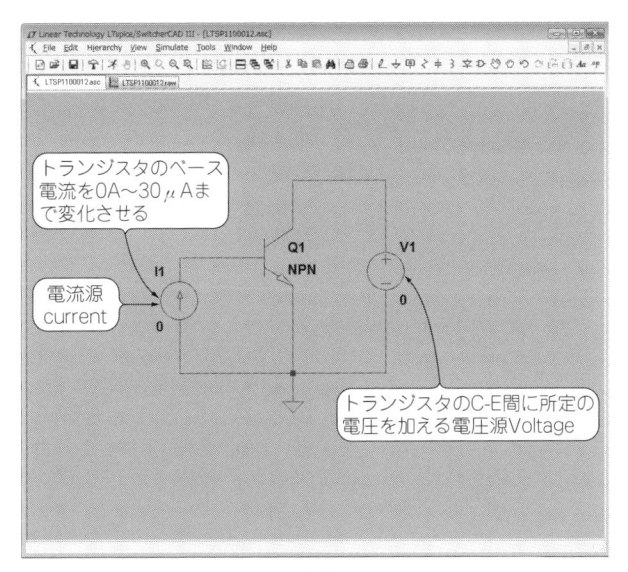

図10-2 エミッタ接地回路の出力特性
ベース電流・電圧の制御をDC掃引(DC Sweep)で行う．

● エミッタ接地回路の出力特性を調べる

図10-2に示すエミッタ接地回路のベース電流，コレクタ電流の出力特性をシミュレートします．currentの電源I1で所定の値のベース電流を流し，Voltageの電圧源V1でトランジスタのコレクタ-エミッタ間に所定の電圧を加え，そのときのコレクタ電流も測定します．

● DC掃引の設定

電流，電圧の設定は，DC掃引(DC Sweep)で行います．

DC掃引の設定は，メニュー・バーのSimulate>Edit Simulation CMDを選択して，**図10-3**，**図10-4**に示すEdit Simulation Commandのダイアログ・ウィンドウを表示して行います．

DC Sweepのタグを選択するとDC掃引の設定が行えます．1st SourceにV1の電圧源の設定を行います．Name of 1st Source to Sweepの欄にV1と使用する電圧源を入力します．掃引のタイプはデフォルトのリニアのままにします．

開始電圧を0，終了電圧を20Vとしました．掃引の刻み幅は100mと入力しました．

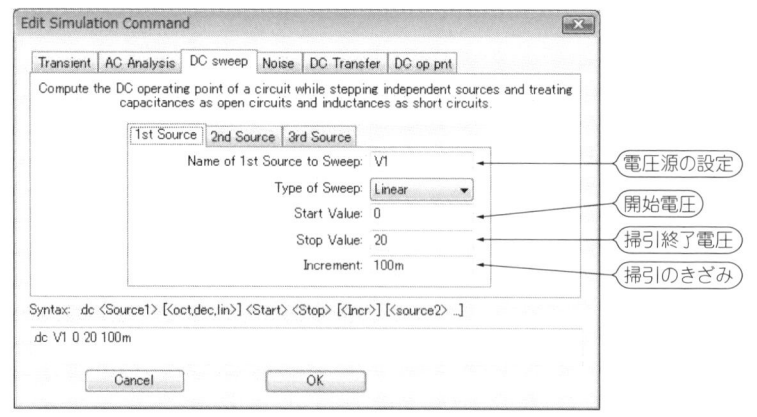

図10-3　V1のDC掃引の設定

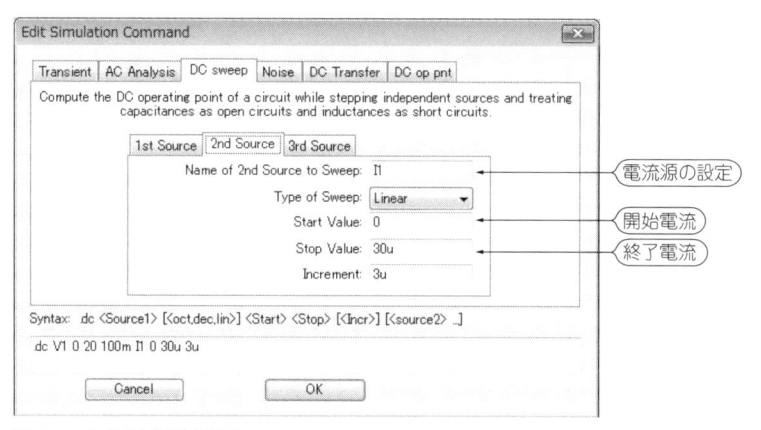

(電圧源の設定)
(開始電圧)
(掃引終了電圧)
(掃引のきざみ)

図10-4　I1のDC掃引の設定

(電流源の設定)
(開始電流)
(終了電流)

100mVの設定となります．Vの単位は省略できます．

● 電流の掃引の設定

同様に電流についても，**図10-4**に示すように電流源I1を設定し，0Aから30μAまで3μA間隔でシミュレーションします．

これらの設定値は，シミュレーションの対象のロームの2SC1740Sのデータシートの特性曲線のグラフの表示範囲と合わせてあります．

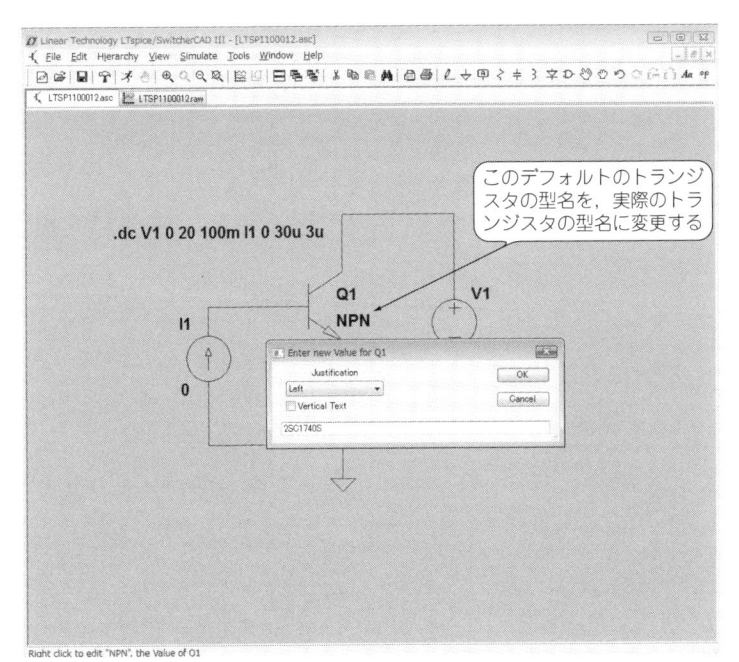

図10-5 トランジスタの型名の設定

● デバイスをローム社の2SC1740Sにする

次の手順に従いデフォルトの,

① デバイス名の変更

デバイス名のNPNをマウスの右ボタンでクリックし,名称を変更するダイアログ・ボックスを表示し,**図10-5**に示すようにトランジスタの名称をNPNから2SC1740Sに変更します.

② .modelディレクティブ・ステートメントの追加

ツール・バーの「.op」アイコンをクリックして,**図10-6**に示すようにEdit Text on the Schematicの回路図にテキスト・データを書き込むダイアログを表示します.SPICE directiveのSpice命令がオンになっていることを確認します.

テキスト入力欄に,**図10-7**に示す2SC1740SのSpiceのパラメータを入力します.ダウンロードしたファイルからコピー&ペーストで書き込みました.ダウンロードしたSpiceモデル・データは .MODEL Q2SC1740S NPNとありましたが,回路図に2SC1740Sと設定しているので回路図の名称にあわせて2SC1740Sに変更します(**図10-8**).

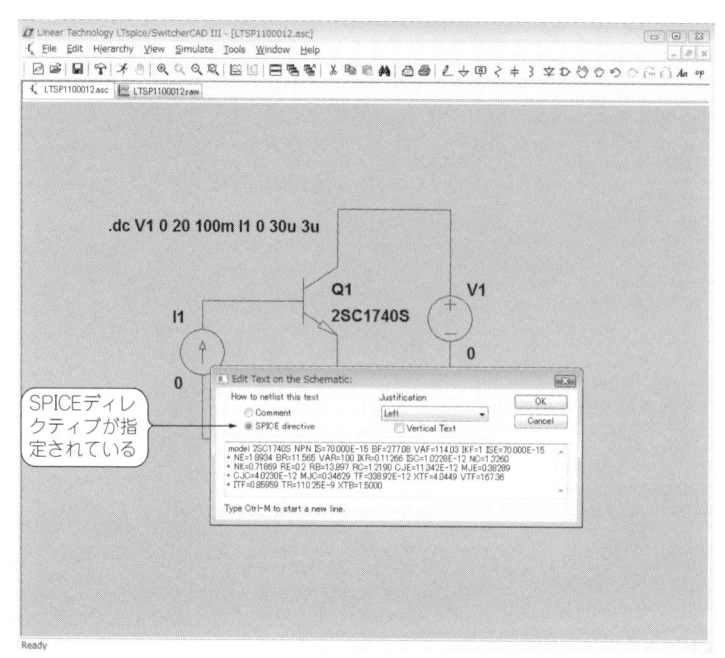

図10-6 .modelディレクティブ・ステートメントの設定

● シミュレーションの結果

これらの設定を行い，シミュレーションを行った結果を図10-9に示します．デフォルトのトランジスタの場合は，ベース電流が30μAに増大してもコレクタ電流は3mAほどしか流れませんでした．2SC1740Sのモデルでシミュレーションした結果は，ベース電流が多くE-C間電圧が低い部分でデータシートより若干コレクタ電流が少なくなっていますが，ほかはデータシートの特性曲線とほぼ同様な結果となりました．

10-3 ── Libファイルで.Modelを指定

● Mylibフォルダを作る場合

LTspiceが利用するシンボル，デバイスのモデル・データは，インストール時に作成されるドキュメント¥LTspiceXVII¥libのフォルダに格納されます．新たなデバイスの

```
                    SPICE PARAMETER
                       2SC1740S
                                                      by ROHM TR Div.

* Q2SC1740S NPN BJT model
* Date: 2006/11/30
.MODEL Q2SC1740S NPN
+ IS=70.000E-15
+ BF=277.08
+ VAF=114.03
+ IKF=1
+ ISE=70.000E-15
+ NE=1.8934
+ BR=11.565
+ VAR=100
+ IKR=.11266
+ ISC=1.0228E-12
+ NC=1.3260
+ NK=.71869
+ RE=.2
+ RB=13.897
+ RC=1.2190
+ CJE=11.342E-12
+ MJE=.38289
+ CJC=4.0230E-12
+ MJC=.34629
+ TF=338.92E-12
+ XTF=4.0449
+ VTF=167.36
+ ITF=.85959
+ TR=110.25E-9
+ XTB=1.5000
```

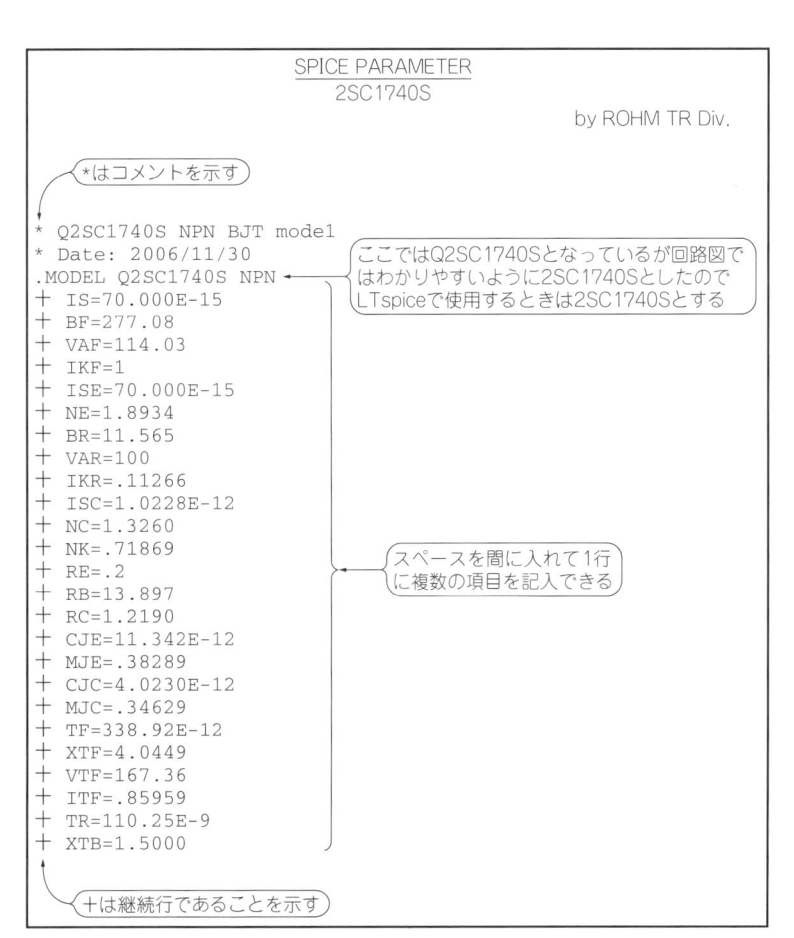

- *はコメントを示す
- ここではQ2SC1740Sとなっているが回路図ではわかりやすいように2SC1740Sとしたので LTspiceで使用するときは2SC1740Sとする
- スペースを間に入れて1行に複数の項目を記入できる
- +は継続行であることを示す

図10-7 ローム社の2CS1740SのSpiceモデル・パラメータ

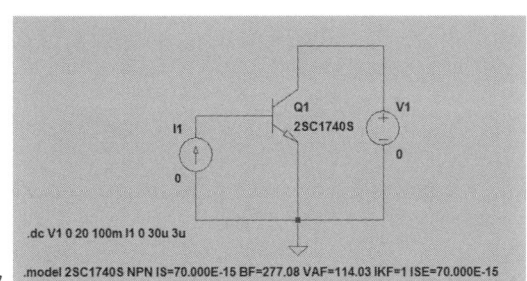

図10-8
回路図に.modelディレクティブを設定し2SC1740Sが利用できるようにする

```
.dc V1 0 20 100m I1 0 30u 3u

.model 2SC1740S NPN IS=70.000E-15 BF=277.08 VAF=114.03 IKF=1 ISE=70.000E-15
+ NE=1.8934 BR=11.565 VAR=100 IKR=0.11266 ISC=1.0228E-12 NC=1.3260 NK=0.71869
+ RE=0.2 RB=13.897 RC=1.2190 CJE=11.342E-12 MJE=0.38289 CJC=4.0230E-12
+ MJC=0.34629 TF=338.92E-12 XTF=4.0449 VTF=167.36 ITF=0.85959 TR=110.25E-9
+ XTB=1.5000
```

10-3——Libファイルで.Modelを指定

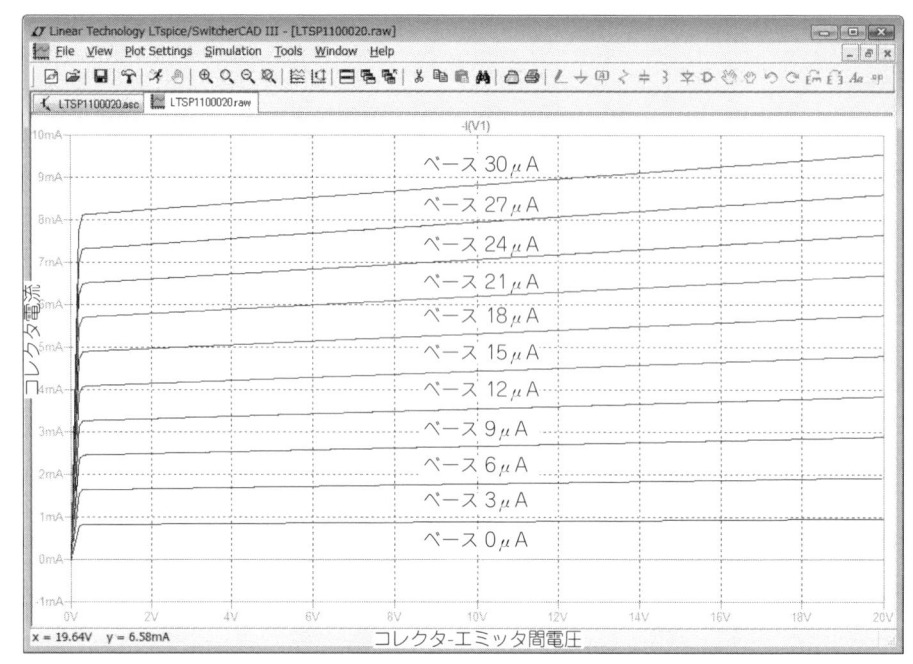

図10-9 2SC1740Sエミッタ接地の出力静特性

Spiceモデル・パラメータやマクロのデータが格納されたlibファイルは，¥lib¥subにmylibフォルダを作り格納します．

新しいデバイスのモデル・データ，パラメータの記述されたlibファイルを，このフォルダに格納しておきます．

回路図上には，

.include　ファイル名

を記述して，シミュレーション開始時にこのファイルを参照し実行します(**図10-10**)．

● ロームの2SC1740S.libファイルを利用する

ローム社のトランジスタなどのSpiceパラメータは，PDFファイルのほかにlibファイルでも提供されています．**図10-11**に示すように，mylibフォルダの中にダウンロードした2SC1740S.libをセットします．

subフォルダには，標準で用意されている主にアナログ・デバイセズ社のデバイスのlib

```
ドキュメント¥LTspiceXVII¥lib¥cmp
                    ├─ ¥sub¥Mylib¥ ─
                    └─ ¥sym

      2sc1740s.lib  ◄──  個別のデバイスごとに
                         Libファイルを用意する

      myopamp.Lib   ◄──  一つのLibファイルに複数の
                         モデルのパラメータを設定す
                         ることもできる
```

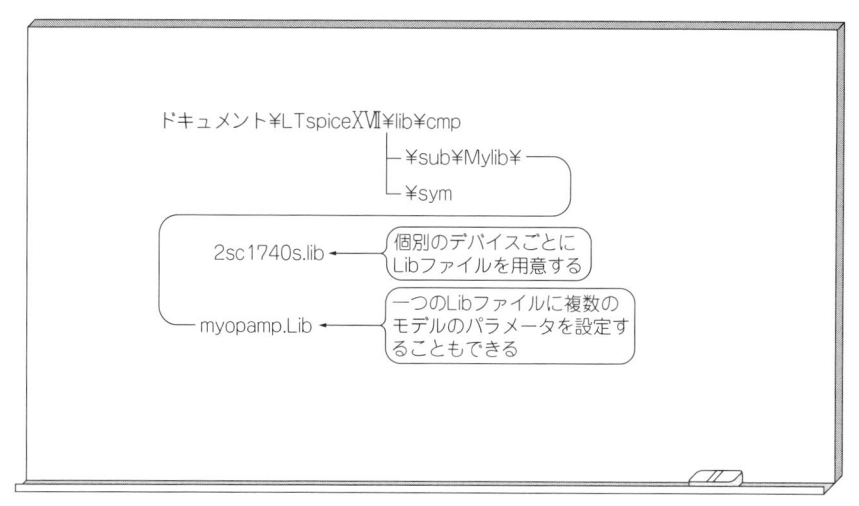

図10-10 Libファイルで.modelパラメータを指定

- subフォルダにlibファイルなどが格納される
- mylibにユーザが追加したlibファイルを保存する

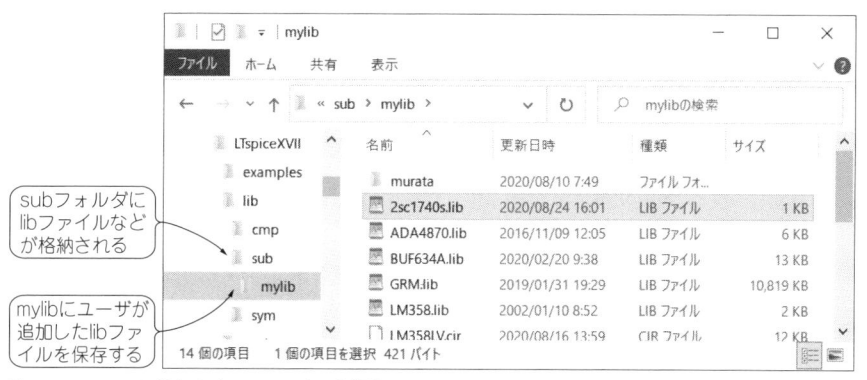

図10-11 mylibに追加したLibファイルを保存

ファイルなどが格納されています．管理を容易にするために，独自に新しく追加したデバイスのSpiceモデル・データは，sub¥mylibに保存することにします．

図10-8に示す回路図の.modelディレクティブに代えて，

.include mylib¥2SC1740S.lib

のlibファイルの読み込みの指定を行います．フォルダ・アドレスは，上記のように相対アドレス指定と，別にドライブ名からの絶対アドレスで指定することもできます．

この方法を用いると，**図10-12**に示すように，回路図のデバイスの記述が簡潔になりま

す．上側のグラフは，2SC1740Sのデータシートのエミッタ接地出力静特性(1)における，ベース電流(0～500μA)，コレクタ-エミッタ間電圧(0.V～2.0V)の条件でシミュレーションした結果を示します．ベース電流が多いほうでは直線の傾きが少し異なりますが，基

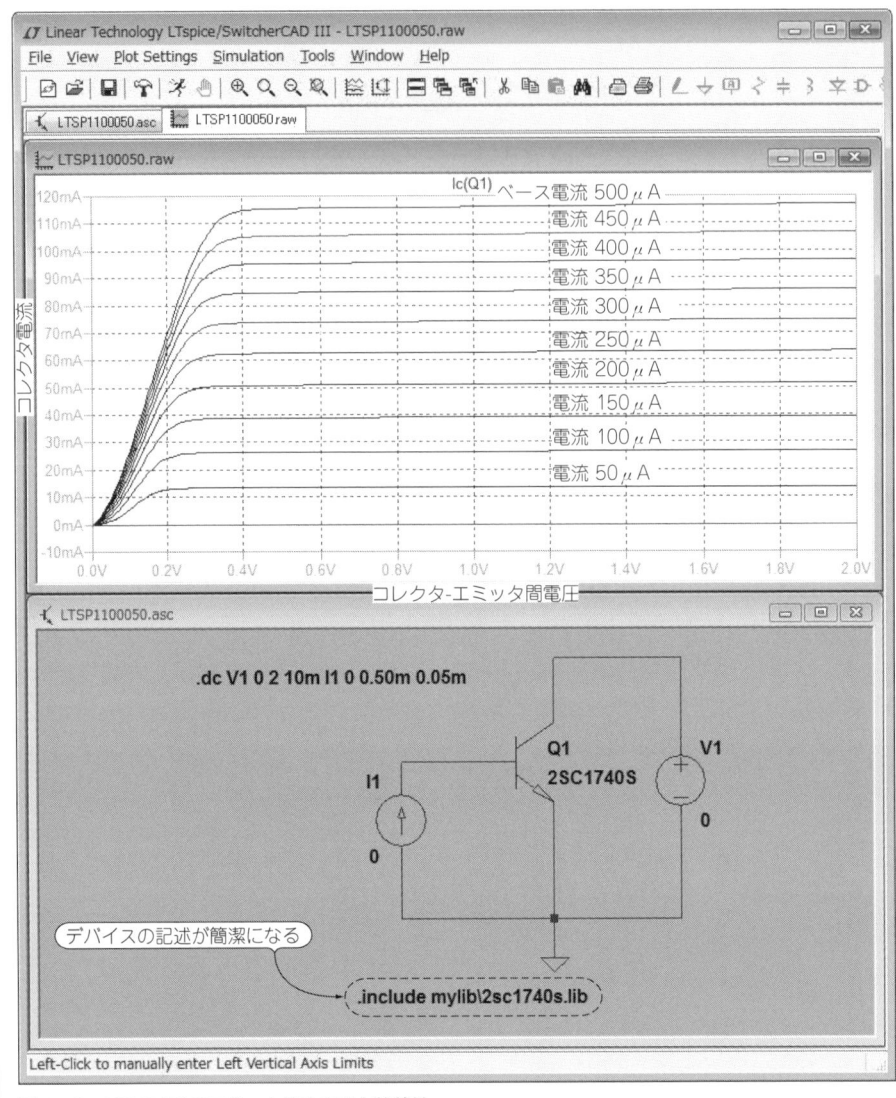

図10-12 2SC1740Sのエミッタ接地の出力静特性

本的な動作はデータシートと同様になっています．

● toragi.libで2SC1815を利用する

付属のCD-ROMのtoragi.libには2SC1815など，LTspiceには組み込まれていないが電子工作でよく利用されるデバイスのSPICEデータが用意されています．このtoragi.libを図10-13に示すように，Mylibフォルダにセットします．

図10-14に示す回路で2SC1815を利用して，三角波をトランジスタに加えたときの動作を確認してみます．三角波は電圧源V2からPWL(折れ線近似出力)で作成します．

● PWLによる三角波作成

図10-15に示すように，Voltage Sourceの設定画面でPWLを選択します．Additional PWL Pointsのボタンをクリックして，PWLの時間と電圧の設定値を入力する表を表示します．

入力欄をマウスの右ボタンでクリックすると入力欄に値が設定できます．また数値の入っている場所をマウスの右ボタンでクリックすると，設定されたデータを修正することができます．

途中に，時間およびデータのペアを挿入することができます．その場合は，表の挿入する欄をマウスでクリックし選択します．次に表の下のInsert Pointボタンをクリックすると，途中にデータを入力できるようになります．

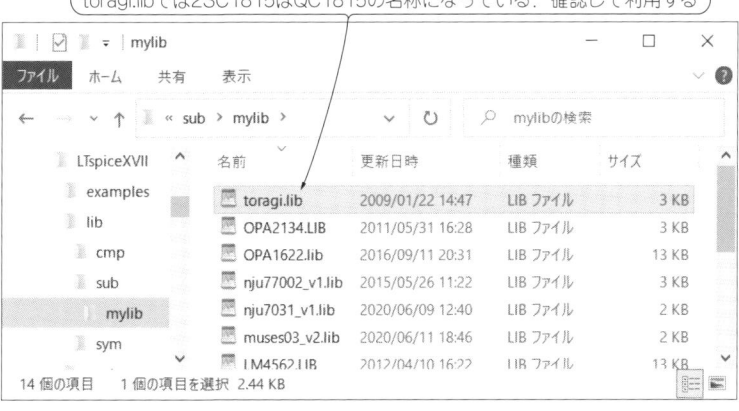

図10-13　toragi.libをMylibフォルダにセット

10-3——Libファイルで.Modelを指定

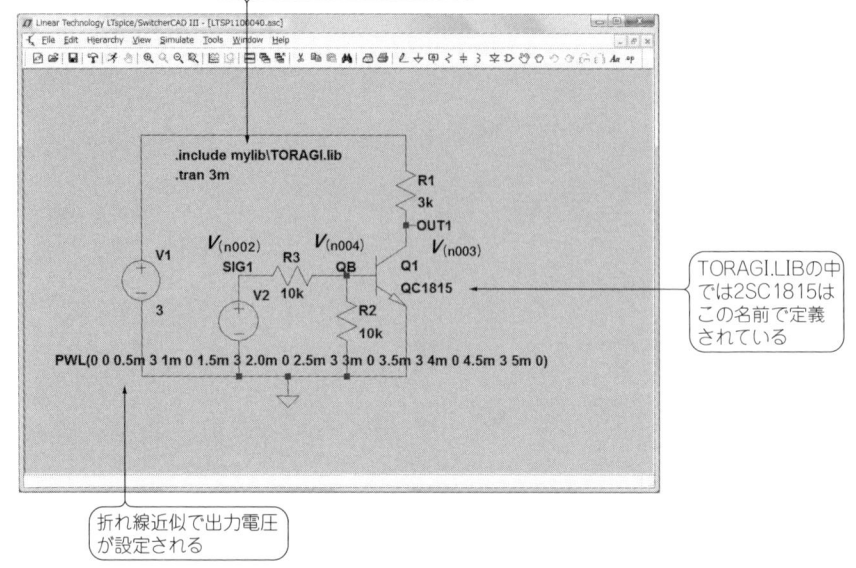

図10-14　2SC1815（QC1815）によるトランジスタの動作確認

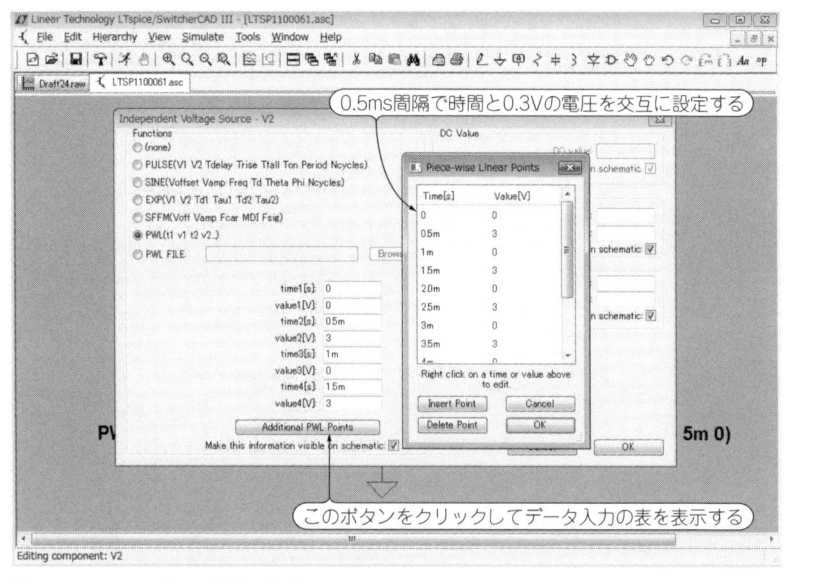

図10-15　PWLによる三角波の作成

第10章——トランジスタのSpiceモデルを追加し増幅回路をシミュレーション

● シミュレーションの実行

図10-16に，シミュレーションの終了時間を3msに設定したシミュレーション結果を示します．三角波は5ms分用意してあります．終了時間をより長時間に設定することもできます．

PWLの折れ線近似では，表で設定した時間以後は最後の設定値が保持されます．

● スイッチング動作

この回路では，入力(SIG1)は徐々に変化しているのに出力(OUT1)はベース電圧Qbが0.6Vを越えるまではコレクタ電流が流れず，出力は3Vのままで，ベース電圧が0.6Vを越えるとコレクタ電流が流れ，出力は0Vまで急激に変化します．この回路では，入力にR3，R2の10kΩ抵抗が接続されています．したがって，ベース電圧が0.6Vになるには1.2Vの入力が必要になります．

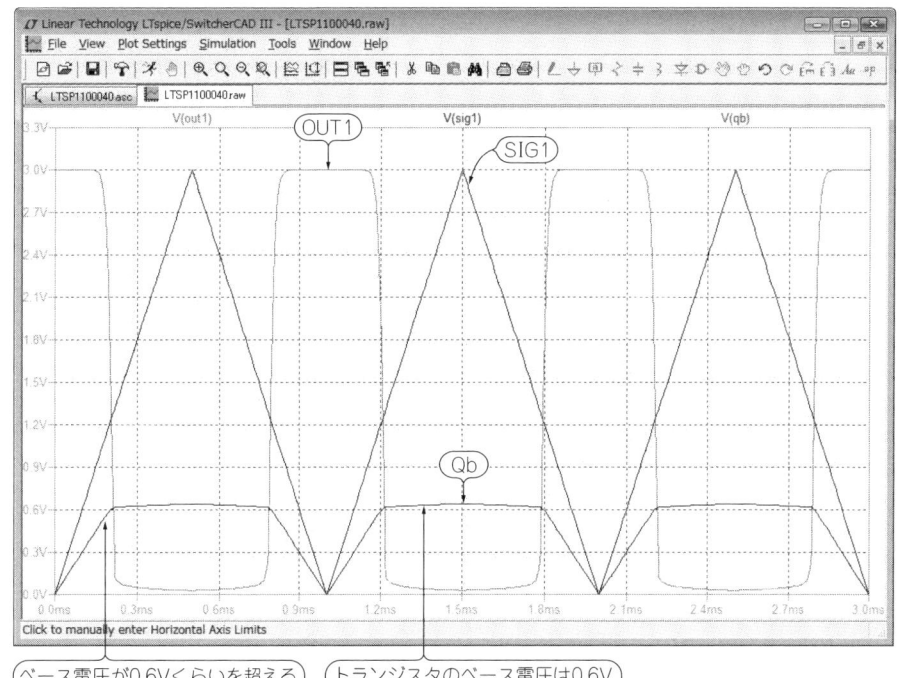

〔ベース電圧が0.6Vくらいを超えるとコレクタ電流が流れはじめる〕
〔トランジスタのベース電圧は0.6Vくらいからそれ以上にならない〕

図10-16 三角波によるトランジスタの動作確認

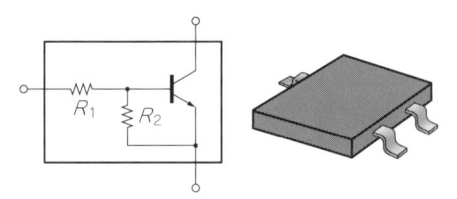

図10-17　ディジタル・トランジスタ

図10-18　トランジスタのプロパティ

そのため，入力が1.2Vを前後して出力がオン/オフされるスイッチング動作となります．

● ディジタル・トランジスタ

　ローム社では図10-17に示すようにベース-エミッタ間およびベースに各1本の抵抗が内蔵されたトランジスタをディジタル・トランジスタとして発売しています．トランジスタをディジタル回路で使用する場合，外付けの抵抗の必要がなく，直接ディジタル信号を加えることができます．

10-4── トランジスタのリストにSpiceモデルを追加する

　回路図のトランジスタのシンボルをマウスの右ボタンでクリックすると，図10-18のトランジスタの仕様を示すウィンドウが表示されます．このトランジスタの仕様を決めるために「Pick New Transistor」ボタンをクリックすると，あらかじめSPICEモデル・パラメータが用意されているトランジスタの一覧表が表示されます．

　図10-19の表の中からシミュレーションで利用するトランジスタを選択して，最初に作

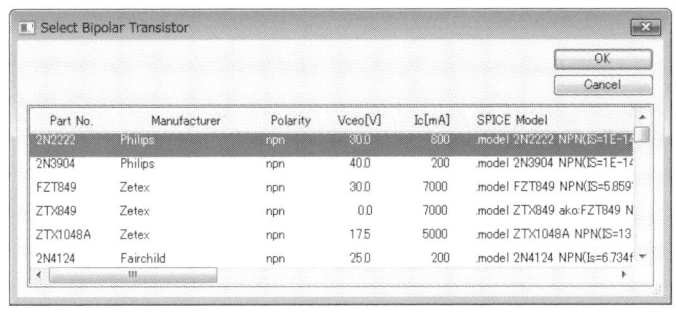

図10-19 Standard.bjtファイルにSpiceパラメータが格納されている

られたデフォルトのトランジスタに割り当てることができます．

この表には，電子工作でよく利用する2SC1815などのトランジスタが用意されていません．表にないトランジスタをこの一覧表で表示し，表の中から選択できるようにします．

● トランジスタの型名を決める

最初に回路図に設定されたトランジスタはデフォルトのトランジスタで，型名は決まっていません．デフォルトのトランジスタの場合でも理想的な動作をする一般的なトランジスタとして動作し，シミュレーションはできます．

しかし，低周波用，高周波用と実際のトランジスタはそれぞれ特性が異なっています．デバイスの一覧表リストから実際にシミュレーションするデバイスを選択して，デフォルトのトランジスタを現実のデバイスにします．該当するトランジスタが見つからない場合は，データシートなどから特性が同等なトランジスタを選んで代用することもできます．トランジスタの一覧表には，トランジスタの型番，製造メーカ，トランジスタのSpiceモデルのパラメータ・リストが続きます．

ロームなどは，多くのトランジスタなどのデバイスのSpiceパラメータを用意しているので，次に示す方法で，Standard.bjtファイルに新しく使用するトランジスタのSpiceパラメータを追加して拡充することができます．

● .modelパラメータをStandard.bjtファイルに追加

このトランジスタ（バイポーラ・トランジスタ）のシミュレーションのためのSpiceパラメータは，Standard.bjtの名のファイルに格納されています．格納されているデータには，シミュレーションのための.modelパラメータとあわせてLTspice独自のメーカ名などの

データもセットされています.

ダイオードや,バイポーラ,FETなどの各種トランジスタについても同じようにStandardの名前のファイルが用意されています.エクステントがデバイスの種類で異なっています.そしてこのファイルは,**図10-20**に示すようにLTspiceが参照するファイルの置かれているドキュメントフォルダの中のLTspiceXVIIフォルダの¥lib¥cmpフォルダにあります.このフォルダにはダイオードのためのStandard.dio,MOSFETのためのStandard.mos,JFETのためのStandard.jftがあります.これらのファイルには,Standard.bjtと同様に.modelパラメータが格納されています.

このフォルダには,コンデンサや抵抗,インダクタなどのデータ・ファイルもあります.これらのファイルは.modelパラメータではなく,それぞれのデバイスの固有情報がデータベースとして格納されています.

● Standard.bjtファイルの修正

Standard.bjtファイルはテキスト・ファイルですので,メモ帳などで内容の追加訂正ができます.toragi.libの2SC1815の.modelパラメータをStandard.bjtの最後に追加します.

toragi.libで名称がQC1815となっていますので,よりわかりやすいように2SC1815に変更しました.

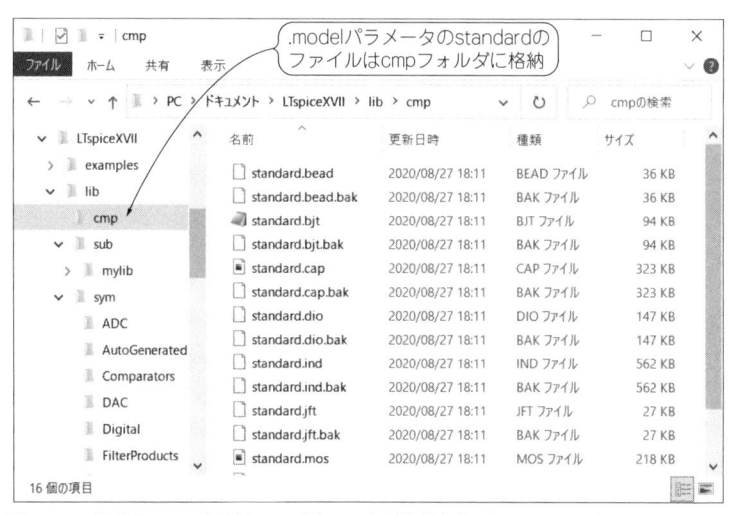

図10-20 標準のSpiceのモデル・パラメータが格納されているフォルダ

LTSpiceのStandard.bjtにはSpiceパラメータ以外に，Vceo電圧，コレクタ電流，製造メーカのデータが格納されています．toragi.libからコピーしたSPICEモデルのパラメータの後にこれらのデータを追加します．追加は( )の内側に行います(**図10-21**)．

> 追加のデータ
> Vceo = 50 Icrating = 150m mfg = Toshiba
> Vceo　　：コレクタ-エミッタ間の電圧　これ以上の電圧はかけられません
> Icrating：最大コレクタ電流の値
> mfg　　 ：製造メーカ

以上の操作により，回路図上のシンボルを右クリックすると2SC1815を一覧から選択できるようになります．

● トランジスタを右ボタンでクリックする

図10-22に示す回路図上に，設定されたトランジスタ2SC1815のシンボルをマウスの右ボタンでクリックすると，**図10-23**に示すようにStandard.bjtファイルで設定したトランジスタの仕様が表示されます．

トランジスタの最大定格がわかります．このデータを設定しなくてもシミュレーションには影響はありません．また，ここで示した最大定格に対する警告もなく，コレクタ-エミッタ間に80Vの電圧を加えても，コレクタ電流220mA，コレクタ電圧が70Vから20Vまで振幅したシミュレーション結果が得られました．

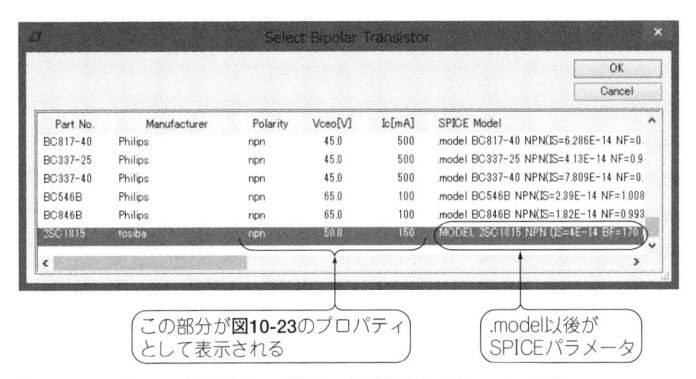

図10-21　2SC1815のモデル・パラメータを追加したStandard.bjt

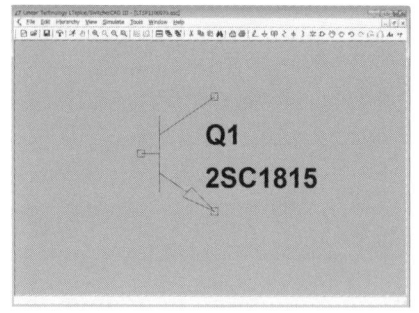

図 10-22 2SC1815 が設定される

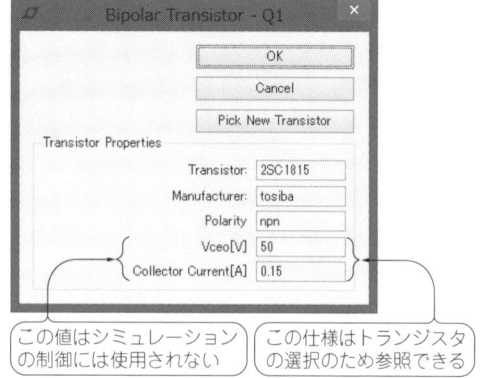

この値はシミュレーションの制御には使用されない

この仕様はトランジスタの選択のため参照できる

図 10-23 2SC1815 のプロパティ表示

　回路シミュレータはこのように誤った処理を行っても素子を壊すこともなく安心してテストできます．したがって，あたりまえですがシミュレータで稼動したからといっても条件によっては現実には運用できない場合も多くあります．

● **LTspice のバージョンアップ時**

　Standard.bjt ファイルに追加されたデータは，LTspice のバージョンアップ時にファイルの更新が行われても維持されています．LTspice は頻繁にアップデートがあります．バージョンアップにより Standard.bjt も更新されますが，追加した 2SC1815 のデータは影響を受けずに追加したときのままでした．

　ただし，LTspice の再インストールのときに，オーバライトかアップデートか問い合わせがあります．このとき，オーバライトを指定すると，個別に追加した情報はなくなります．

　このように，リストにモデル・パラメータを追加すると，選択が容易になり，現実のデバイスを使いやすくなります．

● **LTspice24 からは user.bjt に保存**

　LTspice24 ではトランジスタなどのデバイスを追加する場合，Standard.bjt でなくユーザ用に用意されたドキュメント￥LTspice のフォルダの user.bjt に保存します．

第11章
トランジスタのアナログ信号増幅回路①

11-1 —— トランジスタによる信号増幅回路

　第9章，第10章で扱ったトランジスタ回路では，
▶ベース電流が流れコレクタ電流が流れるトランジスタのオン状態
▶入力電圧を下げてトランジスタのベース電流が流れなく，そのためコレクタ電流が流れないトランジスタのオフ状態
の二つの状態があります．
　このオン/オフの二つの状態を入力電圧のハイ/ローで切り替えます．この処理をディジタル処理，またはスイッチング動作と呼んでいます．
　スイッチング動作の場合，負荷抵抗をコレクタ電流が流れることで生じる電圧降下が十分な大きさになるためのコレクタ電流が流れるかを確認します．この確認は，必要とするコレクタ電流の1/電流増幅率 以上の十分な電流がトランジスタのベースに供給されているかを検討すれば第一の関門は通過できます．

● アナログ増幅回路は入力信号をそのままの形で増大する

　トランジスタでアナログ信号の増幅を行う場合は，信号波形の上下が潰れなく，入力信号の形のまま出力を増大できるトランジスタの動作点の設定が重要な課題になります．よく利用されるエミッタ共通の増幅回路でその動作を確認してみます．基本となるエミッタ接地回路を，**図11-1**に示すようにLTspiceの回路図エディタで作成しました．
　R1はトランジスタQ1の負荷抵抗で，ベース-エミッタ間に流れる電流の変化に応じてQ1のコレクタ電流は変動し，その変動がR1の電圧降下の変動となります．OUTにQ1の出力がR1の電圧降下の変動として現れます．出力がR1の負荷抵抗の電圧変動ですので，

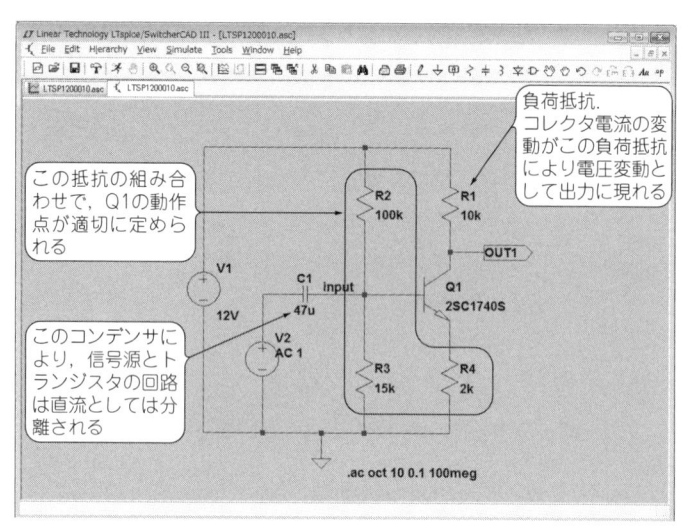

図11-1 エミッタ接地回路

出力に接続する負荷のインピーダンスによって出力の大きさは変化します．
出力に接続する負荷の大きさの影響もシミュレーションで確認します．

● AC解析によりエミッタ接地回路の周波数特性を確認する

この回路に対し，V2の電圧源からAC解析用のAC信号を加え，周波数特性のシミュレーションを行います．

● AC信号の大きさを設定

最初に，回路に入力するAC信号の大きさを決めます．**図11-2**に示すのが電圧源V2の詳細設定画面で，AC解析のAC信号の大きさを1Vと設定しています．シミュレーション結果はdB表示です．1Vと設定すると入力信号が0dBとなり，基準となる入力信号の大きさが0dBですので，シミュレーション結果の評価が簡単になります．

プラスの値は回路の増幅率となり，マイナスの値は回路の減衰率となります．

● 掃引周波数の設定

掃引周波数は，入力回路C1のコンデンサの影響が確認できる低い周波数から，トラン

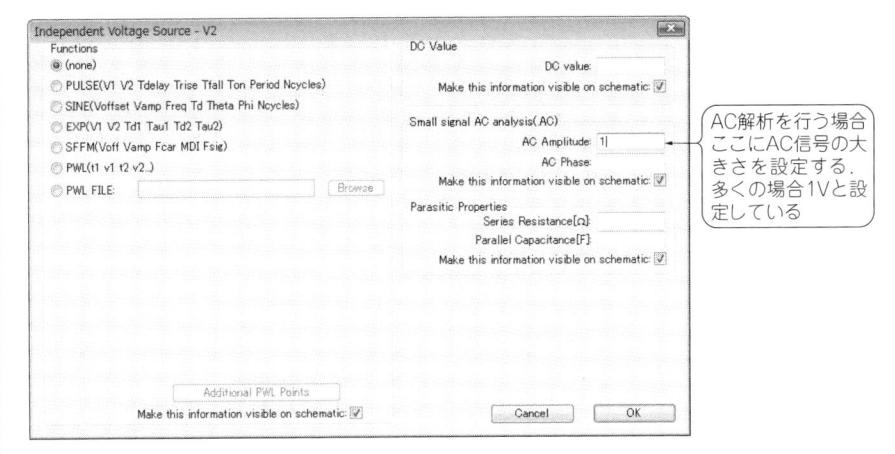

図11-2 AC解析用のAC信号の大きさを決める
V2のシンボルをマウスの右ボタンでクリック．表示されるダイアログのAdvencedボタンをクリックする．DC電圧以外の値が設定されている場合，マウスの右ボタンのクリックで直接この画面が表示される．

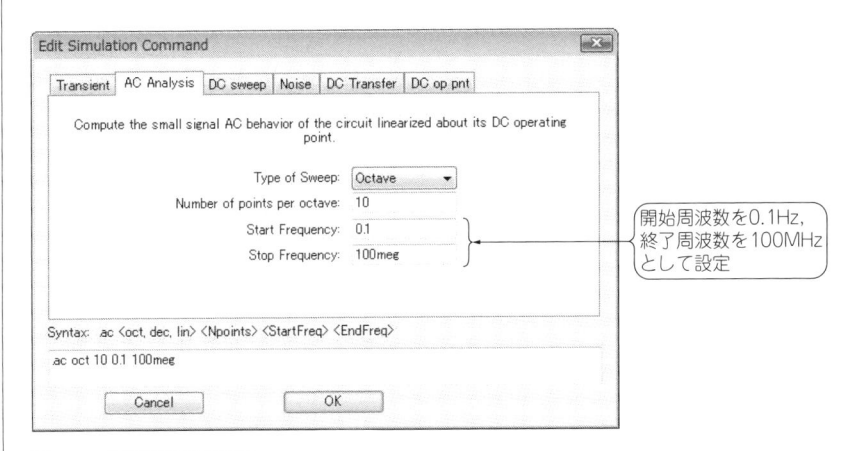

（AC解析を行う場合ここにAC信号の大きさを設定する．多くの場合1Vと設定している）

図11-3 掃引周波数の設定

（開始周波数を0.1Hz，終了周波数を100MHzとして設定）

ジスタの高域のゲインが低下する周波数までの範囲を想定しました．**図11-3**に示すように0.1Hzから100MHzまでの周波数で掃引し，オクターブ間を10ポイントでシミュレーションします．

● シミュレーション結果

シミュレーション実行後，回路図のOUT1のラベルをクリックして出力の周波数特性を

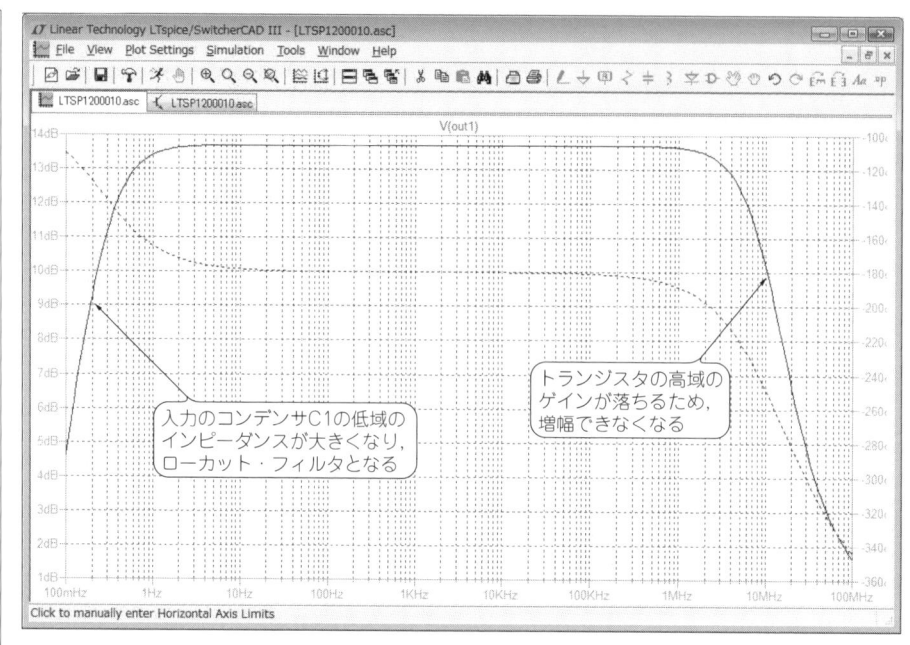

図11-4 2SC1740Sのエミッタ接地回路の周波数特性

表示します．出力（OUT1）のシミュレーション結果は，図11-4に示すように2Hzから2MHzまでlog5×20＝13.98dBの増幅率が示されています．低域はC1のコンデンサの影響でカットされています．C1の容量を33 μF，10 μFなどと小さくしてシミュレーションすると，低域のカットされる周波数が大きくなります．

このように，AC解析により回路の周波数特性を容易に把握することができます．

● 電源電圧を変動させてみる

この増幅回路の電源電圧V1を0Vから24Vくらいに0.1V単位で変化させて，トランジスタQ1のコレクタ（OUT1），ベース（input），エミッタの電圧がどのようになるか確認します．これは，LTspiceのDC掃引により行います．

トランジスタQ1のエミッタの部分に，電圧の表示をわかりやすくするために，Emitterのラベルを追加します．そのあとメニュー・バーのSimulate>Edit Simulation CMDを選択して，次のシミュレーションのコマンドを編集するダイアログ・ウィンドウを表示します．

今回，図11-5のウィンドウのDC sweepのタグを選択します．電圧源を三つまで設定で

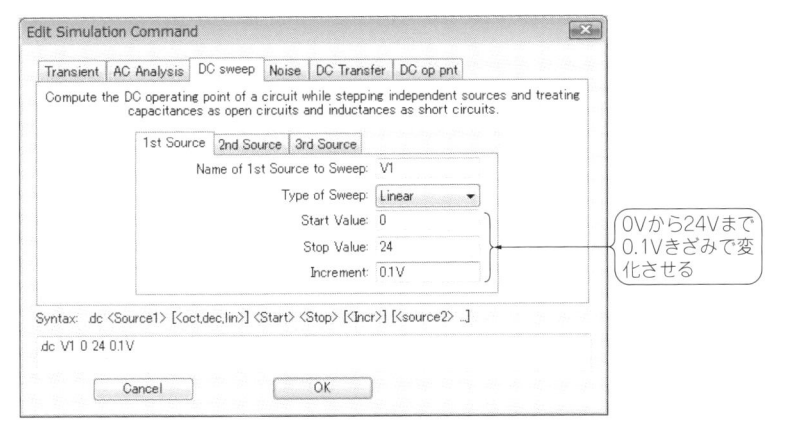

図11-5 電源電圧をDC掃引で変化させてみる

(0Vから24Vまで0.1Vきざみで変化させる)

きます．今回の回路では直流電源が一つなので，1st Sourceのタグを選択して，掃引(Sweep)対象のソース名をV1と設定します．掃引のタイプはリニア，オクターブ，ディケード，リストと多様な設定ができます．

ここでは，リニア(Linear)を選択して，0Vから24Vまで0.1V刻みで電源電圧を変化させ，コレクタ，ベース，エミッタの電圧を確認します．

● シミュレーションの実施

Edit Simulation CMDのウィンドウでDC sweepの設定を終えると，回路図の画面に**図11-6**のように次の.dcのステートメントが書き込まれます．

.dc V1 0 24V 0.1V

このステートメントは，マウスの右ボタンでクリックするとEdit Simulation CMDのウィンドウが表示され，そこにいつでも追加修正できるので，シミュレーションの結果を確認しながらシミュレーション条件を変更し進めることができます．

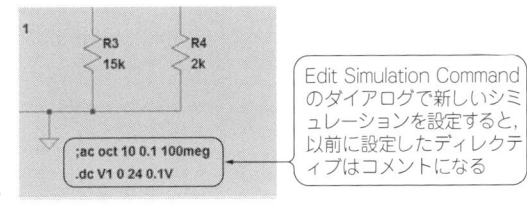

図11-6
不要なディレクティブをコメントにする

(Edit Simulation Commandのダイアログで新しいシミュレーションを設定すると，以前に設定したディレクティブはコメントになる)

11-1──トランジスタによる信号増幅回路

● ツール・バーのRUNをクリック

　ツール・バーの人が走っている姿のRUNをクリックすると，**図11-7**に示すように白い画面のWaveform Viewerが表示されます．回路図の測定ポイントをマウスでクリックすると，そこにシミュレーション結果が表示されます．今回，コレクタ電流とベース電流の比を計算して表示します．そのため，**図11-7**に示すようにグラフ表示画面をマウスの右ボタンでクリックしてドロップダウン・リストを表示し，Add Traceを選択してグラフ表示の演算処理，表示ポイントの選択を行う画面を表示します．

● コレクタ電流/ベース電流の計算

　コレクタ電流はIc(Q1)ですが，R1に流れる電流と同じなのでI(R1)を利用します．**図11-8**に示すように，まずリストの中のI(R1)をマウスで選択すると，表の下にあるExpression(s) to addの欄にI(R1)が表示されます．マウスでExpression(s) to addの欄のI(R1)の右側をマウスでクリックし，キーボードから入力できるようにします．キーボードから「/」を入力します．次に，リストの中からベース電流を示すIb(Q1)を選択します．この操作でI(R1)/ Ib (Q1)がExpression(s) to addの欄に設定されます．

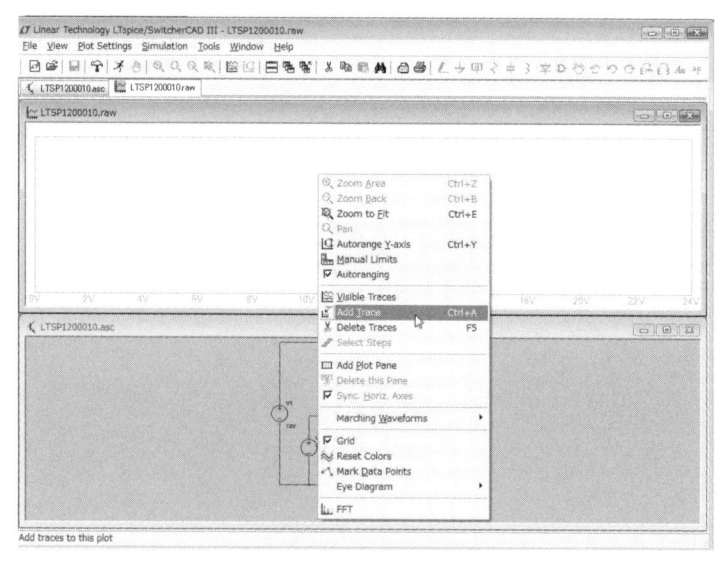

図11-7 シミュレーション実行後の表示項目の選択設定

後は，リストからエミッタ電圧V(qe)，V(out1)，V(input)，I(R1)，Ib(Q1)を選択します．

これらの選択を終えOKボタンをクリックすると，**図11-9**に示すシミュレーション結果が表示されます．

横軸が電源電圧で，縦軸が各シミュレーション・ポイントの電圧です．V(out1)がコレクタ電圧，V(input)がベース電圧，V(qe)がエミッタ電圧を示します．V(input)の線は電源電圧をR3/(R3 + R2)で分圧した電圧になります．正確にはベースに流れる電流も考慮する必要があります．しかし，この計算ではベースに流れる電流がわずかですので無視しています．

$$\frac{R3}{R3 + R2} = \frac{15k\Omega}{100k\Omega + 15k\Omega} = \frac{15k\Omega}{115k\Omega} = 0.1304$$

Q1のトランジスタのベース(INPUT)電圧は，電源電圧が4Vのとき，4V × 0.13 = 0.52Vとなり，ベース電流が流れ始める電圧となります．

● **電源電圧4Vくらいまでコレクタ-エミッタ間は遮断**

電源電圧が4V以下のときは，ベース電圧が0.5V以下でベース電流が流れず，トランジスタのコレクタ-エミッタ間も電流が流れません．そのため，コレクタ(OUT1)の電圧は電源電圧と等しくなります．また，エミッタ電圧はグラウンド電圧の0Vとなります．

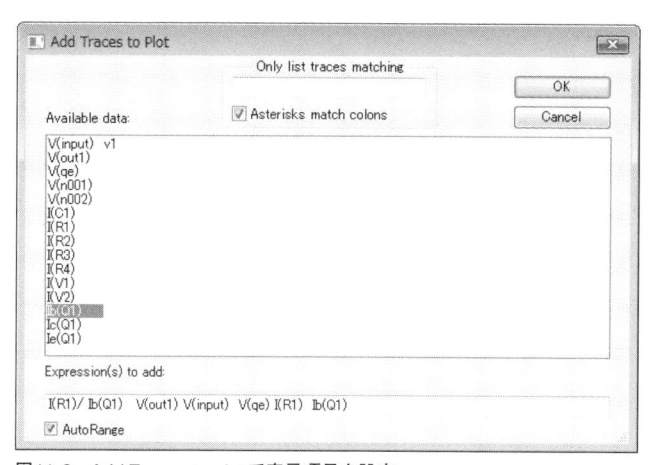

図11-8 Add Traces to plotで表示項目を設定

11-1——トランジスタによる信号増幅回路

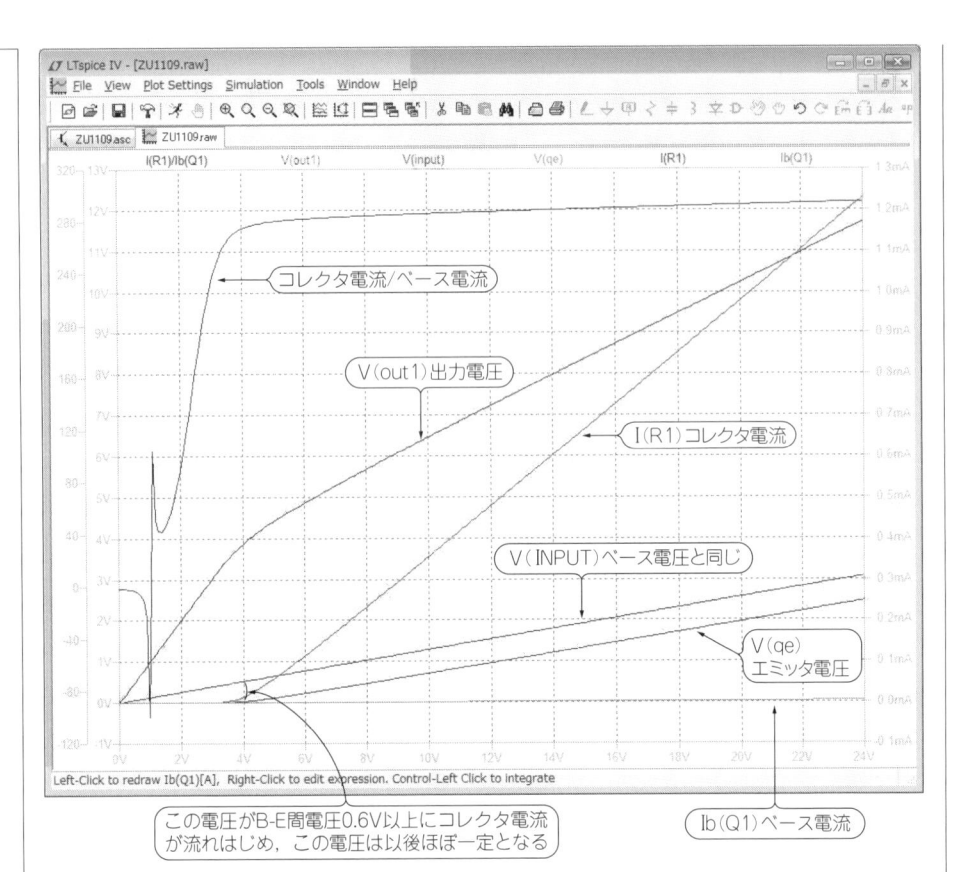

図11-9 エミッタ接地回路の電源電圧変動のシミュレーション

(グラフ内ラベル)
- コレクタ電流/ベース電流
- V(out1)出力電圧
- I(R1)コレクタ電流
- V(INPUT)ベース電圧と同じ
- V(qe)エミッタ電圧
- Ib(Q1)ベース電流
- この電圧がB-E間電圧0.6V以上にコレクタ電流が流れはじめ、この電圧は以後ほぼ一定となる

● ベース電流が流れるとコレクタ-エミッタ間も電流が流れる

電源電圧が4V以上になると、ベース電流が流れる電圧になります。そのとき、図11-9のI(R1)で示すコレクタ電流が流れます。Q1の2SC1740Sのエミッタに接続されたR4の抵抗にはコレクタ-エミッタ間電流とベース-エミッタ間電流が流れます。ベース-エミッタ間電流はコレクタ-エミッタ間電流の数十分の一から数百分の一ですので、ほとんどがコレクタ-エミッタ間電流となります。

R1にコレクタ電流が流れ始めると、R1の電圧降下のため出力OUT1のコレクタ電圧が電源電圧より下がります。このコレクタ電圧は電源電圧とエミッタ電圧の中間ぐらいに設定したとき、ひずみのない最大の出力を取り出せます。

11-2 ── パラメトリック解析によるトランジスタ増幅回路の最適な動作点を調べる

● R3の値を変化させてテストする

R3の抵抗値をパラメータ変数XR3と設定します．この変数を.stepステートメントで10kΩ，15kΩ，20kΩと変化させることによって，トランジスタのベース，コレクタ，エミッタの各端子と電源電圧との関係がどのように変化するかシミュレーションします．

メニュー・バーのEdit>Spice Directiveを選択し，次に示す.stepディレクティブ・ステートメントを設定します．

　　　.step param XR3 10k 20k 5k

変数　XR3：10kΩを開始ポイントとして，終了ポイントの20kΩまで5kΩ刻みで繰り返します（図11-10）．

実際のパラメータの値は，10kΩ，15kΩ，20kΩと変化しシミュレーションが行われます（図11-11）．

シミュレーション実行後，回路図のOUT1のラベルをクリックすると，コレクタ電圧を示すV(OUT1)のラインが表示されます．ステップ・シミュレーションを行っているため，上からR3 = 10kΩ，15kΩ，20kΩのそれぞれの条件のシミュレーション結果です．

R3の抵抗値を増やすとトランジスタのベース電圧が上昇し，ベース電流が増加します．ベース電流が増加するとコレクタ電流が増加します．コレクタ電流の増加により負荷抵抗

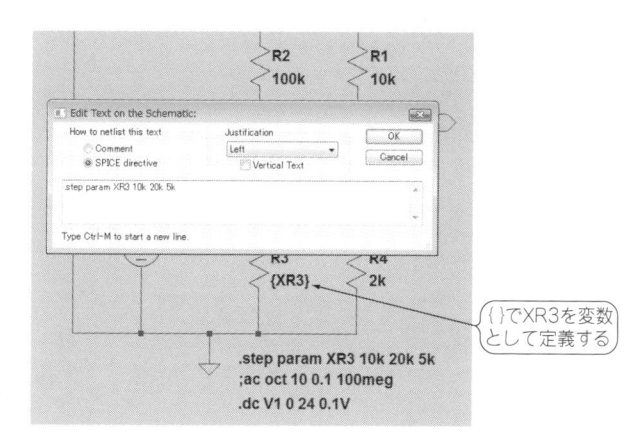

図11-10
抵抗値を変化させてシミュレーションする

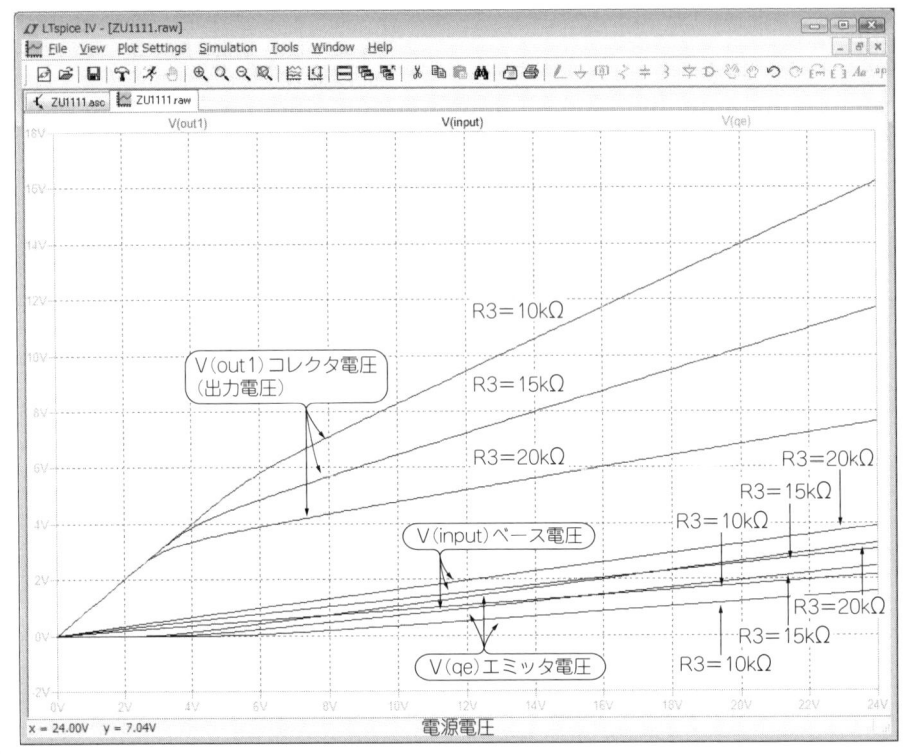

図11-11 .stepによるシミュレーションの結果

R1の電圧降下が大きくなり，コレクタ電圧が下がります．

　回路図のINPUTをクリックするとトランジスタのベース電圧V(input)が表示されます．トランジスタのエミッタと抵抗R4の間の配線をクリックすると，エミッタ電圧が表示されます．ベース電圧とエミッタ電圧は，R3の抵抗値の上昇とともに電圧が上昇しています．**図11-11**に示すシミュレーション結果からも，これらの動作が確認できます．

● 特定ステップの結果を選択する

　今回は3ステップですが，より多数のステップを繰り返したり，複数のパラメータの組み合わせでステップ動作を行うこともできます．その場合，ステップの数が多くなり，細部の検討のため特定のステップの組み合わせのシミュレーション結果のみ表示する必要が生じます．見やすくしてみましょう．

　グラフ表示ウィンドウをマウスの右ボタンでクリックすると，**図11-12**に示すように，

グラフ面をマウスの右ボタンでクリックすると，このメニュー・リストが表示される

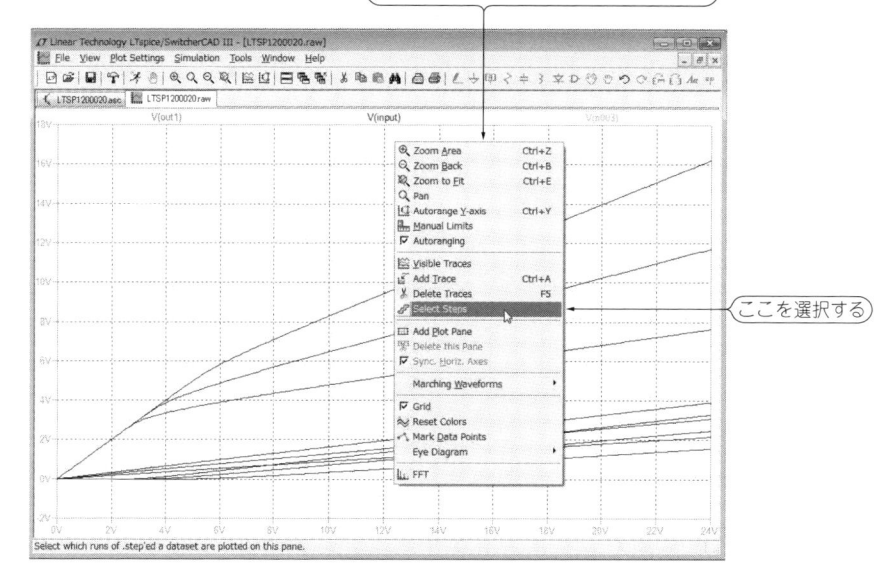

ここを選択する

図11-12 STEPシミュレーションの表示ステップの選択

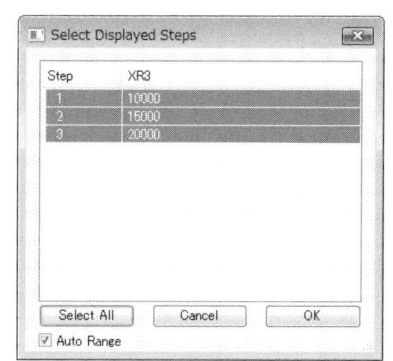

図11-13 表示ステップの選択

メニュー・リストが表示されます．

その中のSelect Stepsを選択すると，**図11-13**に示すシミュレーション結果の各ステップごとに表示/非表示を選択するウィンドウが表示されます．

複数のステップを選択するときは，Ctrlキーを押しながら必要なステップの欄をマウスでクリックします．表示したい組み合わせをマウスでクリックし，青色に反転させOKボ

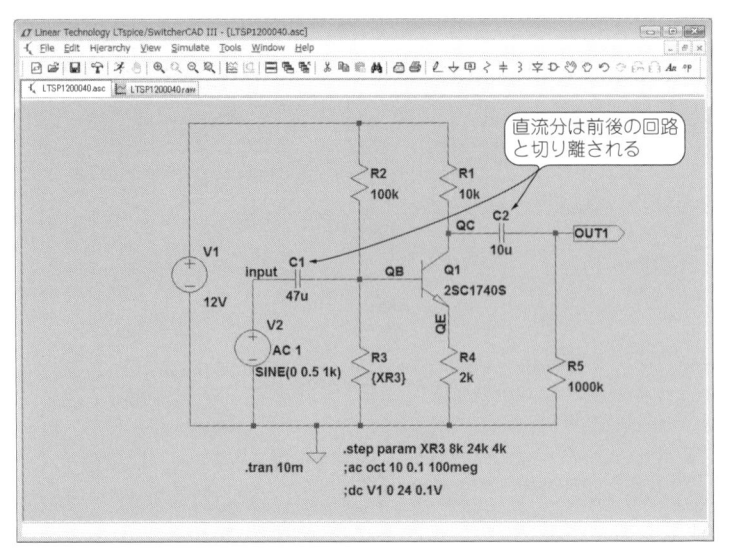

図11-14 エミッタ接地回路で正弦波を増幅

タンをクリックすると，選択されたシミュレーション・ステップのみ表示されます．具体的な例は，増幅回路の**図11-14**で示します．

■ エミッタ接地回路の正弦波の信号増幅

正弦波の交流信号を増幅するので，**図11-14**に示すように，入出力はコンデンサC1，C2で直流成分を切り離します．

信号源は，**図11-15**に示すように電圧源V2を使用して1kHzの正弦波を作成しています．入力信号の大きさは0.5Vとしました．

この回路の増幅率は，

$$\frac{R1}{R4} = \frac{10\mathrm{k}\Omega}{2\mathrm{k}\Omega} = 5$$

となり，入力信号に対して5倍の出力が想定されます．

図11-16のようにR3の値を8kΩから24kΩまで4kごとに増加して，入出力の関係をシミュレーションで確認します．

● シミュレーション結果

R3の値を変えると，エミッタ接地回路の出力QCの電圧が変化します．この出力電圧と

(正弦波を利用するのでここをチェックする)

(信号の大きさを0.5Vに設定)

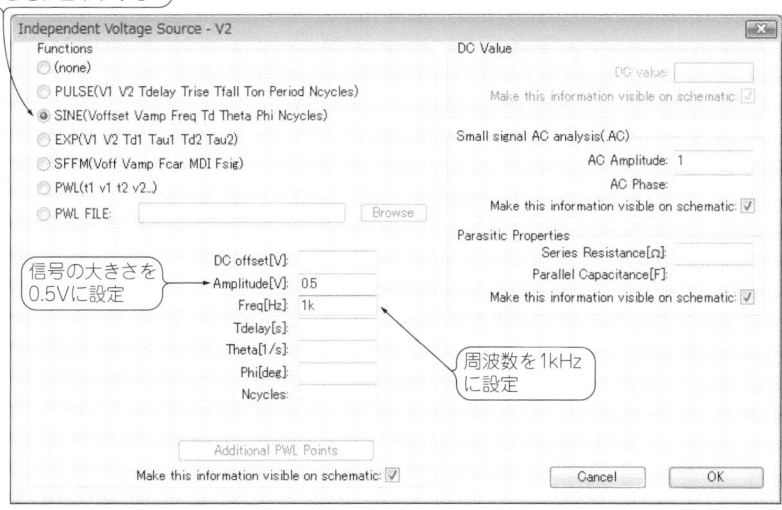

(周波数を1kHzに設定)

図11-15　信号源は0.5Vの正弦波

R3の抵抗値の関係をシミュレーションした結果が**図11-17**です．

　グラフの一番上の波形が，R3 = 8kΩのシミュレーション結果です．無信号時のコレクタ電流の値が一番少なく，そのため信号ゼロのときのコレクタ電圧が10.5Vと電源電圧側に偏っており，出力の正弦波の上部が丸くなりクリッピングされています．その後，上から順番にR3が12kΩ，16kΩ，20kΩのシミュレーション結果では波形全体が再生されています．R3が24kΩになると，無信号時のコレクタ電流が多くなりすぎ，動作点が下がり出力波形のマイナス側が欠けています．

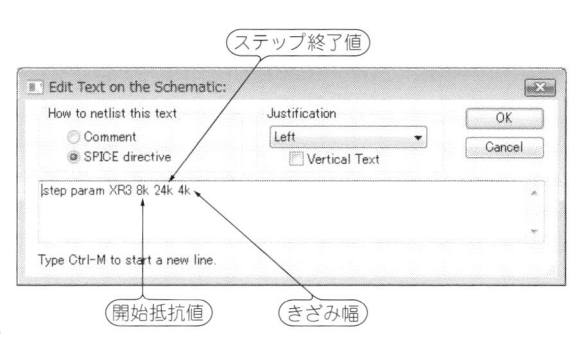

(ステップ終了値)

`.step param XR3 8k 24k 4k`

(開始抵抗値)　(きざみ幅)

図11-16
XR3を8kΩ〜24kΩまで変化させる

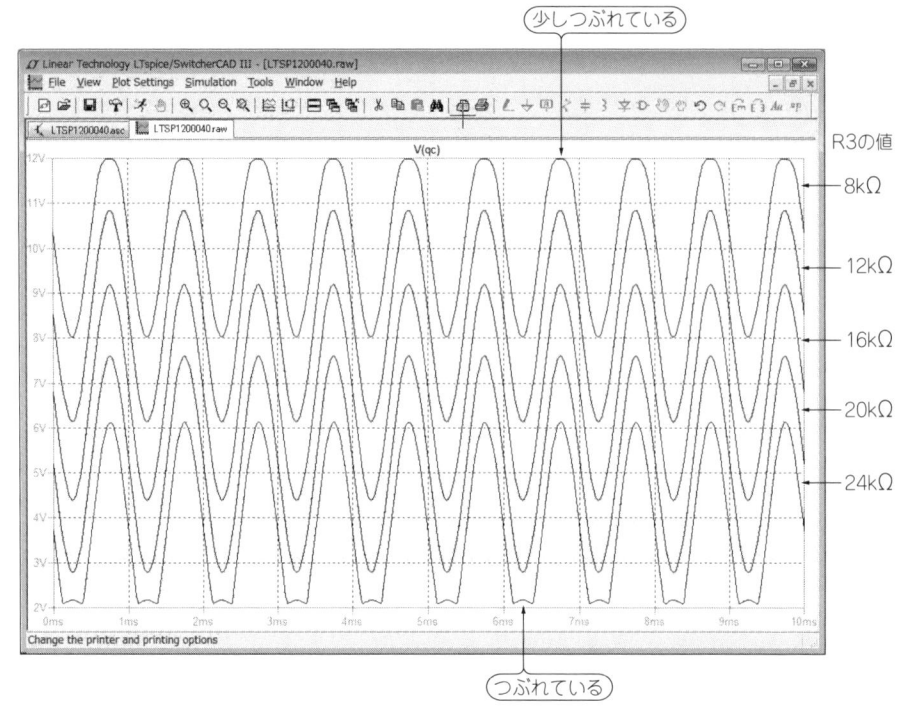

図11-17 R3を8kΩ～24kΩへステップ動作で変化させたシミュレーション結果

このように，.stepステートメントによるシミュレーションによって，R3が16kΩのときに出力の振幅が最大にできることが確認できます．

● 入出力の波形を追加する

同じグラフの画面に，入力信号電圧V(input)，出力V(out1)，ベース電圧V(qb)の表示を追加します．**図11-18**に示すように，マウスの右ボタンでグラフ表示画面をクリックしメニュー・リストからAdd Traceを選択します．

Add Traceを選択すると，**図11-19**に示すシミュレーション結果を追加表示するウィンドウが表示されます．図に示すように，V(input)，V(out1)，V(qb)をマウスでクリックし選択します．

必要な項目を選択しOKボタンをクリックすると，**図11-20**に示すように選択された項目が追加されたシミュレーション結果が表示されます．

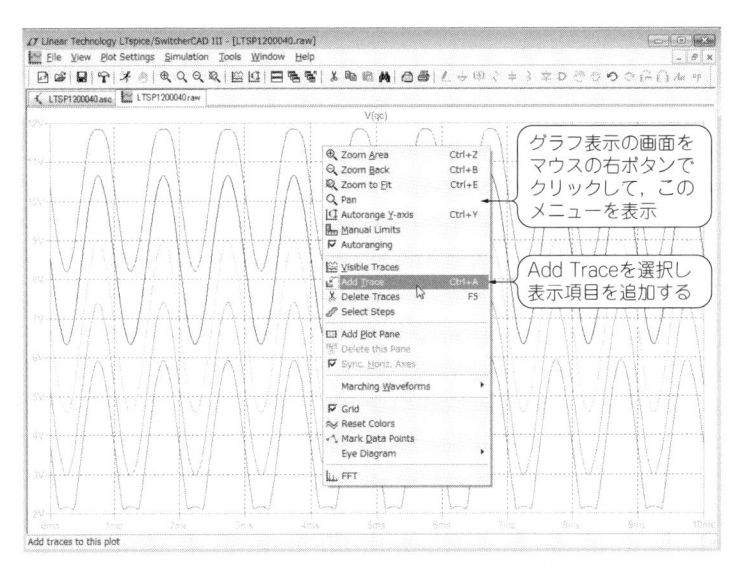

図11-18 シミュレーション結果表示画面に新しい表示項目を追加する

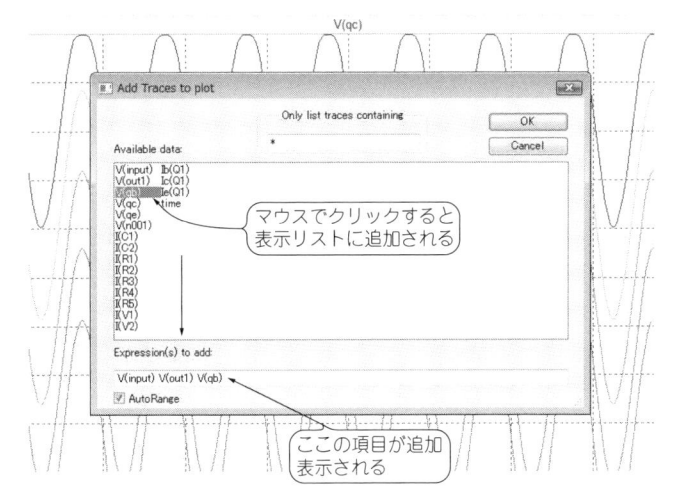

図11-19
シミュレーション結果をリストから選択し表示する

　シミュレーション結果の表示項目が1種類の場合，シミュレーション結果がステップごとに色分けされて表示されます．

　表示項目が複数になると，ステップごとに色分けされていたものが項目ごとの色分けになり，同一項目はステップが異なっていても同じ色のラインになります．

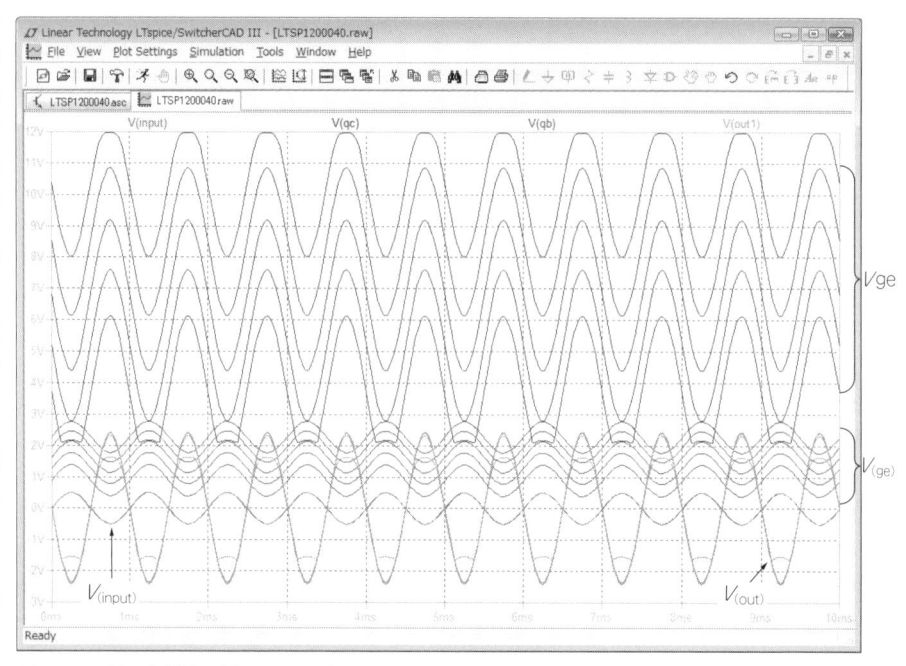

図11-20 新しく項目が追加されたシミュレーション結果の画面

● グラフのグリッドの表示

　グラフを見やすくするために，グラフの縦軸の目盛りをマウスでクリックして，グリッドの目盛りの刻み幅を0.5Vに設定しました．そのため，罫線も0.5V刻みになり波形の大きさの確認が容易になります．

　このグリッドのオン/オフは，グラフのウィンドウを選択してメニュー・バーをグラフ・ウィンドウに対応したものにします．その後，**図11-21**に示すようにメニュー・バーのPlot Settingsを選択し，ドロップダウン・リストの中にあるグリッドをチェックします．このグリッドに，チェックが入った状態で，グラフの画面にグリッド(目盛り線)が表示されます．

● 入出力の大きさの確認

　グリッド表示をしているので，入出力の波形のピーク値の読み取りが容易になります．またマウス・ポインタを，波形の値を読み取りたい場所に持っていくと，ウィンドウの左

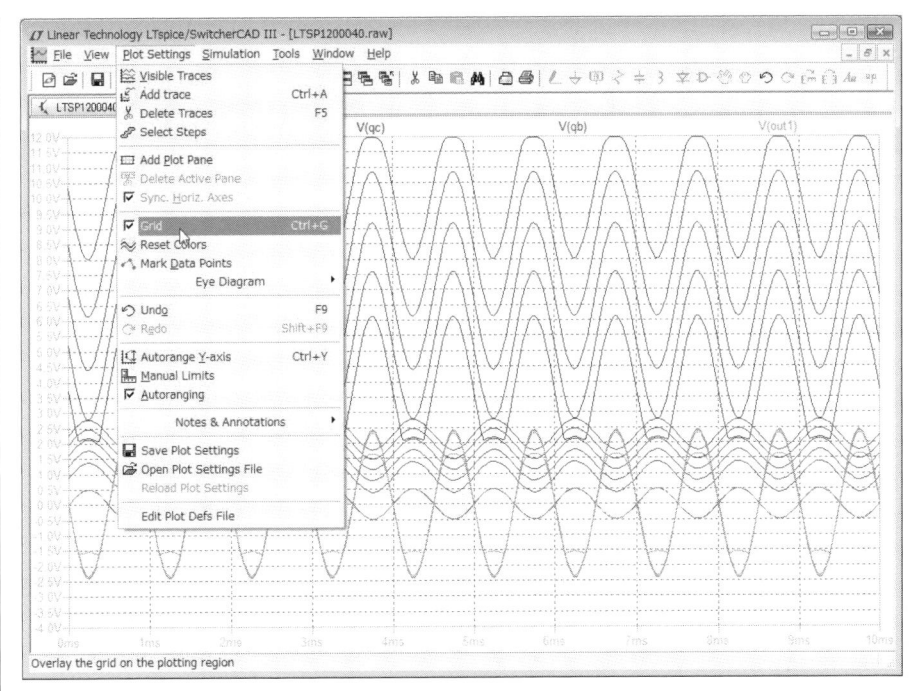

図11-21 グリッド表示

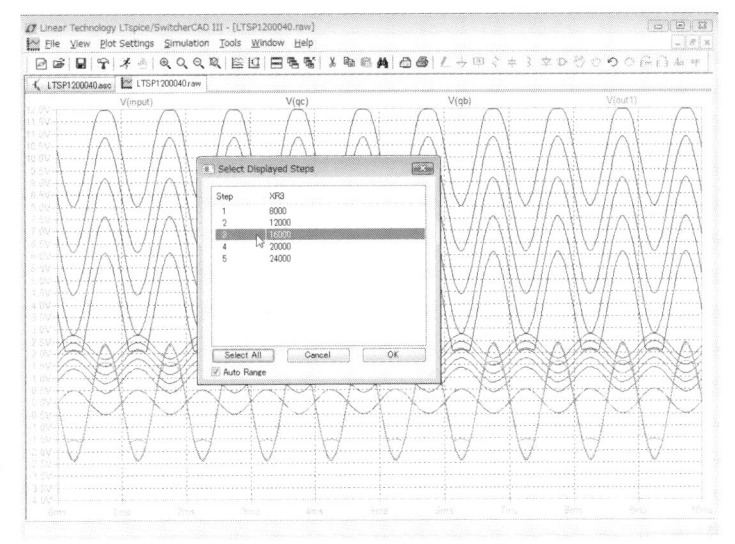

図11-22 最適なステップのシミュレーションを選択

11-2——パラメトリック解析によるトランジスタ増幅回路の最適な動作点を調べる

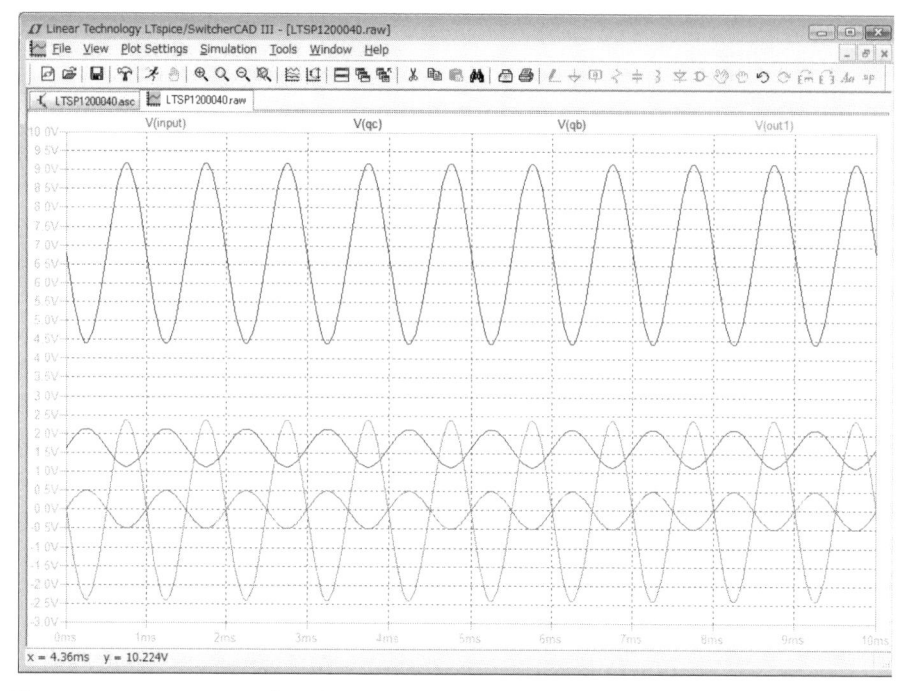

図11-23　R3＝16kΩのステップのみ表示

下にマウス・ポインタの位置が表示されます．こちらでも値を確認できます．
　入力波形のピークは0.5Vで，クリッピングがなく正常に出力され，ピークが2.5Vと読み取れます．

● 最良の条件を選択表示する
　トランジスタのベース入力（QB）電圧の波形を追加し，最良の動作条件を示すR3 = 16kΩのシミュレーション結果を図11-23に示します．マウスの右ボタンでグラフ表示画面をクリックしメニュー・リストからSelect Stepsを選択し，図11-22に示すステップの選択画面を表示します．
　図11-22のようにリストの中から，3番目16000のみ選択し，OKボタンをクリックすると，図11-23に示すようにR3 = 16k Ωのシミュレーション結果のみが表示されます．
　次章は，この回路で，各部品の特性値のばらつきの影響について検討します．

column 11-A　　　　　　　トランジスタによる1石発振回路

　図11-Aのように，一石のトランジスタ増幅器のコレクタからの出力を，3段のCR回路を通してベースにフィードバックした発振回路をシミュレートしてみます．
● この回路の発振の仕組み
　トランジスタのコレクタからの出力はR2・C1，R3・C2，R4・C3のフィルタを通過する際，信号の大きさが減衰すると共に位相が遅れます．2SC1740Sのベースに到達したトランジスタの出力信号は，移相回路により反転した周波数の成分により再度出力を増強され戻ってきます．この移相回路により180°遅れ，反転した位相になる周波数でこの回路は発振します．このCR回路では，1段で最大90°の移相が生じ，2段でも180°を超えないため3段を組み合わせて発振のための仕組みを作っています．
● 発振回路のシミュレーション結果
　図11-Bに発振回路のシミュレーション結果を示します．発振しているようすがわかります．CR回路を通過するごとに位相の遅れが生じていることが確認できます．PC上でこのシミュレーションを再現し，グラフ画面を拡大し確認してください．
　波形を拡大して周期を確認し，発振周波数を調べましたら約480Hzで発振していました．

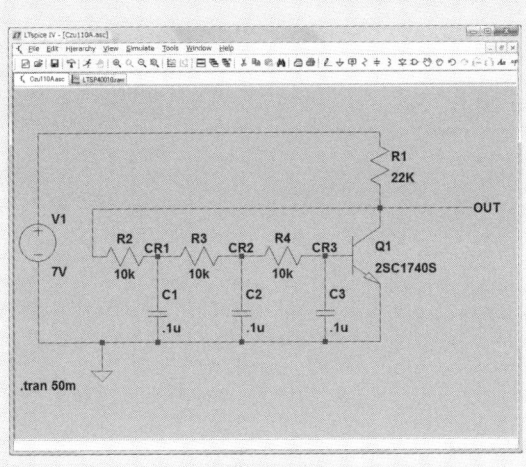

図11-A　トランジスタ1石発振回路のシミュレーション

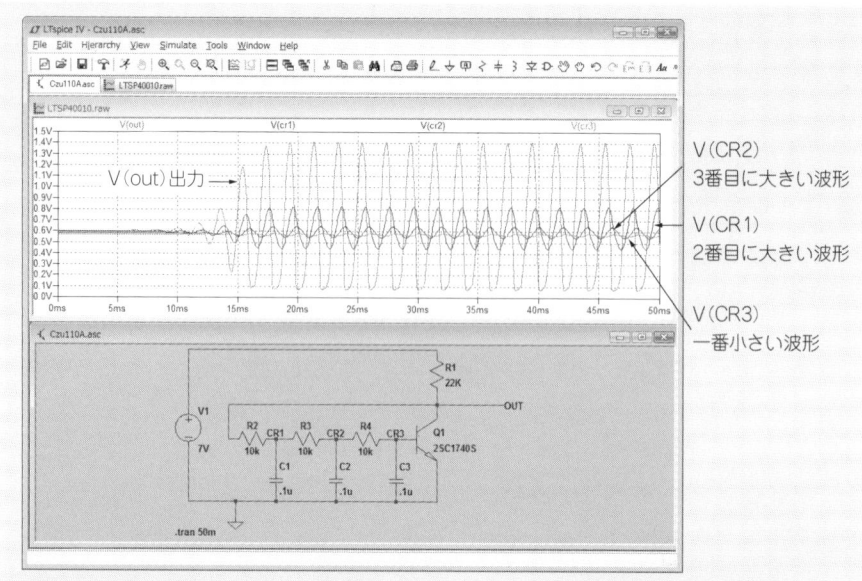

図11-B 発振回路のシミュレーション結果

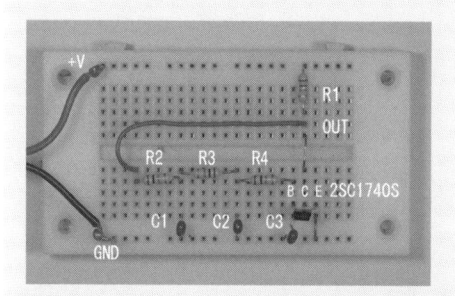

図11-C ブレッドボードにセットした発振回路

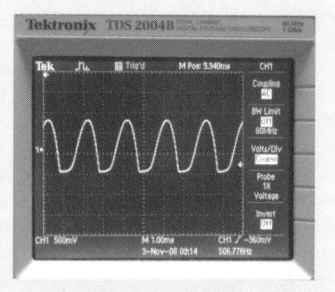

図11-D オシロスコープで確認した発振出力

● ブレッドボードで再現する

　図11-Cに示すように，この発振回路を小型のブレッドボード上に再現しました．
　発振の様子をオシロスコープで確認した結果を図11-Dに示します．ブレッドボード上の回路では507Hzで発振していました．発振周波数のシミュレーション結果に対する差も約5％でした．

第12章
トランジスタのアナログ信号増幅回路②

電子部品の特性値には，ばらつきがあります．抵抗なども5％，1％とばらつきの大きさに応じてランク付けされています．ここでは，この部品特性値のばらつきが電子回路の特性値にどのような影響を与えるか確認します．あわせて，出力の負荷のインピーダンスの大きさが増幅度にどのような影響を与えるかもシミュレーションしてみます．

12-1 —— モンテカルロ解析で部品のばらつきの影響を調べる

乱数を用いてシミュレーションや数値計算を行う方法をモンテカルロ法と呼んでいます．乱数はさいころを転がしても生じます，モナコ公国のカジノの街の名にちなんでモンテカルロ法と呼ばれています．

ここでのモンテカルロ解析は，ノイマンの考案した，数値計算やシミュレーションで利用されるモンテカルロ法とは別物で，デバイスの素子のばらつきによる回路の動作の変動を把握するシミュレーションのことを指しています．

● トランジスタ増幅回路における抵抗のばらつきの影響を確認

図12-1に示す第11章のエミッタ接地のトランジスタ増幅回路において，抵抗値のばらつきが出力に与える影響を確認してみます．R3は16kΩにします．抵抗は一般に利用される5％の精度のものを利用します．

● モンテカルロ解析用関数mc(val，tol)

モンテカルロ解析に直接利用できる関数 mc(val，tol)が用意されています．今回はこの関数を利用します．この関数はvalで示される値を，tolで示される変動幅でばらつかせ

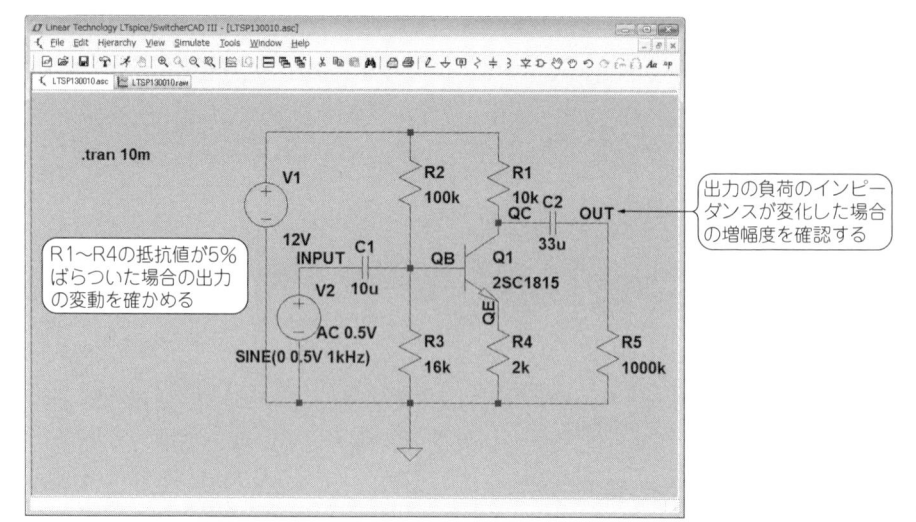

図12-1 エミッタ接地増幅回路

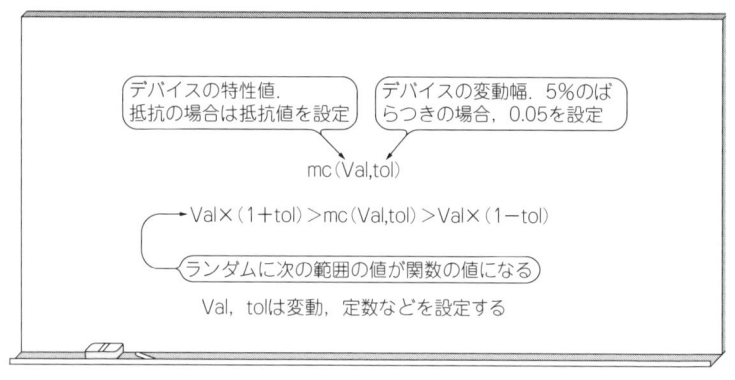

図12-2 モンテカルロ関数

た値をシミュレーションに利用できるようにします(**図12-2**).

12-2 —— モンテカルロ解析の手順

● ばらつきを確認するデバイスの値をmc(val, tol5)の変数として設定

ここでは,R1,R2,R3,R4の値を変数 {mc(val, tol5)} で設定します.R1の場合 {mc(10k, tol5)} と設定します.同様にR2は {mc(100k, tol5)},R3は {mc(16k, tol5)},

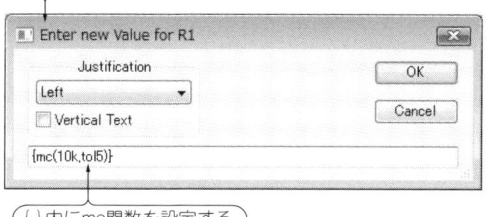

> 抵抗のシンボルの抵抗値をマウスの右ボタンで
> クリックして，入力ダイアログを表示する

> { }内にmc関数を設定する

図12-3　抵抗値をMC関数で設定
tol5は5％のばらつきを示し，0.05と.Paramディレクティブで設定する．

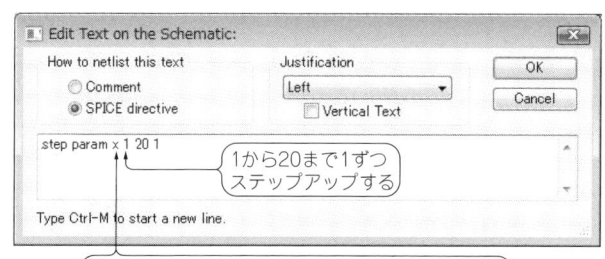

> 1から20まで1ずつステップアップする

> パラメータxはダミーの変数で，繰り返しのため変数が設定される以外，ほかには利用されていない

図12-4　.Stepディレクティブにより任意の数を繰り返す

R4は |mc(2k, tol5)|，と設定します．各抵抗の抵抗値をマウスの右ボタンでクリックして**図12-3**に示す抵抗値の設定画面を表示し，モンテカルロ関数に変更します．

● シミュレーション回数の設定

　ばらつきのようすを調べるために，モンテカルロ関数で毎回各抵抗値を所定の精度の範囲内のランダムな値を得ます．このモンテカルロ関数によって，実際に調達される抵抗の値をシミュレーションします．

　ばらつきの状況を確認するためには，繰り返しの数を増やすほど実際の状況に近づきます．しかし，あまり繰り返しの数を多くするとシミュレーションの時間がかかります．ここでは，20から多くても100くらいまでの繰り返し数で設定しています．この繰り返しは .stepディレクティブで行います（**図12-4**）．

　　.step param x 1 20 1

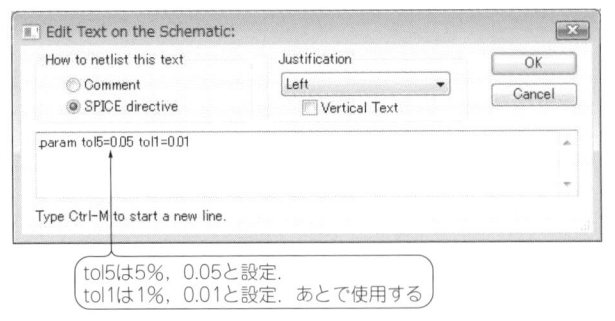

図12-5 抵抗値のばらつきの変数

tol5は5%，0.05と設定．
tol1は1%，0.01と設定．あとで使用する

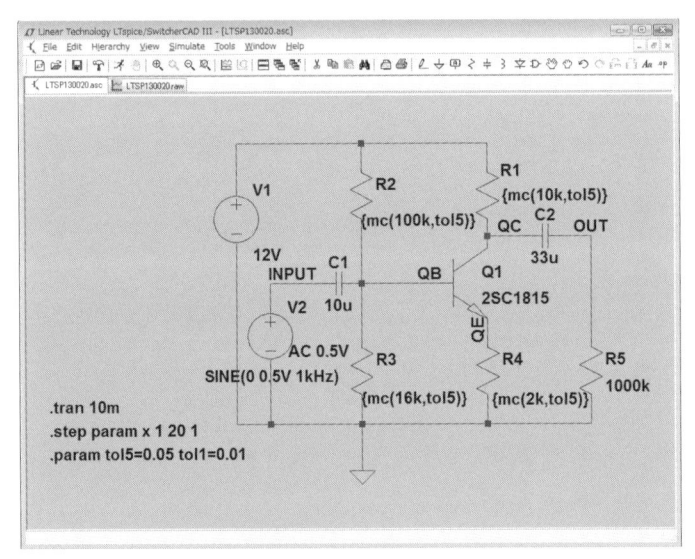

図12-6 モンテカルロ関数の設定を行う

パラメータのxの値は1から20まで刻み幅，1で増加します．そのためxは1から20まで20回，値が設定されシミュレーションが繰り返します．xはこの繰り返しのためのダミー・パラメータで，それ以外には利用されていません．

● tol5の変数の定義

最初は，モンテカルロ関数mc(val, tol5)のval，tol5のパラメータの定義を行います．valには各抵抗の抵抗値を設定します．tol5は抵抗の精度として5%を設定します．精度の5%は0.05の小数値で設定します．

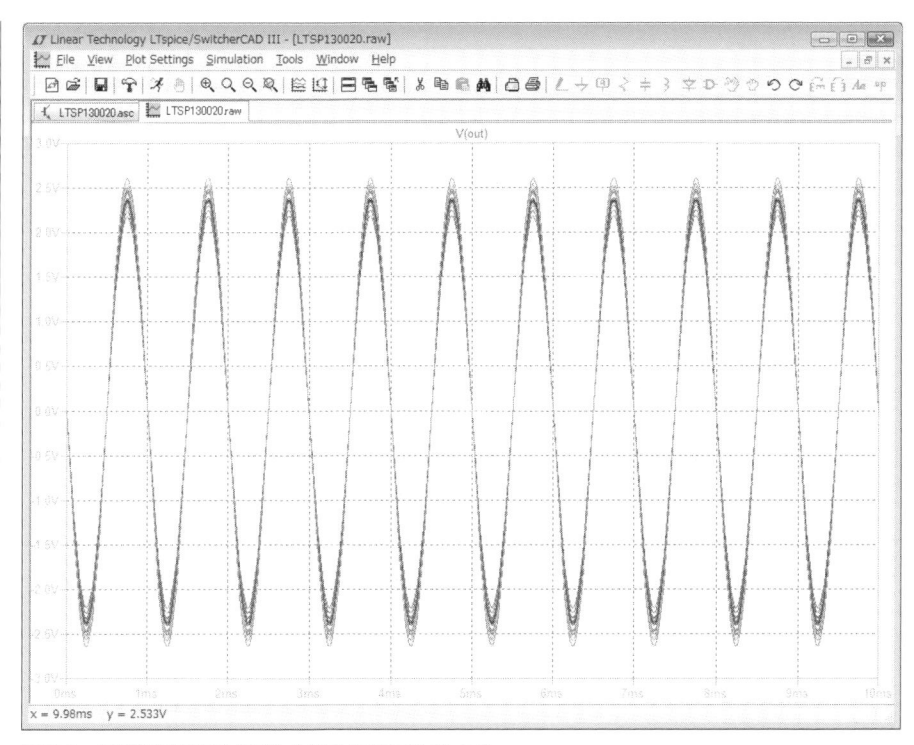

図12-7 5％精度の抵抗を使用した場合の出力のばらつき

.param tol5 = 0.05 tol1 = 0.01

1％の精度の抵抗を利用したシミュレーションも行う予定ですので，合わせてtol1 = 0.01と1％の抵抗の設定も行ってあります(**図12-5**)．

● モンテカルロ解析の準備完了

図12-6は，各抵抗値をモンテカルロ関数に置き換え，モンテカルロ解析の準備を完了した状態です．抵抗は5％の精度のものを利用し，繰り返し回数は20回としてあります．

12-3 ── モンテカルロ解析のシミュレーション結果

● シミュレーション結果

ツール・バーの人型のRUNアイコンをクリックするとシミュレーションを実行し，白

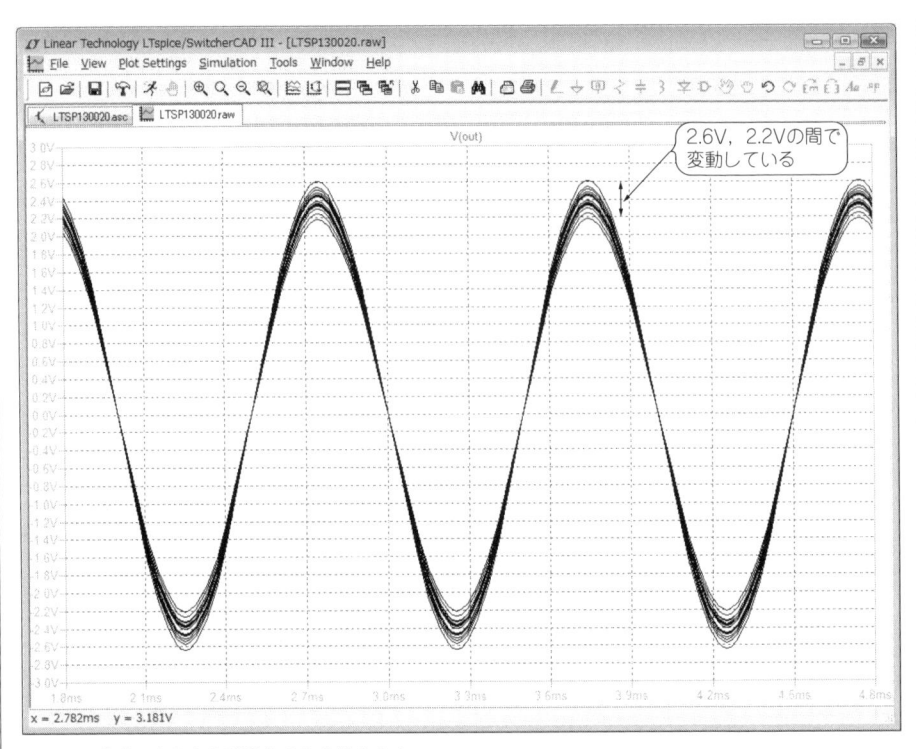

図12-8 変動の大きさを確認するため拡大する

紙のグラフ表示の画面が表示されます.回路図の出力のOUTをクリックすると,出力の波形が表示されます.**図12-7**は,シミュレーション結果が表示されているグラフ画面の最大化ボタンをクリックし大きく表示したものです.

● 中心部を拡大表示

変動の大きさを確認しやすいように,グラフの中心部をマウスでドラッグして拡大した結果を**図12-8**に示します.プラス側のピーク値が2.6Vから2.2Vの範囲で変動していることが読み取れます.

● R1,R4のばらつきを抑えると

図12-6の回路図のR1,R4の抵抗の精度を1%にした場合,出力の変動がどのように変わるかをシミュレーションで確認します.**図12-9**には,R1とR4の精度の変数tol5を

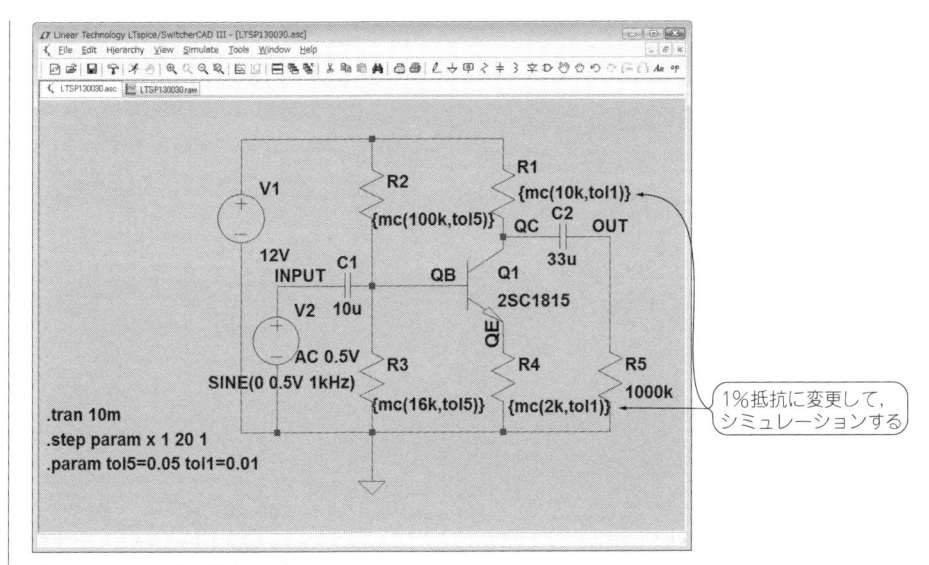

図12-9 R1,R4を1%精度にする

tol1 = 0.01に変更した回路図を示します.

R1,R4の抵抗値の精度を1%に設定したシミュレーション結果を**図12-10**に示します.この図は,**図12-8**と同様に中心部を拡大してあります.出力の変動はプラスのピーク値で確認すると,2.4Vから2.3Vの変動しかありません.変動幅が小さくなり,出力の正弦波のカーブの線が細くなり変動幅が小さくなっているのがよくわかります.

R1,R4の抵抗のばらつきが小さくなると,R1/R4で示される増幅率の変動が小さくなり出力のばらつきも小さくなります.そのほかのR2,R3はエミッタ接地回路のバイアス設定のために動作点の変動は生じますが,交流信号の増幅度には大きな影響を与えていません.

mc(val,tol)関数を使用するとこのように,完成した製品の特性のばらつきを事前に評価でき,目的とする回路に必要な部品の精度を事前に把握することができます.

● エミッタ接地回路で負荷抵抗の影響

次に,負荷抵抗のR5を変数XR5に設定して,負荷抵抗の値を2kΩから倍々と変化させ100kΩまで増大させます.

.step oct param 2k 100k 1

負荷抵抗のみを確認するためにR1からR4の抵抗値は固定します.これらの設定を行っ

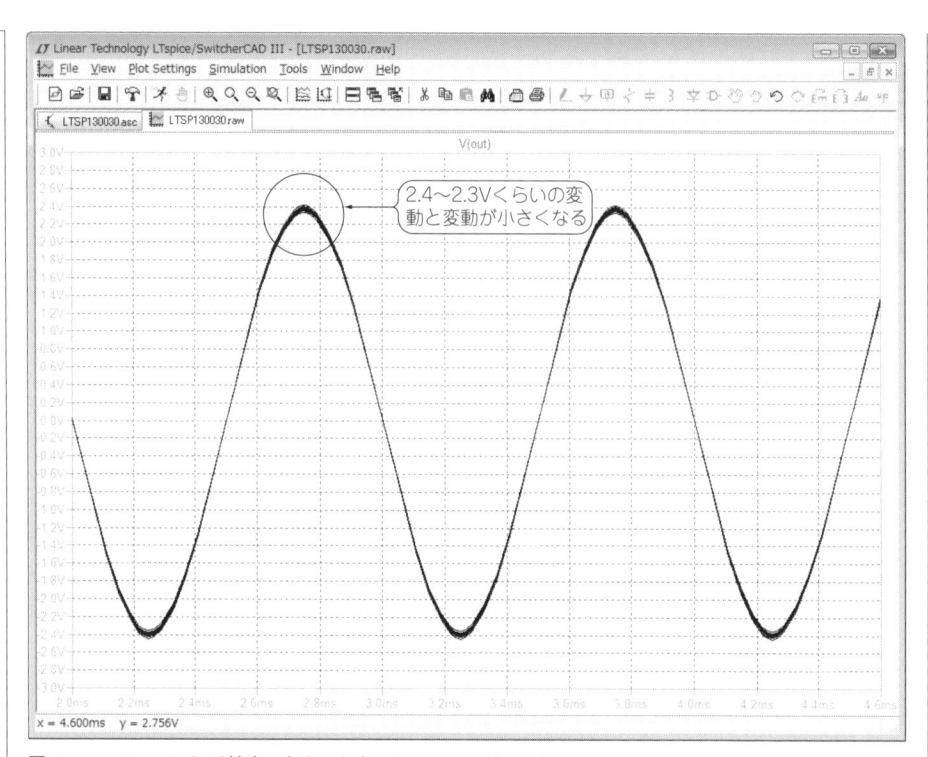

図12-10 R1,R4が1％精度のときのシミュレーション結果の拡大図

た結果を,**図12-11**に示します.パラメータの設定は使用していませんが,残してあります.使用していないパラメータがあっても,シミュレーションには影響は与えません.利用しているパラメータが定義されていない場合は,当然ですが未定義でエラーになります.

● シミュレーションの結果

シミュレーション結果は,**図12-12**に示すように,2kΩの負荷ではピーク値が0.4Vと入力信号の0.5Vより小さな値となっています.負荷抵抗の増加に合わせて順次出力も増大しています.おおよそ,増幅度は負荷抵抗とR1の合成抵抗値とR4の比になっています.

● XR5の具体的な設定値

.step oct param XR5 2k 100k 1とし,具体的に各ステップごとに設定される抵抗値の値を確認します.グラフ表示画面でマウスの右ボタンをクリックして表示されるリストから

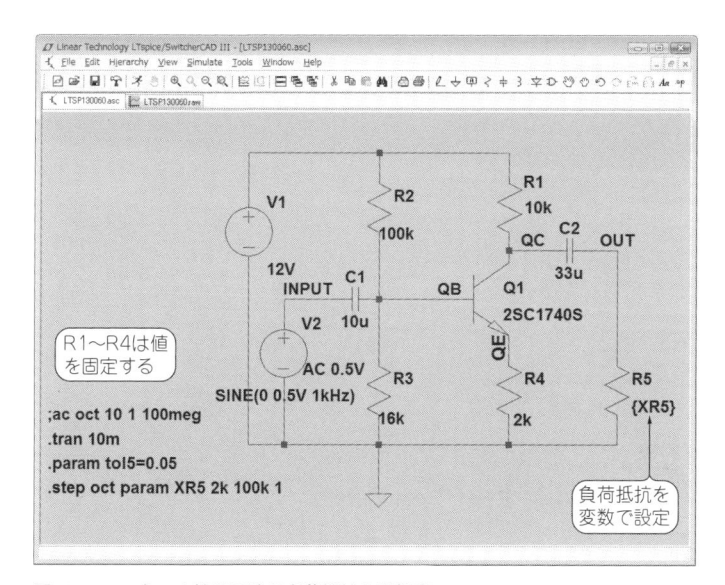

図12-11 エミッタ接地回路の負荷抵抗と増幅度
負荷抵抗(XR5)の値を2kΩ、4kΩ、8kΩ、16kΩ～と増大し、出力の波形の大きさを調べる．

Select Stepsを選択すると，**図12-13**に示すダイアログが表示されます．抵抗値の値はΩの単位で2000から100000まで7ステップの表示があります．OCTを設定している場合は，初期値を倍々していきますが，終了値を超える場合は終了値が最後の値になります．

● 出力にエミッタ・フォロアを追加すると

　エミッタ接地回路の増幅段は，コレクタに接続する回路の入力インピーダンスの影響で，電圧増幅率が大きく変動します．次に接続する回路の入力インピーダンスが小さいと，電圧増幅率が下がってしまいます．そのため，**図12-14**に示すようにエミッタ・フォロアと呼ばれる回路を一段追加しました．

　Q1のコレクタからQ2のトランジスタのベースにわずかの電流を流すだけでQ2のエミッタに，ベースに流れる電流の100倍から数百倍の電流を流すことができます．そのため，**図12-15**のシミュレーション結果が示すように，負荷が大きく変動した場合には負荷に流れる電流も変動に応じて大きく変化します．しかし，出力の電圧は負荷の変動の影響を受けずに出力波形の大きさは変化していないことが読み取れます．

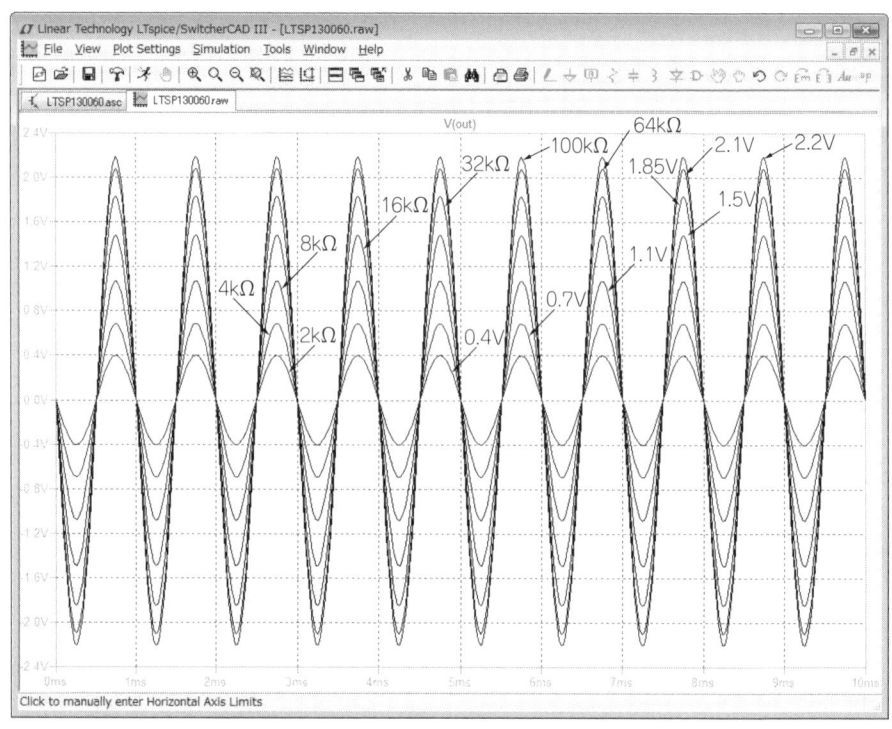

図12-12　負荷抵抗と出力の関係

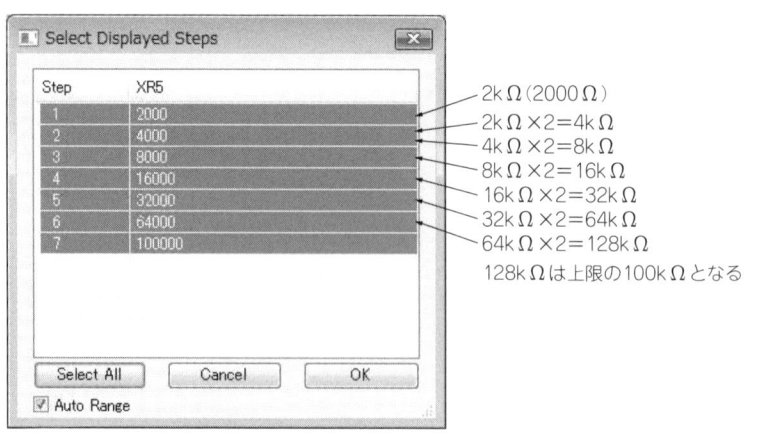

2kΩ (2000Ω)
2kΩ×2=4kΩ
4kΩ×2=8kΩ
8kΩ×2=16kΩ
16kΩ×2=32kΩ
32kΩ×2=64kΩ
64kΩ×2=128kΩ
128kΩは上限の100kΩとなる

図12-13　設定された抵抗値

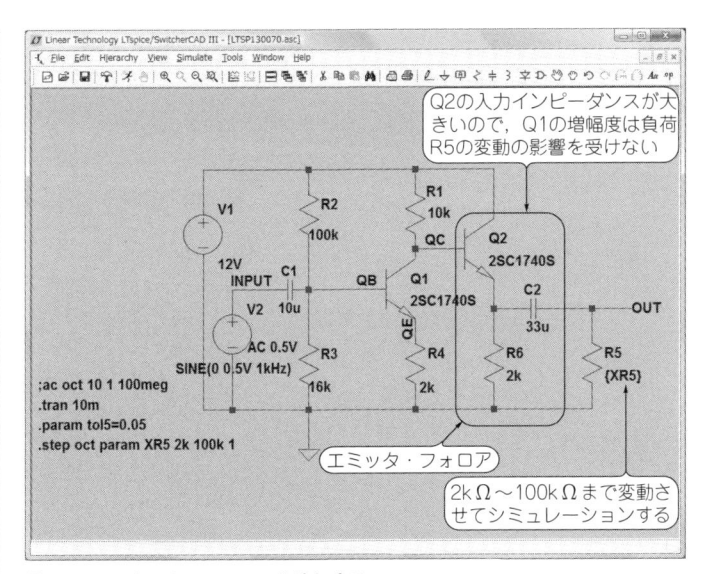

図12-14 エミッタ・フォロアを追加する

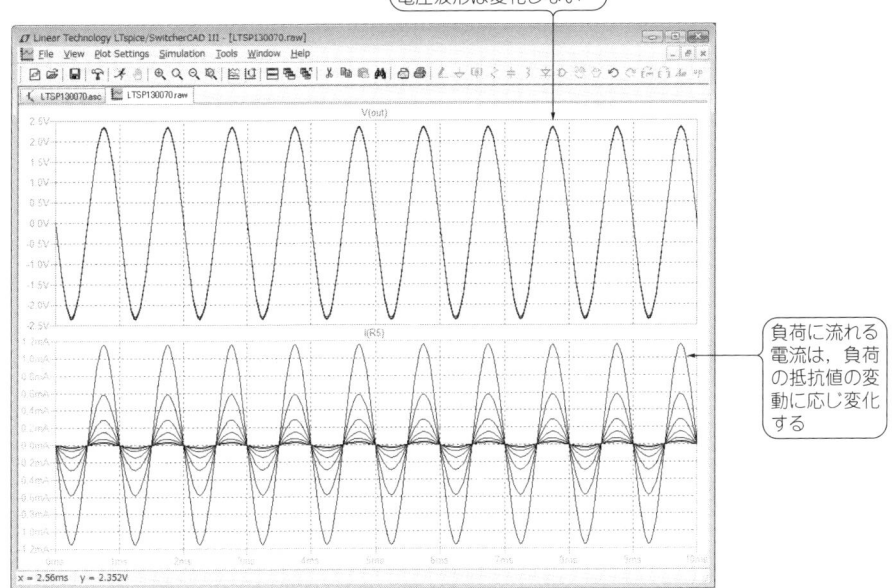

図中の注釈:
- Q2の入力インピーダンスが大きいので，Q1の増幅度は負荷R5の変動の影響を受けない
- エミッタ・フォロア
- 2kΩ～100kΩまで変動させてシミュレーションする

回路パラメータ:
- V1: 12V
- V2: AC 0.5V, SINE(0 0.5V 1kHz)
- R1: 10k, R2: 100k, R3: 16k, R4: 2k, R6: 2k, R5: {XR5}
- C1: 10u, C2: 33u
- Q1, Q2: 2SC1740S
- ;ac oct 10 1 100meg
- .tran 10m
- .param tol5=0.05
- .step oct param XR5 2k 100k 1

図12-15 エミッタ・フォロアを追加すると負荷変動は電圧ゲインに影響を与えない
電力の供給能力が増大し，負荷の変動にも対応できるようになる．

図中の注釈:
- 負荷が変動しても出力の電圧波形は変化しない
- 負荷に流れる電流は，負荷の抵抗値の変動に応じ変化する

12-3——モンテカルロ解析のシミュレーション結果

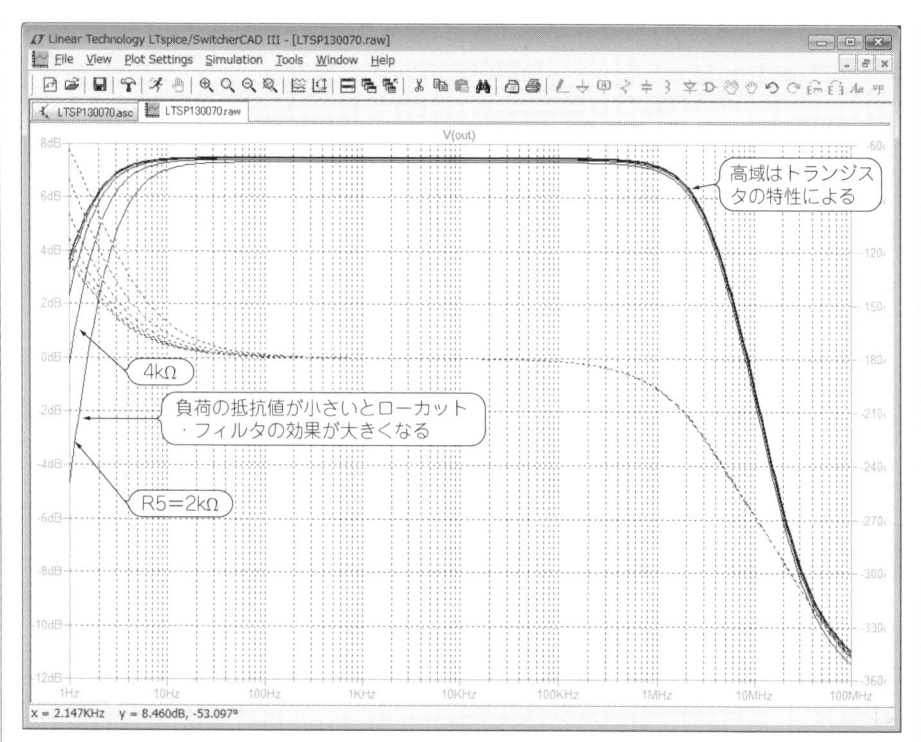

図12-16 周波数特性のシミュレーション結果
図12-14の回路の1Hzから100MHzまでAC解析の結果，周波数の低いほうでC2とR5がローカット・フィルタとしての効果が現れている．

● 周波数特性の確認

　図12-15では，1kHzの正弦波の入力信号に対する出力特性を確認しました．次は，この回路の周波数特性が負荷変動でどのようになるか確認します．

　図12-16には，1Hzから100MHzの正弦波で掃引した結果を示しました．低域の周波数でC2，R5がローカット・フィルタとしての働きをしています．抵抗値が少ないほどカット周波数が高い値になります．そのため，負荷の抵抗値が小さいほうから順次抵抗値が大きくなるに従いカット周波数が低くなっています．

● LTspiceのシミュレーションでわかること

　このように，LTspiceのシミュレーション機能を利用すると，回路の特性を簡単に解析し，必要な対応の検討の材料を提供してくれます．

第13章
OPアンプによる増幅，発振，フィルタ回路のシミュレーション

　本章ではOPアンプを利用した増幅回路，発振回路，フィルタ回路についてシミュレーションします．OPアンプの設定などは，第5章でもデフォルトのOPアンプを利用してオープン・ループの周波数特性，反転増幅回路の周波数特性のシミュレーション結果で示してあります．

13-1 ── OPアンプの増幅回路のシミュレーション

　まず，OPアンプによる増幅回路のシミュレーションを行います．アナログ・デバイセズ社のロー・ノイズ，レールtoレールの実際のモデルを利用したシミュレーションでその特性を確認してみます．

● LT1677の周波数特性
　LT1677は2電源，単一電源のどちらにも対応し，ロー・ノイズ，レールtoレールの出力をもつアナログ・デバイセズ社の高精度OPアンプです．このLT1677の，周波数特性，レールtoレールの出力特性の出力信号の振幅のようすなどを確認してみます．
　このOPアンプを用いて10倍の反転増幅器を，**図13-1**に示す回路図ウィンドウに作成しました．

● 反転増幅器の増幅率
　LT1677のマイナス入力に接続されている，R2のフィードバック抵抗とR1の入力抵抗の比でこの回路の増幅率が決まります．正確には，コンデンサにもインピーダンスがあるので，低域ではC1のコンデンサの影響で増幅率が低下します．コンデンサの容量を増加

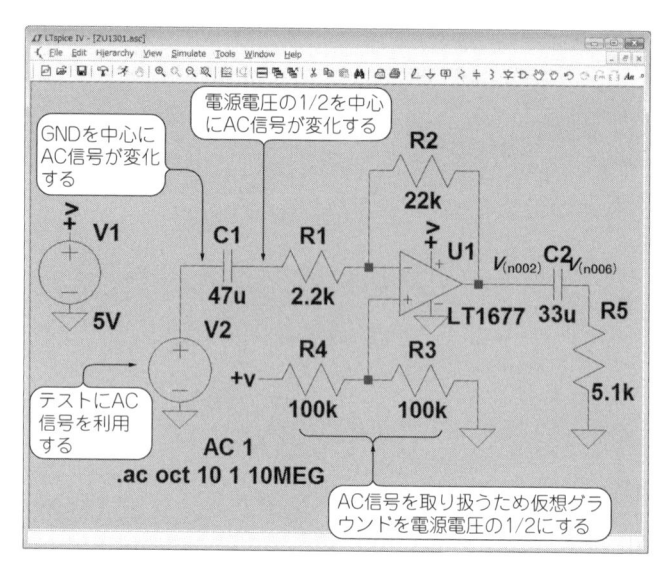

図13-1 汎用OPアンプのテスト回路

すると，より低域までフラットになります．この反転増幅器の増幅率は，次のようになります．

$$反転増幅器の増幅率 = \frac{R2}{R1}$$

$$= \frac{22k\Omega}{2.2k\Omega} = 10$$

dB表示では20dBの増幅率となります．

AC解析で，AC解析用の入力信号レベルを1Vに設定すると，解析結果のグラフの読みと，増幅器などの増幅率，フィルタなどの減衰率と等しくなり便利です．

また，AC解析の場合は，増幅器でも電源電圧の影響を受けないので，電源電圧以上の出力も得られ適切な周波数特性が得られます．**図13-1**の回路では，電源電圧が5Vですから，十倍のゲインの増幅器では1Vの入力に対しては出力が飽和しますが，AC解析では影響を受けず，**図13-3**に示すように，増幅率の20dBが正しく表示されています．

● プラス入力に電源電圧/2の電圧を加える

R4，R3で電源電圧を分圧し，OPアンプのプラス入力端子に加えます．これにより，交流入力が0のときに出力は電源電圧の1/2になります．

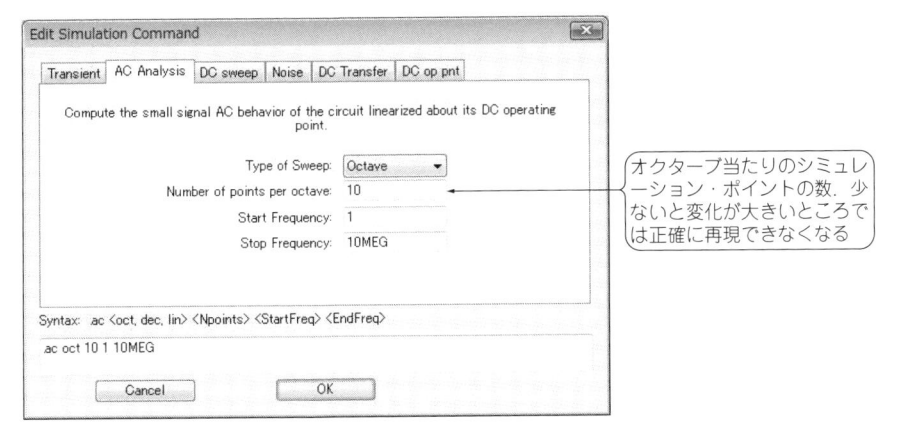

図13-2 AC解析の設定

オクターブ当たりのシミュレーション・ポイントの数. 少ないと変化が大きいところでは正確に再現できなくなる

C1のコンデンサのため,低い周波数ではC1のインピーダンスが増加しアンプのゲインが減少する

C2の入力側のV(n002)はC2の出力側のV(n006)と同じ特性を示したので,V(n002)のグラフは省略

ほかの汎用OPアンプより高速化されている

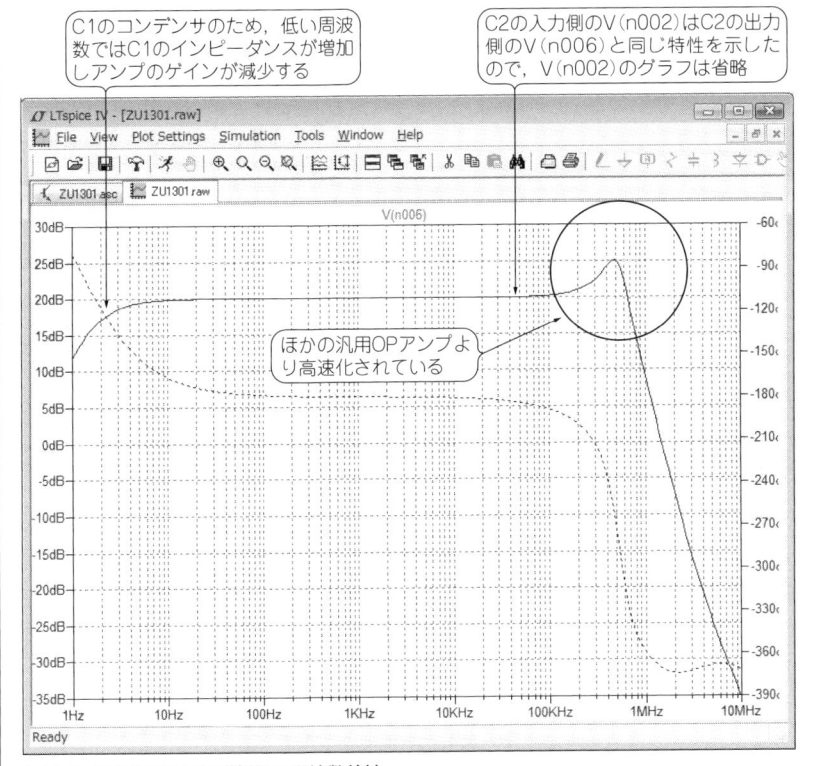

図13-3 LT1677の反転増幅器の周波数特性

13-1 OPアンプの増幅回路のシミュレーション 221

● 周波数特性の確認

メニュー・バーのSimulate>Edit Simulation CMDを選択してシミュレーションの設定を行うダイアログを表示し，AC Analysisを選択し，**図13-2**に示すようにシミュレーション条件を設定します．

周波数特性を調べるための掃引周波数として，開始周波数を1Hz，ストップ周波数を10MHzに設定します．メガはMでなくMegと記入します．Mだけですとミリと解釈されます．

図13-3に示すように600kHzくらいまで20dB，電圧で10倍の増幅率が得られています．後で示す汎用のOPアンプより高域まで伸びていますが，それ以上では急峻な減衰となっています．

このシミュレーションは，

.ac oct 10 1 10Meg

のコマンドを実行した結果です．

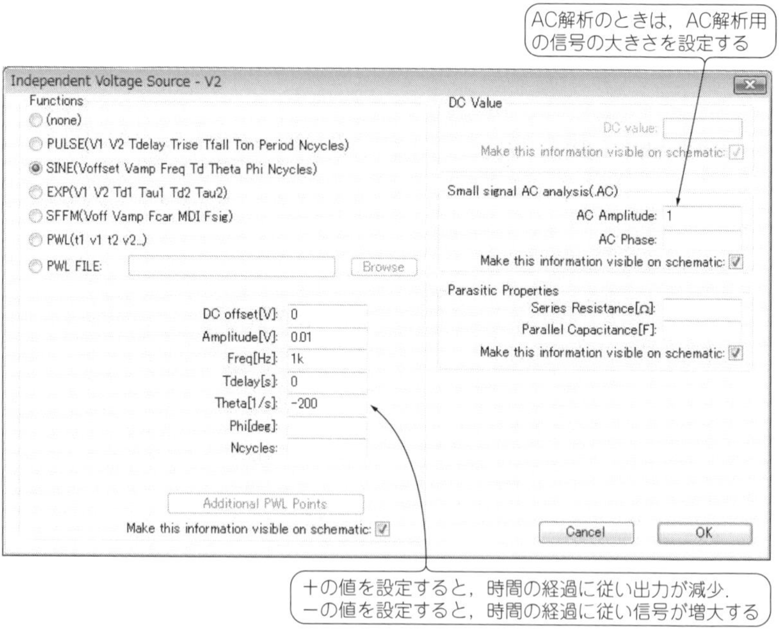

図13-4 減衰係数にマイナスの値を入力し信号を増大させる

13-2 ── 入力信号の大きさを変化させ出力の限界を調べる

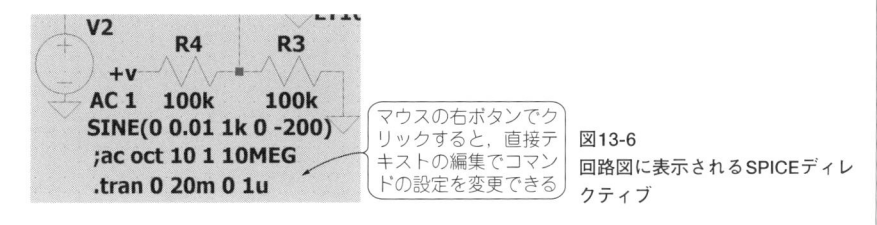

● LT1677の出力の振幅の範囲

次に，この回路に初期値0.01Vの正弦波を加え，時間とともに振幅を増大させます．これは，正弦波の信号がどこまでつぶれることなく増大できるか確認するため，徐々に入力信号を増大させます．そのために正弦波の減衰係数をマイナスの値で設定します．入力に0.01Vより増大する正弦波を加え，出力が電源電圧に対してどの程度の大きさまで振れるか確認します．信号源のV2のシンボルをマウスの右ボタンでクリックし，次の信号源の設定ダイアログを表示します（図13-4）．

Amplitudeは10倍増幅しても飽和しないように，十分小さな値に設定します．ここでは0.01V（10mV）に設定しました．周波数は1kHz，Thetaの減衰率にマイナスの符号を付けて，時間の経過とともに信号が増大するように設定します．

Edit Simulation Commandのダイアログ・ウィンドウでTransientのタグを選択して，

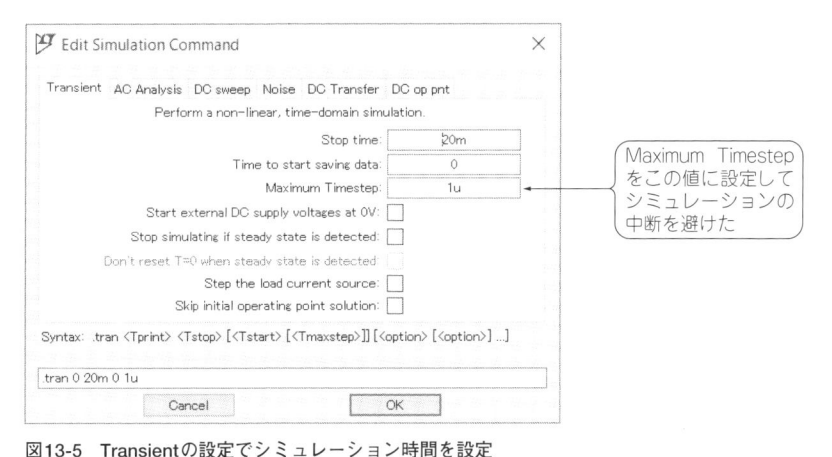

図13-5 Transientの設定でシミュレーション時間を設定
電源投入後所定の電圧になった電源によるシミュレーションの場合，Stop timeの設定だけで済む．

（Maximum Timestepをこの値に設定してシミュレーションの中断を避けた）

```
V2     R4      R3
+v
AC 1   100k    100k
SINE(0 0.01 1k 0 -200)
;ac oct 10 1 10MEG
.tran 0 20m 0 1u
```

（マウスの右ボタンでクリックすると，直接テキストの編集でコマンドの設定を変更できる）

図13-6 回路図に表示されるSPICEディレクティブ

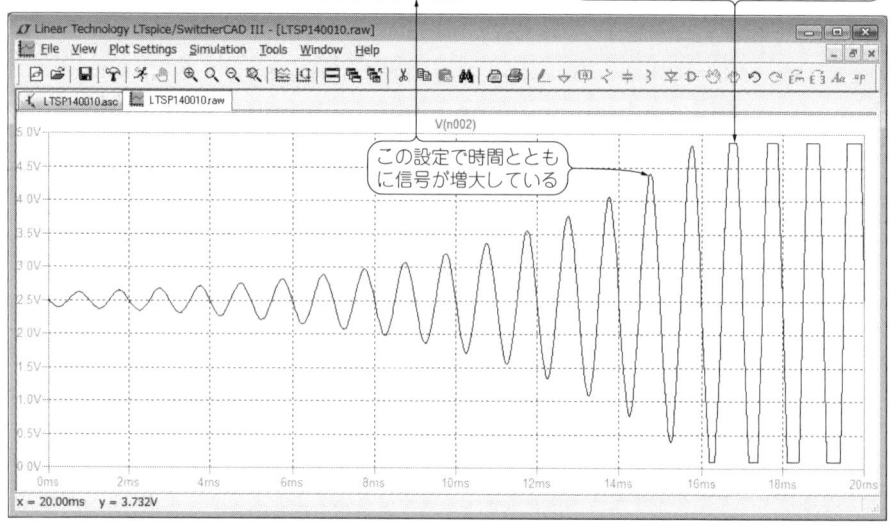

図13-7　LT1677の出力の振幅の範囲

図13-5で示すようにStop Timeを20mに設定しました．図13-4，図13-5で設定した結果は，図13-6に示すように回路図に表示されます．これらの設定は，回路図上のテキストをマウスの右ボタンでクリックして表示されるテキスト・エディタで修正することもできます．

この設定を終え，Runを実行してシミュレーション結果を表示します．

● レールtoレールの出力

入力信号を0.01Vから徐々に増加させ，波形がクリップする電圧を確認します．シミュレーション結果を図13-7に示します．

電源電圧は5Vですが，上に示すように，中間の2.5Vを中心に上下同じように振幅が繰り返しながら増大しています．上下共に電源電圧の5V近くまで，GNDもほぼ0V近くまで波形が再現されています．レールtoレールと呼ばれる，出力信号が電源の両端まで振れるようになっています．プラス・マイナス(GND)の電源が電車の2本のレールで，出力がその2本のレールの一方からもう一方のレールまで振れるということ示しています．

一般の汎用OPアンプは，電源電圧から1V以上少ない電圧までしか出力電圧が上昇できません．

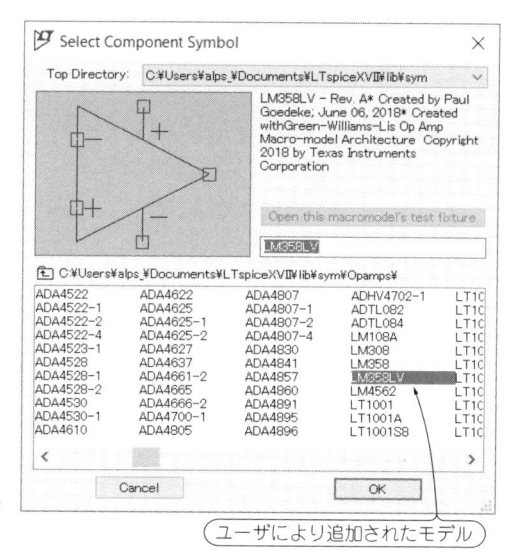

図13-8
LM358,LM358LVのデバイス・モデルが追加されている
SPICEのデバイス・モデルがあると，このように標準に備わっているデバイスと同じように利用できる．

ユーザにより追加されたモデル

● 汎用OPアンプ　LM358

　一般用途の汎用OPアンプの例として，LM358を利用します．LM358は標準のコンポーネントとしては用意されていません．LM358のSpiceモデルは，ナショナルセミコンダクター社のWebから入手できました．他社のSpiceモデルをLTSpiceで利用する方法はAppendixに示します．一度セットすると，後は**図13-8**に示すように標準に備わっているデバイスと同様に，利用できるようになります．"LM358"はナショナルセミコンダクター社のWebからダウンロードしたもので，"LM358LV"はテキサスインスツルメンツ社のWebからダウンロードしたものです．

　LM358を導入しない場合，アナログ・デバイセズ社のLT1013でシミュレーションを行ってください．ほぼ同様な結果となります．

● LT1677を置き換える

　図13-1のLTspiceの回路図画面からLT1677を削除して，同じ場所にLM358のコンポーネントをセットします．LT1677の削除は，ツール・バーの「はさみ」のアイコン(CUT)をクリックしてマウス・ポインタを「はさみ」のシンボルにして，回路図上のLT1677のシンボルをクリックすると削除できます．

　追加するLM358のコンポーネントのシンボルをドラッグしてLT1677の置かれていた場

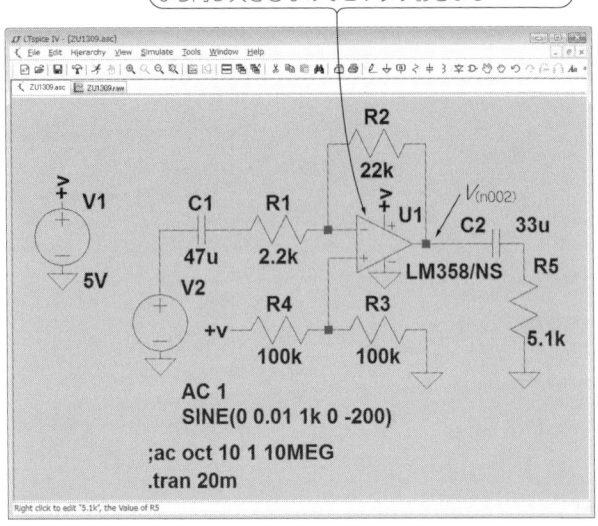

図13-9 OPアンプをLM358に変更

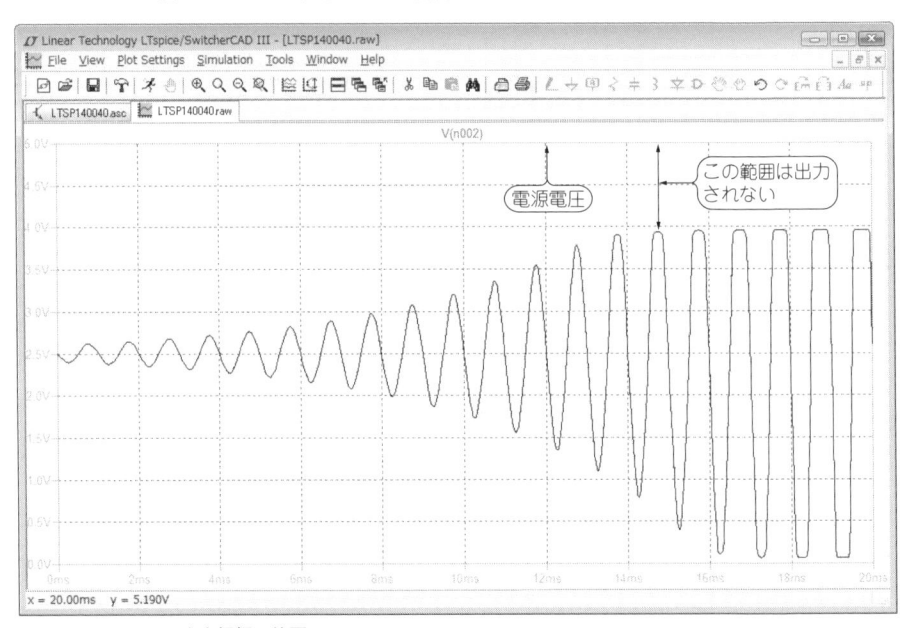

図13-10 LM358の出力振幅の範囲

226 | 第13章──OPアンプによる増幅,発振,フィルタ回路のシミュレーション

> C1のコンデンサのため，低い周波数ではC1のインピーダンスが増加しアンプのゲインが減少する

> 高域特性は，OPアンプの内部構成によってそれぞれ異なった特性を示す

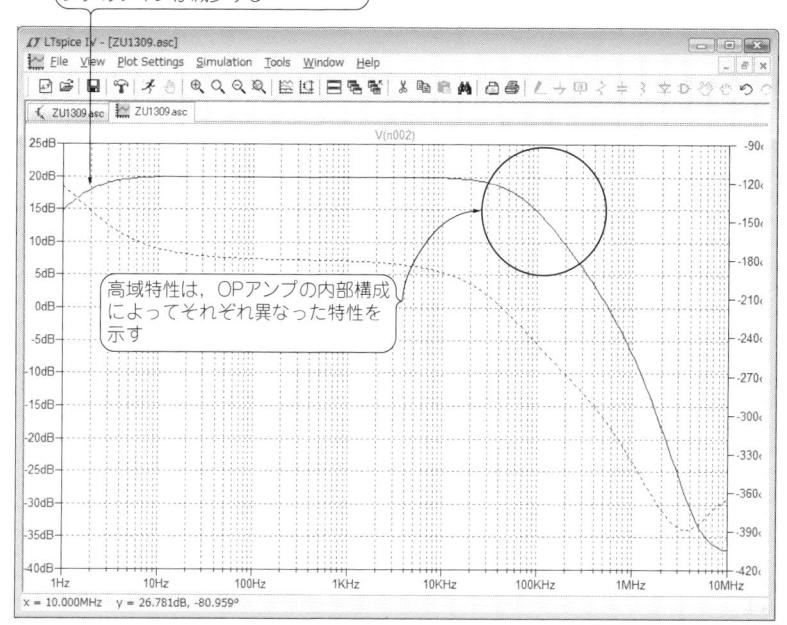

図13-11　LM358汎用OPアンプの周波数特性

所にもっていくと，図13-9に示すようにすんなり収まります．

OPアンプ（U1）をLM358に変更しシミュレートしてみました．Thetaの値の絶対値を小さくすると出力の増大の変化が小さくなります．Theta = -200から-150に変えると，変化が少し緩やかになります．試してみてください．

LM358はレールtoレールではないOPアンプです．そのため図13-10に示すように，プラス電源側の振幅は約4Vの電圧で出力は飽和し，それ以上はクリッピングされてしまいます．

● **LM358汎用OPアンプの周波数特性**

LM358のAC解析の結果を図13-11に示します．LT1677と同じ条件でシミュレーションしました．LM358は汎用OPアンプですので，50kHzくらいまでフラットな周波数特性を示しています．LT1677の場合は20dBの増幅率が得られているのは，一桁多い500kHz

くらいまでとなっていました．

数十kHzくらいまではどのOPアンプもほぼ同じ特性ですが，その範囲を超えると個々のOPアンプの特性に応じた特徴が示されます．また，OPアンプの一般的な出力特性と電源電圧までいっぱいに振れるレールtoレールの出力特性との違いなどを，シミュレーションを用いてたやすく確認することができることがわかります．

13-3 ── OPアンプによる方形波発振回路のシミュレーション

● 方形波の発振回路

次に，OPアンプを利用した方形波（パルス波）の発振回路を作ります．ここでテストする方形波の発振回路を図13-12に示します．この方形波発振回路の仕組みを，シミュレーションによる各入出力端子の電圧変化のようすから確認します．

● *CR*の充放電で周波数が決まる

図13-12のC1のコンデンサを，R4の抵抗を通じてOPアンプの出力電圧で充放電します．

● 出力が"H"のとき

出力が"H"のときはC1をR4経由で充電し，OPアンプの－INの電圧が上昇します．この－INの電圧が＋INの電圧より上昇すると，出力はハイの4Vから0Vに下がります．出

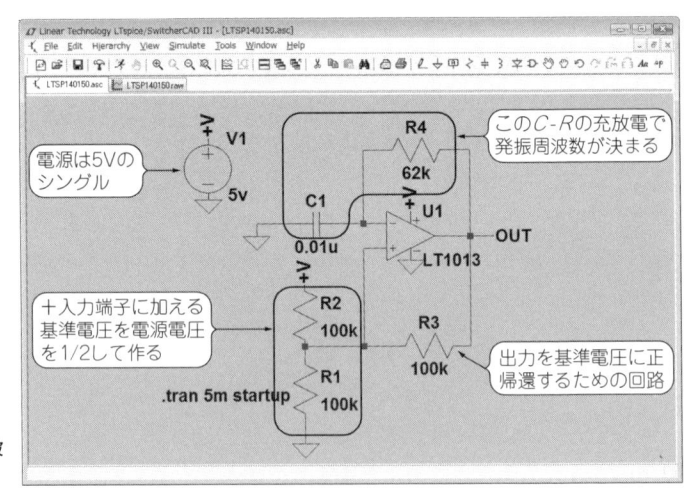

図13-12
OPアンプによる方形波
発振回路

力の電圧が下がると出力とR3の抵抗で接続されて＋INの電圧も下がります．そのため－IN＞＋INの差がより広がり，出力の0Vへの移動がより加速されます．R3は正帰還回路として出力の変化を加速する働きをします．

● 出力が "L"(0V)のとき

出力が4Vから0Vに変化した直後はC1の端子電圧は3Vで，R4の出力側は0Vとなり，コンデンサC1の放電が始まります．この放電は，－INの電圧が＋INの電圧より低下するまで継続します．－IN＜＋INになると，出力は瞬時に4Vの "H" の状態になり，コンデンサの充電サイクルに入り，以後それを繰り返します．

● 充電と放電の時間に差がある

図13-13に示すように，この回路では充放電の時間に少し差があります．これは＋IN

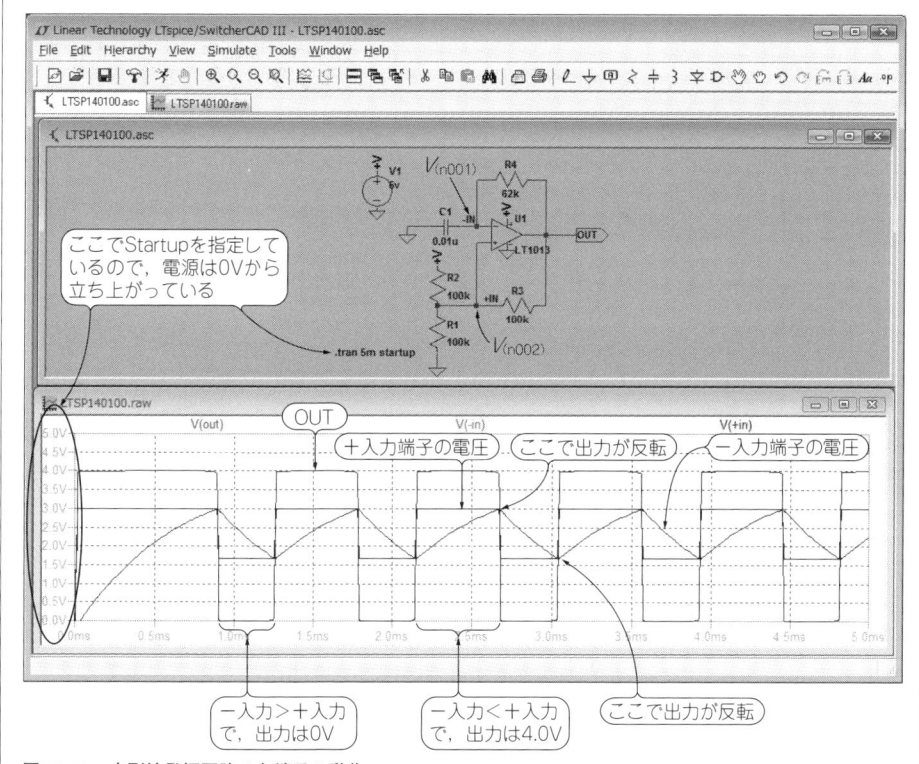

図13-13 方形波発振回路の各端子の動作

の基準電圧を電源電圧の1/2としているのですが，OPアンプの出力はシミュレーションの結果が示すように0Vから4Vしか変化していないところに問題があります．そのため，方形波のハイとローの充放電時間が一致しません．

● レールtoレールのOPアンプを使用すると

　レールtoレールのOPアンプを使用すると，OPアンプの出力はマイナス電源とプラス電源の間をフルに振幅することができます．図13-13のLT1013のOPアンプを，レールtoレールのOPアンプLT1677に変更してシミュレーションした結果を，図13-14に示します．方形波の"H"，"L"の波形の周期が同様な値になっています．

　図13-15に，図13-12の方形波発振回路の電源電圧を5V，10V，15Vの3種類に設定しシミュレーションした結果を示します．.stepで電源電圧を変更し繰り返す方法もありますが，力づくの作業ですがそれぞれの電源電圧別に回路を作りました．回路を一つ作り，後はコピーしました．部品番号は自動的に修正されます．ラベル名はその性格から修正さ

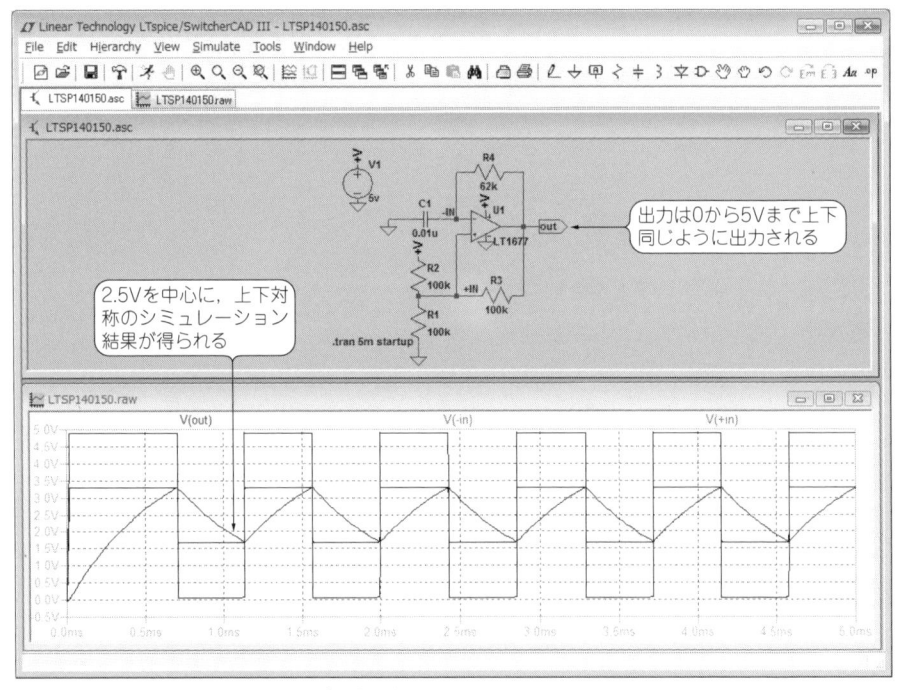

図13-14　レールtoレールのOPアンプを使用すると

第13章——OPアンプによる増幅，発振，フィルタ回路のシミュレーション

れません．しかし，ここでは電圧源のラベル名は各回路がそれぞれ異なった電圧を利用するのでコピーの後使用する電圧に対応した電圧のラベルに修正します．

シミュレーションの結果，電源電圧が高いほうが方形波のデューティ・サイクルが50％に近づくことがわかります．

OPアンプの電源をプラス/マイナスの2電源にした場合，レールtoレールでない一般汎用のOPアンプでも±の振幅が等しいので，"H"/"L"の振幅がほぼ等しくなります．

13-4 —— FFT解析で方形波の周波数成分を確認する

● 方形波のFFTによる解析

OPアンプの方形波発振回路で作成された波形の周波数解析を行います．この周波数解析はLTspiceのグラフ表示などを行うWaveform Viewerに組み込まれているFFTで行い

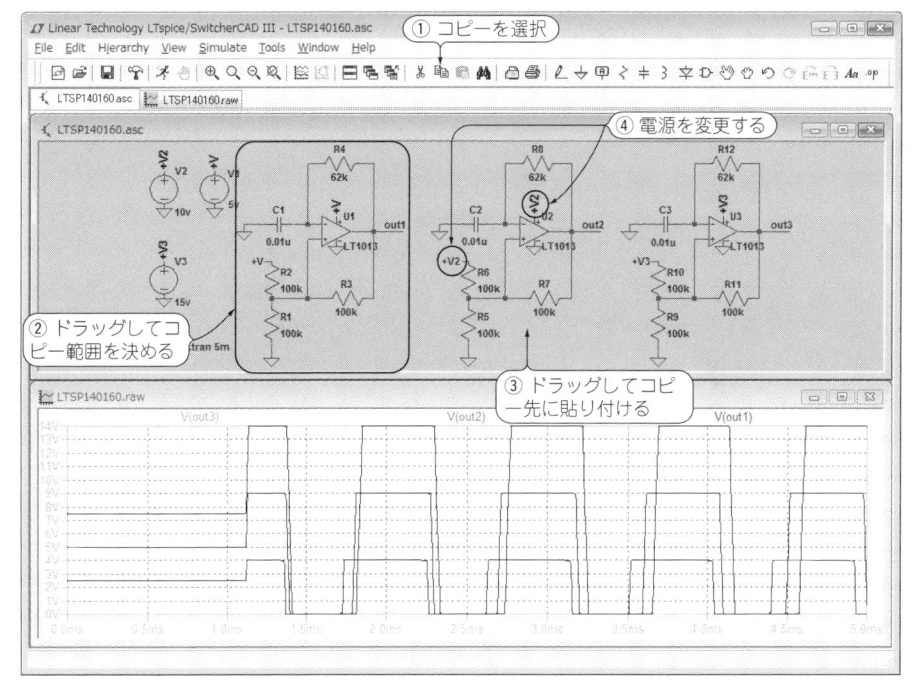

図13-15 電源電圧の変動の結果
電圧が高くなるとパルスのデューティ比が50％に近づく．

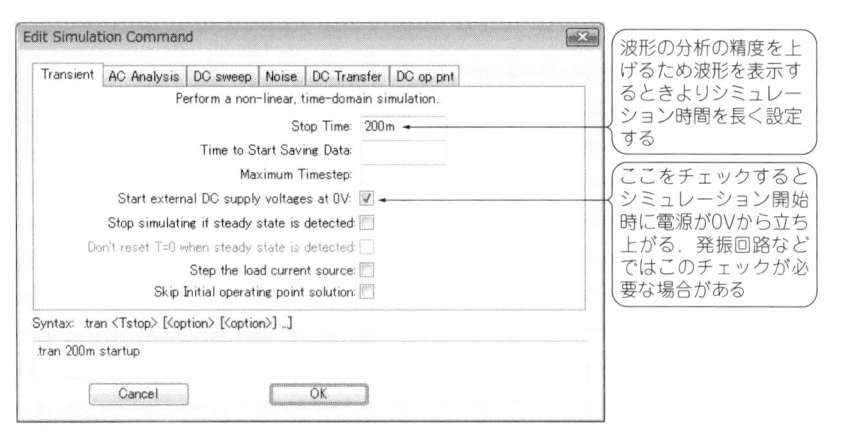

図13-16 FFTの周波数解析のための設定

波形の分析の精度を上げるため波形を表示するときよりシミュレーション時間を長く設定する

ここをチェックするとシミュレーション開始時に電源が0Vから立ち上がる．発振回路などではこのチェックが必要な場合がある

① RUNアイコンをクリックしてシミュレーションを開始する

③ ここをマウスの右ボタンでクリックしてメニューを表示する

④ FFTをクリックして起動する

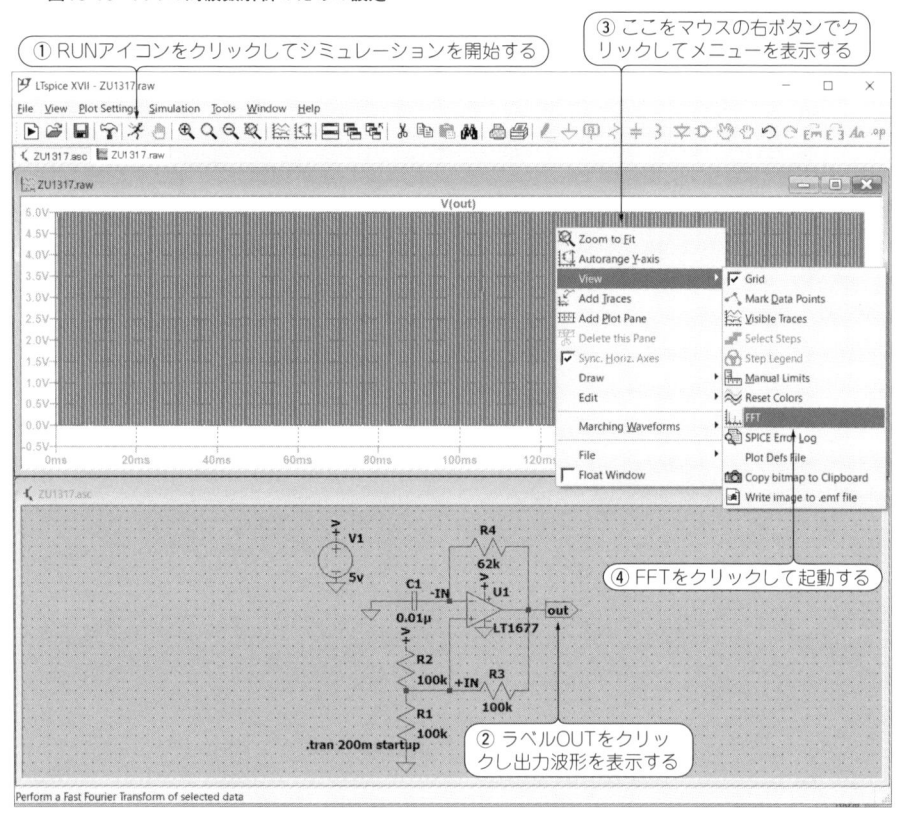

② ラベルOUTをクリックし出力波形を表示する

図13-17 FFTによる周波数解析

第13章——OPアンプによる増幅，発振，フィルタ回路のシミュレーション

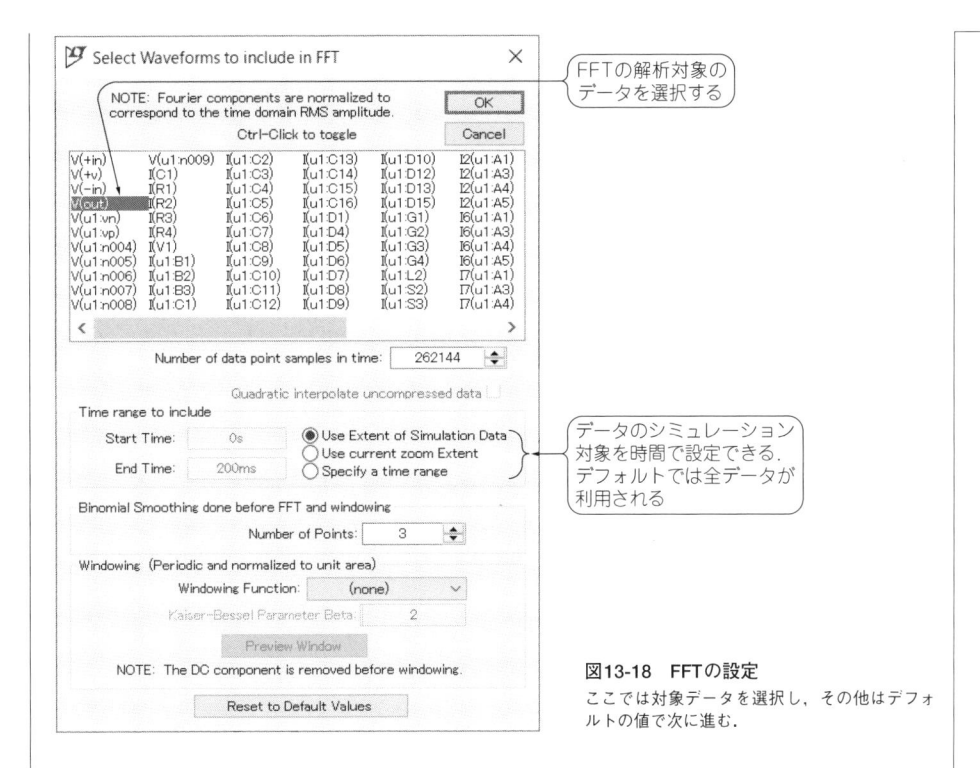

図13-18 FFTの設定
ここでは対象データを選択し，その他はデフォルトの値で次に進む．

ます．このFFT解析によって，方形波に含まれる高次高調波のようすが確認できます．その後，フィルタ回路でこの高調波をカットして正弦波が得られることを，LTspiceのシミュレータで確認します．

● **LT1677の方形波発振回路で周波数分析**

方形波発振回路は，レールtoレールのOPアンプLT1677を使用し，**図13-14**で示した回路の物を使用します．FFTを起動するための手順を示します．
① シミュレーション時間の設定

図13-16に示すように，シミュレーション時間は200msと発振周波数の100倍から200倍くらいになるように設定します．回路図には「.Tran 200m startup」と表示されます．
② ツール・バーのRUNのアイコンをクリックして，シミュレーションを実行します．
③ 回路図のOUTのラベルをクリックして，出力の電圧波形をWaveform Viewerに表示します．

④ Waveform Viewerのグラフ表示の画面をマウスの右ボタンでクリックすると，**図13-17**に示すようにドロップダウン・リストが表示されます．この中のFFTをクリックしFFTの解析を開始します．

以上の操作で，**図13-18**に示す設定画面が表示されます．ここでは，FFTの対象となるV(out)を選択してOKボタンをクリックすると，**図13-19**に示す方形波のFFTの解析結果が表示されます．

縦軸がdB表示になっています．千倍，1万倍の開きがある場合はdB表示が便利ですが，数十倍の差だと，dB表示では差がよくわかりません．そのためここでは，縦軸をリニア表示にして大小関係をわかりやすくして表示します．

リニア表示のためには，グラフの縦軸をマウスの左ボタンでクリックすると，**図13-20**に示す縦軸の仕様を設定するダイアログが表示されます．DecibelのチェックをLinearのチェックに変更します．

同様に，**図13-19**のグラフの水平軸をマウスでクリックして，**図13-21**に示す水平軸の

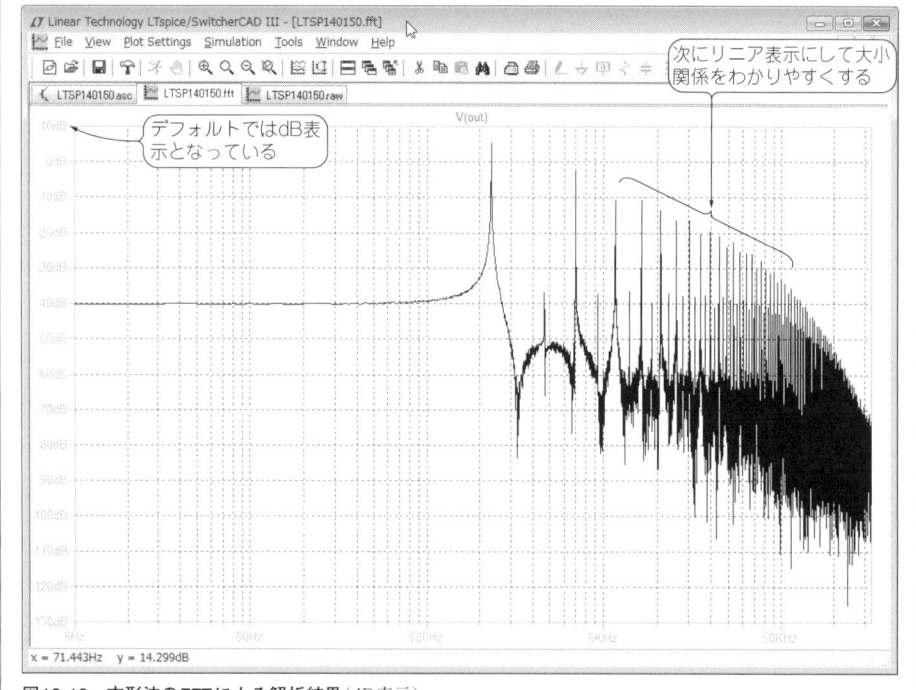

図13-19　方形波のFFTによる解析結果(dB表示)

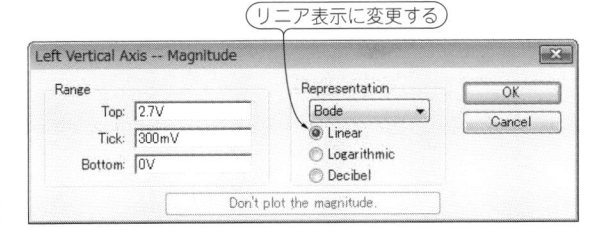

図13-20 dB表示からLinearに変更

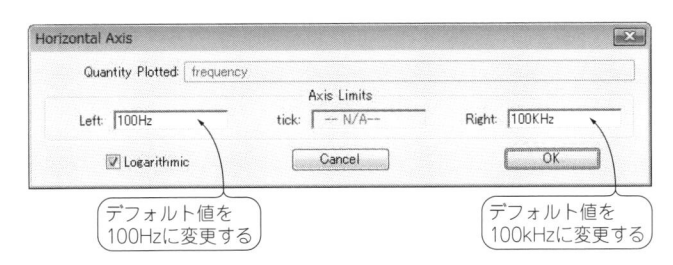

図13-21 周波数の軸のスタート,エンドの再設定

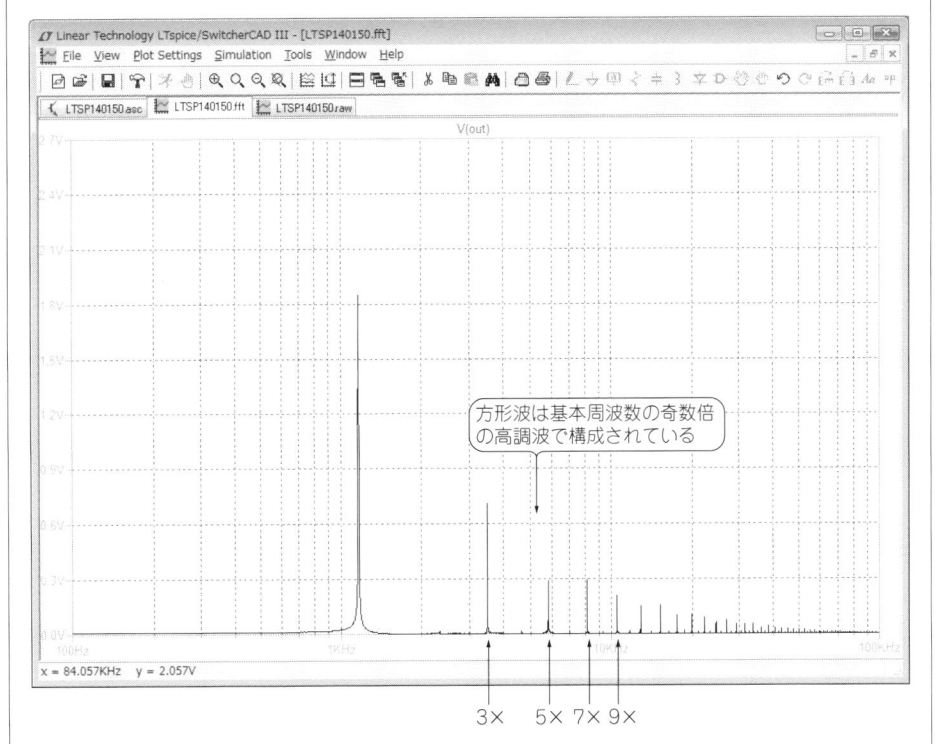

図13-22 方形波のFFTによる解析結果(リニア表示)

13-4 FFT解析で方形波の周波数成分を確認する

設定ダイアログを表示します．グラフの水平軸の開始周波数を100Hz，終了周波数を100 kHzと設定します．

● 方形波のFFT解析結果

　方形波のFFT解析により，基本周波数と高調波の関係が図13-22に示されます．方形波は，基本周波数の奇数倍の高調波で構成されているのが確認できます．また，図13-19に示したdB表示のグラフから，リニア表示に縦軸の表示を変えてあるので，基本波と高調波の大小関係もよくわかります．この高調波をフィルタでカットして，基本波の正弦波を取り出すことにします．

13-5 ── 方形波の高調波成分をフィルタで削除し正弦波を得る

　今回使用するフィルタ回路を図13-23に示します．併せて，AC解析による周波数特性の結果を示します．このアクティブ・フィルタ回路は，サレンキ・フィルタと呼ばれ2段のCR回路で，12dB/octの減衰率となっています．

● 単一電源動作のための対応

　図13-23の回路では，OPアンプを単一電源動作させています．そのため，入力するAC信号は電源電圧の半分の値を中心に振幅させないと，0V以下の信号が再現されません．したがって，ここでは図13-24に示すようにAC信号に2.5VのDC電圧をオフセット電圧として加算しています．

　このほかにコンデンサでAC信号の電圧源と分離する方法がありますが，その場合挿入されたコンデンサのOPアンプ側に，電源電圧を抵抗で1/2に分圧した電圧を加える必要があります．

● 正弦波発振回路

　正弦波発振回路を図13-25に示します．この回路は，図13-14の方形波発振回路と図13-23のフィルタ回路を結合したものです．

　方形波発振回路で作成された図13-25のV(out0)の方形波は，次のフィルタ回路で高調波がカットされ，図13-25のV(out1)に示すDC電圧が重畳された正弦波になります．この出力が，図13-25の回路図のC4のコンデンサで直流分がカットされ，V(out)の0Vを中心に振幅する正弦波になります．

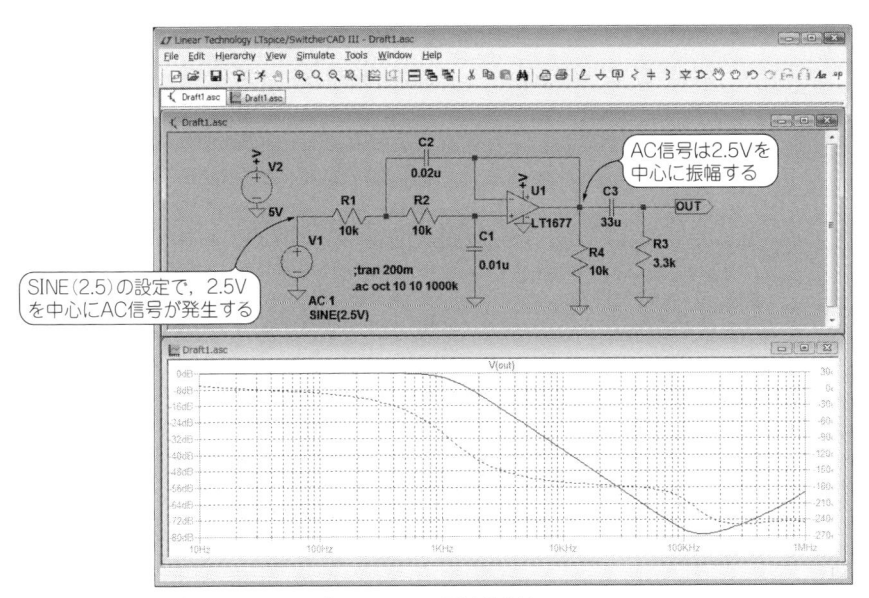

図13-23 OPアンプによるアクティブ・フィルタの周波数特性

吹き出し:
- SINE(2.5)の設定で、2.5Vを中心にAC信号が発生する
- AC信号は2.5Vを中心に振幅する

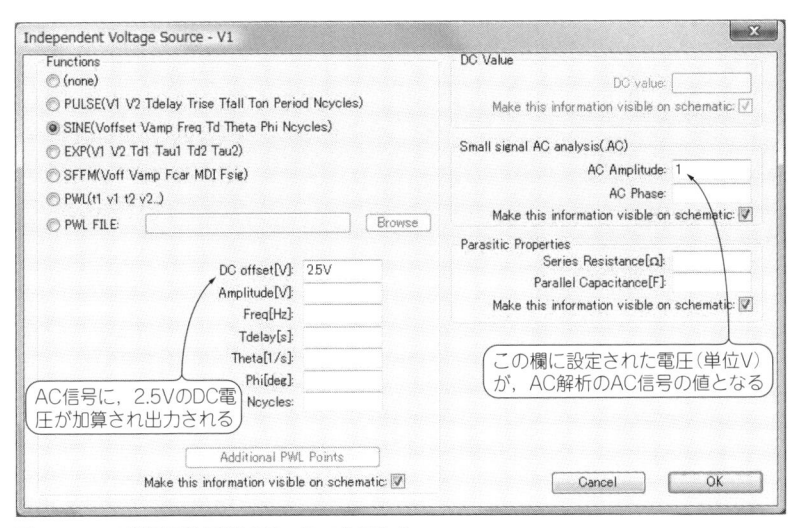

図13-24 AC解析の信号源にDC offsetを加える

吹き出し:
- AC信号に、2.5VのDC電圧が加算され出力される
- この欄に設定された電圧（単位V）が、AC解析のAC信号の値となる

13-5 方形波の高調波成分をフィルタで削除し正弦波を得る

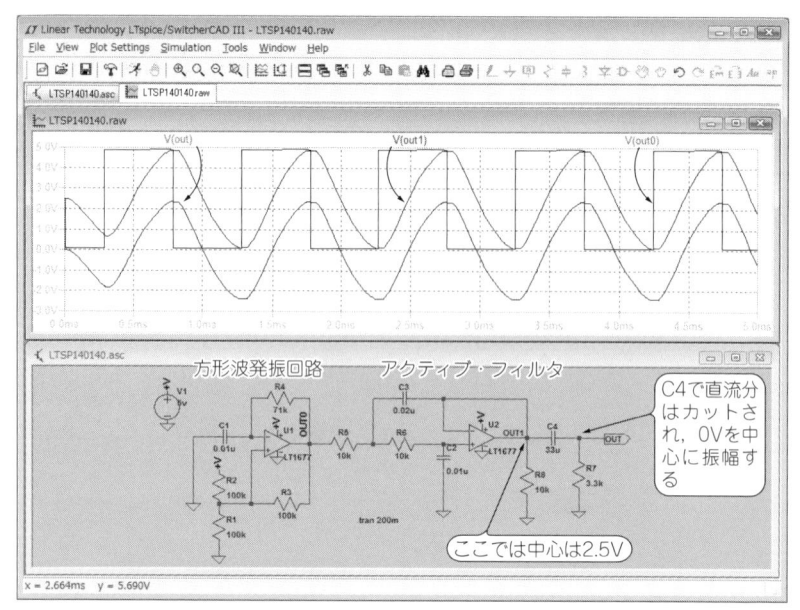

図13-25 方形波発振回路とアクティブ・フィルタによる正弦波発振回路
R4の値は発振周波数を1kHzに近づけるために71kΩにしてある．

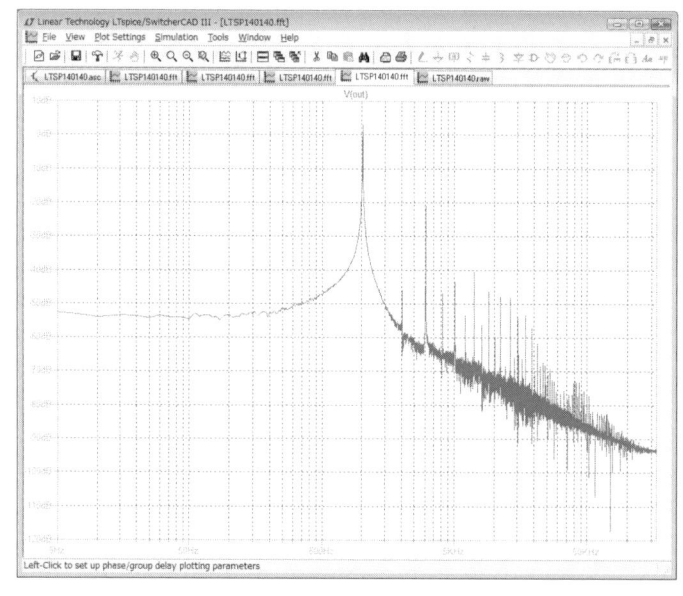

図13-26
正弦波発振回路の
FFT解析結果

第13章——OPアンプによる増幅，発振，フィルタ回路のシミュレーション

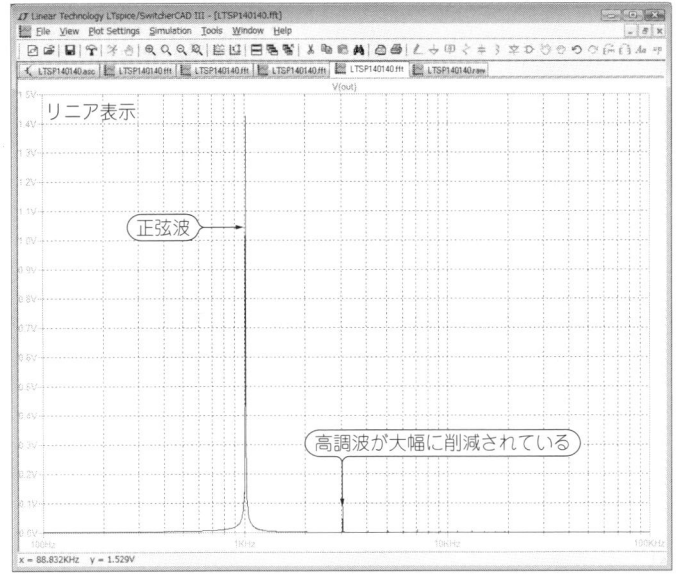

図13-27
正弦波発振回路のFFT解析結果(リニア表示)

図中: リニア表示／正弦波／高調波が大幅に削減されている

● 正弦波のFFT解析

最後に，この正弦波をFFT解析し，フィルタによる高調波の減衰状態を確認します．シミュレーション時間を200msにしてシミュレーションを行い，グラフ画面をマウスの右ボタンでクリックし，表示されるメニュー・リストの中からFFTを選択し，FFTの解析を開始します．シミュレーションが完了していれば，表示項目が選択されていなくグラフの画面には何も表示されていなくても，FFT解析を開始することができます．

FFT解析の対象のV(out)と選択して最初に表示された結果が**図13-26**です．高調波が減少しているのがわかります．dB表示のグラフでは，高調波は減少していますが，存在するのはわかります．**図13-27**にはリニア表示のFFTの結果が示されています．3倍の高調波が少し表示されますが，それ以上の高調波は表示されていません．dB表示の**図13-26**では3倍以上の高調波の存在も確認できます．用途に応じてグラフのスケールは使い分けます．

● 信号の周期がわかっている場合

信号周期の値が正確にわかっている場合，FFTのシミュレーションでサンプリング期間を周期の整数倍にするとノイズレベルを大きく下げることができます．

図13-23の回路で1kHzのパルスを信号源として過渡解析を行い，その結果について
FFTによる周波数分析を行ってみます．シミュレーション時間を20msに設定して，過渡
解析を行った結果を図13-28に示します．パルス波はフィルタ回路で高調波がカットされ，
正弦波に近づいています．OUTの出力は出力コンデンサC3の影響で，0Vを中心にした
安定した波形になるまで時少し時間がかかりますので，安定しているOPアンプの出力部
V(n002)の部分でFFTによる周波数分析を行います．

FFTのためのデータは，20msでは少し少ないので200ms間とします．Tran 200mに設
定しシミュレーションを行い，表示されたグラフ画面をマウスの右ボタンでクリックして，
ドロップダウン・リストからFFTを選ぶか，FFTによる波形の分析を行うグラフ表示の
画面を選択し，メニュー・バーのView＞FFTでFFTを選択します．FFTを選択すると
図13-29のFFTの条件設定画面が表示されます．

●FFTの対象範囲を選択する

今まではデフォルトの設定でFFTのシミュレーションを行っていました．今回はノイ
ズレベルを下げるために，FFTのシミュレーション時間を，対象波形の周期の整数倍に
してシミュレーションしてみます．

図13-29のFFTの設定画面で示すように，「Time range to include」の欄でSpecify a

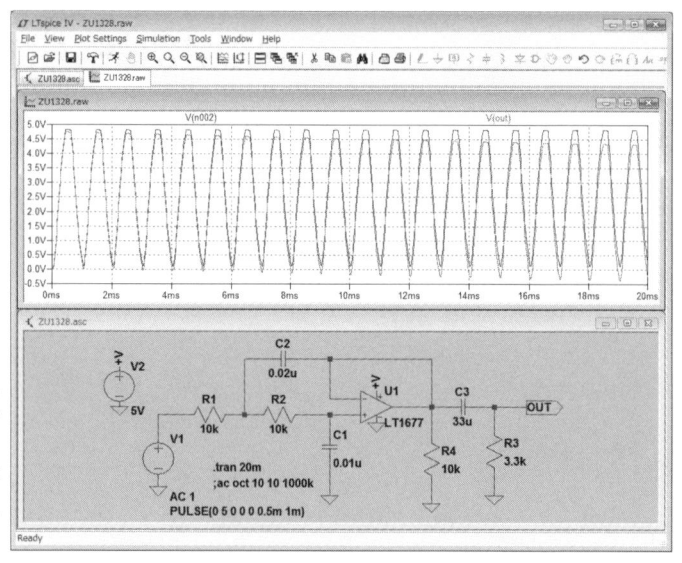

図13-28
ローパス・フィルタに
1kHzのパルスを通過させ
る
outの場合C3の影響で安定
するまで時間がかかるので，
OPアンプの出力V(n002)で
FFTをかける．

time rangeをチェックし，FFTのための開始時間と終了時間を設定します．

信号源の周波数が1kHzですから，周期は1msとなりFFTのシミュレーション時間を，波形の整数倍に正確に設定することが容易にできます．

最初の波形をFFTのシミュレーションから外すため，開始時間を2msとし，終了時間を周期の198倍の198ms後の200msを終了時間として設定します．V(out)とV(noo2)がグラフの画面に表示されていると，FFTの対象候補のデータとしてV(out)とV(noo2)が反転していますので，V(noo2)を選択してFFTの対象データを一つにしてFFTをかけます．その結果を**図13-30**に示します．

今回のシミュレーションでは，正確に1kHzの発振周波数を用いたので，ノイズ・レベルが－80dBと**図13-26**の発振回路のFFTの結果から大きく削減されています．このノイズ・レベルの低下の要因の一つは，**図13-26**の発振回路の周波数は1kHzからごくわずかずれていて，FFTのシミュレーション時間が正確に周期の整数倍になっていませんが，

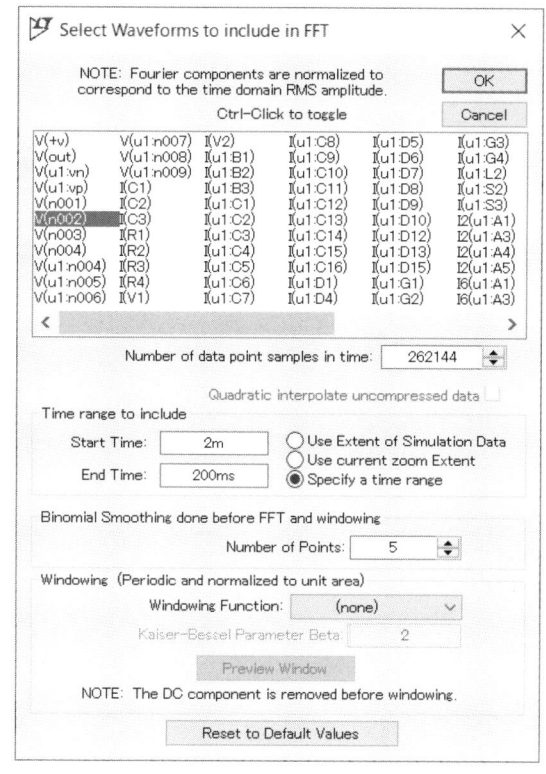

図13-29
OPアンプ出力V(n002)のFFTを指定する

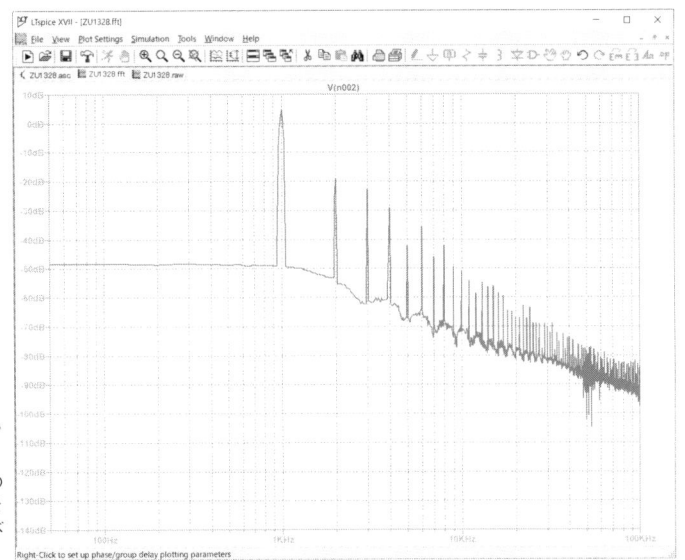

図13-30 周期がわかっているパルスのFFT
正確にパルスの整数倍のFFTのシミュレーションを行っているのでノイズレベルは下がっている.

今回のパルスの電圧源V1の信号源の正確な1kHzのパルスを使用しているためです.

この他に,窓関数などFFTの精度の向上のための機能も用意されています.

発振回路の周波数の確認などは,シミュレーション結果のグラフから読み取るより,このFFTのデフォルトの設定でシミュレーションするだけですぐ確認できます.

    *   *   *

一通り,LTspiceの基本的な操作方法を中心に説明をしてきました.スイッチング・レギュレータなどのインダクタンスを利用したものや,FETの使用例などが今回は誌面の都合もあり取りあげられませんでした.しかし,ここまで実際にPC上でLTspiceを利用してシミュレーションを実行し確認してきたなら,以後は目的に応じた回路図を回路図ウィンドウに作り,信号源を用意し,シミュレーションのタイプを目的に応じて選びその回路の動作を確認することができるようになっています.自信を持って進んでください.

Appendix A
新たなデバイス・モデルを .include ディレクティブで読み込む

アナログ・デバイセズ社以外のOPアンプのマクロモデルを追加する方法について説明します．ここでは，とくにニーズが大きい5ピンのOPアンプの追加について説明します．

各社，自社製品のSpiceモデルをWebで公開している例が多くなり，一般的に利用されているOPアンプの多くはインターネットよりSpiceモデルを入手できるようになっています．

このOPアンプのマクロモデルを入手し，libファイルとしてLTspiceXVII¥LIB以下のフォルダにセットして，.includeディレクティブを用いて利用する方法をLTspiceは用意しています．2入力端子，±の2電源端子，1出力端子のピン配置のOPアンプのシンボル（opamp2.asy）を他社のSpiceモデルを利用するときのために用意する手順を説明します．このopamp2を使用して新たなSpiceモデルを利用できるようにします．

(1) 回路図にopamp2のシンボルを追加する

回路図エディタのコンポーネントはLTspiceには，新たにOPアンプのマクロモデルを

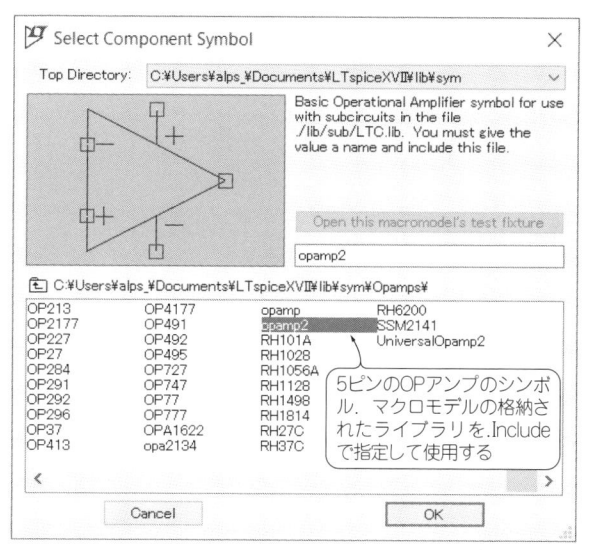

図A-1 opamp2のシンボルを選択

追加するための基本となるシンボルopamp2が**図A-1**に示すように用意されています．このOPアンプのシンボルを，**図A-2**に示すように回路図に貼り込んで回路図を作成します．

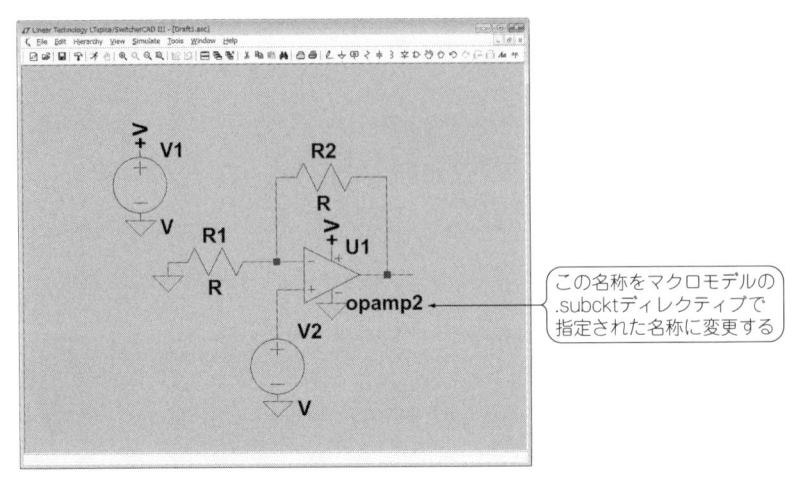

図A-2　opamp2を貼り込む

この名称をマクロモデルの.subcktディレクティブで指定された名称に変更する

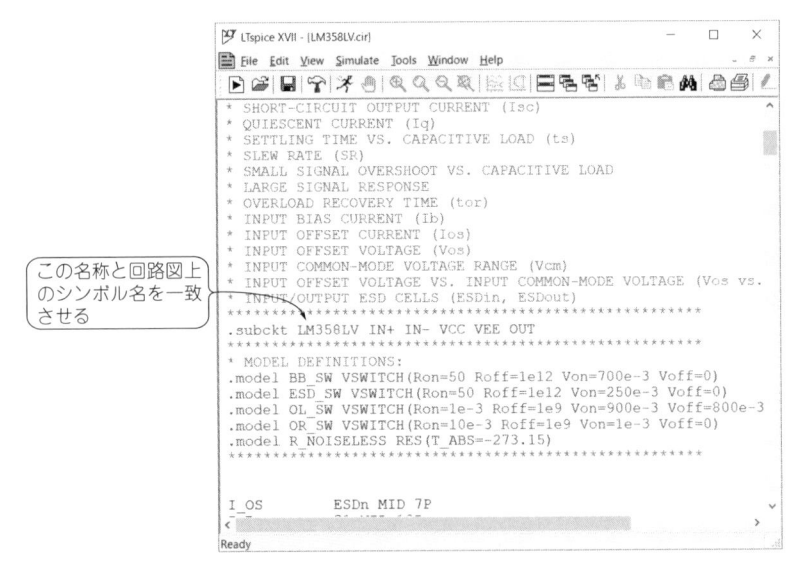

この名称と回路図上のシンボル名を一致させる

図A-3　SPICEマクロモデルの参照名
TIのホームページからダウンロードしたLM358LVのSPICEモデルのファイル．

Appendix A　新たなデバイス・モデルを.includeディレクティブで読み込む

(2) シンボル名の変更

　opamp2のシンボル名を，ダウンロードしたマクロモデルのライブラリの.SUBCKTのコマンドラインで指定されているデバイス名に変更します．図A-3に示すように，TIのLM358はLM358LVの名前ですので，回路図のシンボルのopamp2をこのLM358LVに修正します．

　修正の方法は，図A-4に示すようにシンボル名opamp2のテキストをマウスの右ボタンでクリックしテキスト・エディタを起動します．このテキスト・エディタで，図A-5に示すようにLM358LVに変更します．

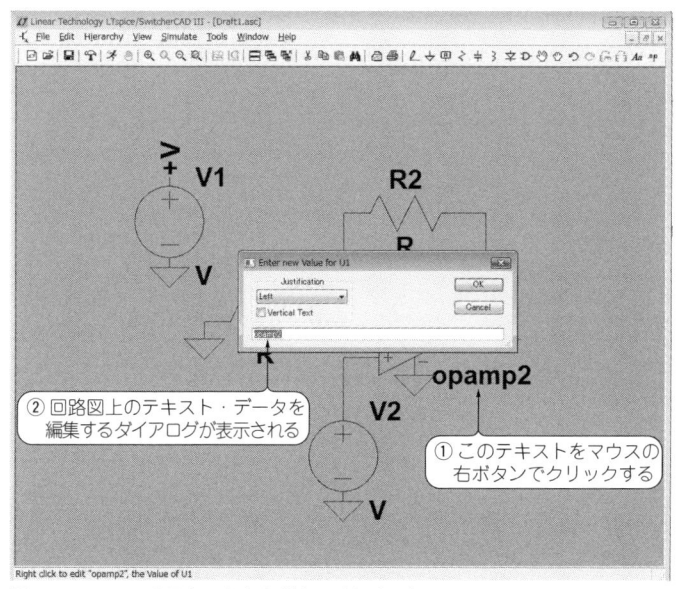

図A-4　opamp2のテキストを右ボタンでクリック

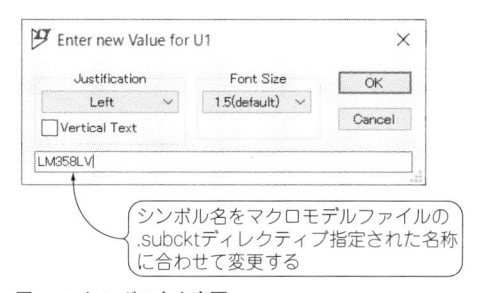

図A-5　シンボル名を変更

Appendix A　新たなデバイス・モデルを.includeディレクティブで読み込む

図A-6 ライブラリの指定

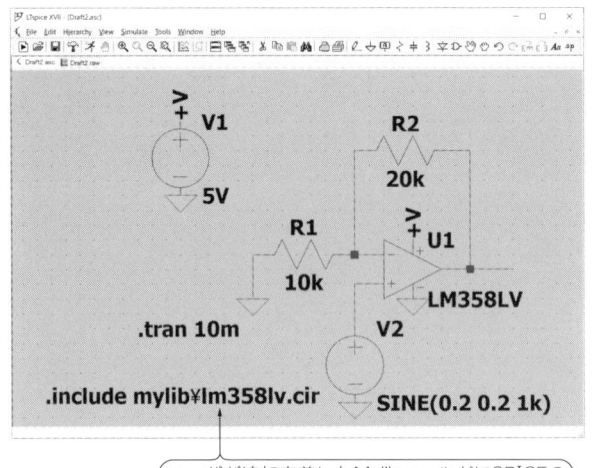

（回路図内の注釈）ユーザが追加定義したMylibフォルダにSPICEのマクロファイルのライブラリLM358LV.libがセットされていることを示す

(3) ライブラリ・フォルダの指定

次に，Webなどから入手したデバイスのマクロモデル・ファイルの格納場所を指定します．この指定には.Includeディレクティブを使用します．デフォルトの格納場所は，

　　ドキュメント¥LTspiceXVII¥lib

となります．マクロモデル・ファイルがこのデフォルトのフォルダに格納されている場合，

　　.Includeマクロモデル・ファイル名

で指定することになります．

しかし，libファイルの中にはアナログ・デバイセズ社のファイルが多くあります．新しく追加するファイルは，デフォルトのフォルダの中にmylibの名のフォルダを作り，その中にマクロモデル・ファイルを格納するとわかりやすく，メインテナンスも容易になります．

そのため，.Includeディレクトリの指定は図A-6に示すように，

　　.Include mylib¥LM358LV.lib

と指定します．

Appendix A　新たなデバイス・モデルを.includeディレクティブで読み込む

Appendix B
マクロモデルのシンボルを追加する

　ここでは，コンポーネントを選択するOPアンプのリストに，サードパーティのOPアンプを追加する方法を示します．

　シンボルは，① プラス，② マイナスの二つの入力端子，③ プラス，④ マイナスの二つの電源，⑤ 一つの出力，をもったopamp2を使用します．①～⑤は，シンボルの定義の順番を示しています．導入するデバイス・モデルはこの五つの端子をもったOPアンプが対象となります．また，端子の定義は順番も含めて一致しなければなりません．多くのデバイス・モデルは，このシンボルの定義と一致しています．

● シンボルopamp2.asyを開く

　LTspiceを起動して次のopamp2.asyファイルを開きます．

　　ドキュメント¥LTspiceXVII¥lib¥sym¥Opamps¥opamp2.asy

ファイルを開くと，**図B-1**に示すシンボルが編集できるようになります．

　ここで，opamp2の名称のテキストをマウスの右ボタンでクリックしてテキスト・エディタを起動して，名称を変更することもできます．

● シンボル・アトリビュート・エディタの起動

　このopamp2のシンボルのアトリビュートを変更するために，**図B-2**に示すように，

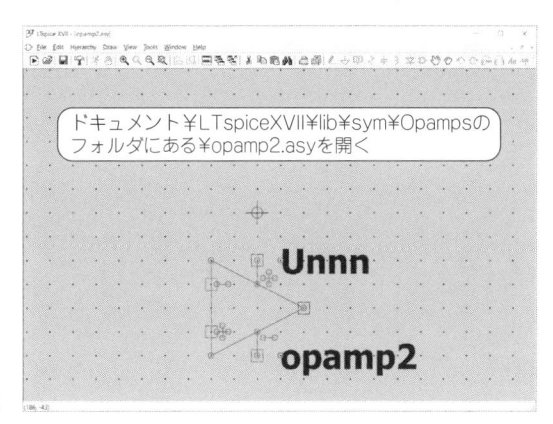

図B-1
opamp2.asyを開く

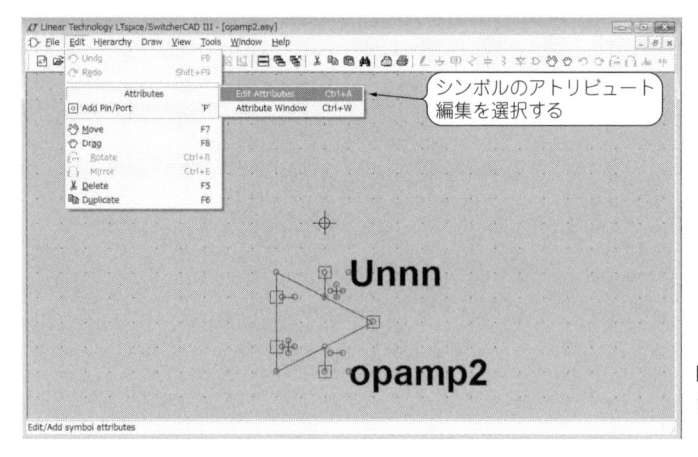

図B-2
シンボルのアトリビュート編集を選択

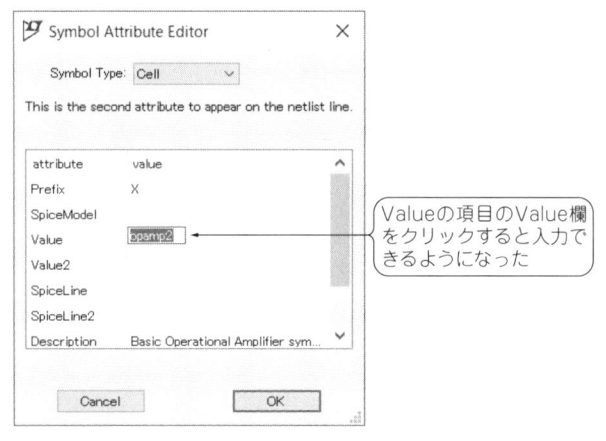

図B-3
シンボルのアトリビュート・エディタ

Edit>Attributes>Edit Attributesを選択して**図B-3**に示すSymbol Attribute Editorを起動します.

● アトリビュートの変更

アトリビュート・エディタで，**図B-4**で示すようにValueの値をLM358LVに変更します．この操作でシンボル名が修正されます．次に，libファイルの指定を行います．**図B-5**で示すように，次に示すカレント・フォルダ以下のフォルダ，ファイル名をModelFileの欄にセットします．

　　　mylib¥LM358LV.cir

図B-4
シンボル名の変更

回路図に表示するデバイスのシンボル名LM358LVを入力する

ModelFileの欄にSPICEモデルのライブラリ・ファイル名をsubフォルダ以下のパスも含めてセットする．cirもライブラリ・ファイル

コンポーネント概要説明．Descriptionの欄に入力しておくと，コンポーネント選択のときに参考になる．cirファイルにあった説明をセットした

図B-5 LIBファイルを設定
この設定を行うとIncludeを設定する必要がなくなる．

　併せて，Descriptionに図A-3のマクロモデルの説明の一部をコピーしました．内容は**図B-7**で確認できます．

● **ファイル名を変更して保存**
　アトリビュートの変更を終えると，メニュー・バーのfile>Save Asを選択して，opamp2.asyの名前をLM358LV.asyに変更して保存します（**図B-6**）．opamp2.asyの格納さ

Appendix B　マクロモデルのシンボルを追加する　249

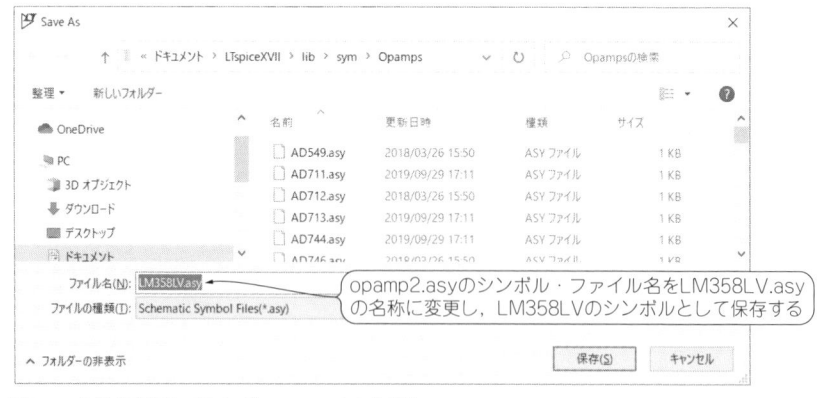

図B-6 名前を変更してシンボル・ファイルを保存

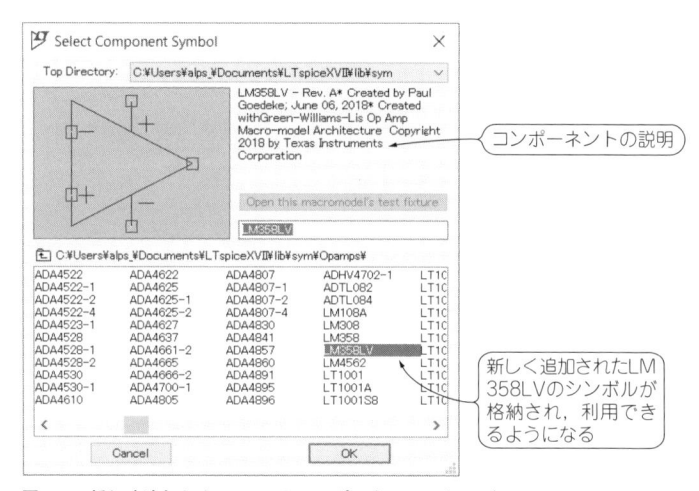

図B-7 新しく追加したLM358のコンポーネント・シンボル

れていたフォルダと同じドキュメント¥LTspiceXVII¥lib¥sym¥Opampsのフォルダに保存します．

● コンポーネントのリストに表示

新しいシンボル・ファイルが図B-7のように格納されると，コンポーネントの選択時に標準で備わっているデバイスと同じように，.Includeでlibを指定する必要もなくリストから選択できるようになります．

付属CD-ROMについて

　付属のCD-ROMには，インターネットに接続できない環境でもLTspiceXVIIを導入できるように，LTspiceXVIIのインストール用実行ファイルLTspiceXVII.exeを用意しました．そのほかに，本書で説明したシミュレーションの回路図データ，よく利用される2SC1815のSPICEデータなどが格納されているtoragi.libを用意してあります．活用ください．

(1) LTspiceフォルダ

　このフォルダには，LTspiceをインストールするためのLTspiceXVII.exeを格納してあります．アナログ・デバイセズ社のLTspiceのダウンロード・サイトから入手するものと同じものです．本書のインストール手順のWebからダウンロードしファイルを保存した後の，手順に従い導入してください．

　LTspiceXVII.exe をダブルクリックするとインストールを開始します．

(2) DATAフォルダ

　このフォルダには本書で説明したシミュレーションの回路図データを格納してあります．付属CD-ROMの回路図のフォルダのreadme.txtファイルに，この回路図データについて説明してあります．第10版で行った修正の補足説明を追加しました．参照願います．

(3) TRGフォルダ

　2SC1815など電子工作でよく利用されるトランジスタ，ダイオードのSPICEデータが用意されています．本文の説明に従い次のフォルダにコピーして使用します．

　　ドキュメント￥LTspiceXVII￥lib￥sub￥mylib

　または，ここで示されるSPICEモデルを本文の説明に従ってstandard.bjtに組み込んで利用することもできます．

INDEX
索引

【数字・アルファベット】
2N3904 ——158, 161
2SC1740S ——170, 172, 173, 194
2SC1815 ——151, 169, 184
3端子レギュレータ ——143
AC Amplitude ——102
AC解析 ——40, 68, 82, 83, 101, 188, 190, 220
AC信号 ——188
Advanced ——64
asc ——29
bv ——76
Capacitor ——47
Color Preferences ——33
Component ——49
Control Panel ——32
CRフィルタ ——57, 73
CR回路 ——101, 110
Ctrl+R ——60
Current ——76
dB ——188, 190
DC sweep ——190, 191
DC掃引 ——171, 190
Dec ——68
Delete ——52
Diode ——48
Drag ——55
Draw ——51
Duplicate ——52
Edit ——57
FFT ——231, 233, 234
g ——76
G_{min} ——162
GND ——51
Help ——36
h_{fe} ——166
.include ——176

.includeディレクティブ ——243
Inductor ——47
LTspiceXVII.exe ——19
Label ——51
libファイル ——176, 177
Lin ——68
LM358 ——225
LT1013 ——225
LT1677 ——223
LT1964-SD ——144
LTC ——20
.Measure ——117
Mirror ——51
.Model ——165, 169, 170
.modelパラメータ ——183, 184
Move ——53
myanalog ——27
Ncycle ——91
New Schematic ——31, 43, 57
New Symbol ——31
NPNトランジスタ ——152
Octave ——68
Open ——31
OPアンプ ——75, 219
param ——132
Paste ——55
Port type ——154
Print Setup ——31
PULSE ——91
PWL ——163, 164, 179, 181
Redo ——45
Resistor ——47
RMS ——121
Rotate ——50
Select Steps ——141, 197
Simulate ——57

SPICE Analysis ——46
SPICE Directive ——46
Spiceコマンド ——43
Spiceモデル ——151, 169, 243
standard.bjt ——169, 183, 184, 185
.step ——132
.stepステートメント ——200
.stepディレクティブ ——195
subフォルダ ——176
Sync Release ——34
Tdelay ——91
Text ——45
Tfall ——91
Ton ——91
Tools ——32
toragi.lib ——151, 179
Tperiod ——91
Trise ——91
Undo ——45
UniversalOpamp2 ——75, 77
View ——31
Voltage ——61, 76, 81, 87
Voltage controlled switch ——163
Von ——91
Waveform Viewer ——192, 231
Wire ——62

【あ・ア行】
赤いプローブ ——93
アップデート ——21
アトリビュート ——247
アトリビュート・エディタ ——248
安定化電源 ——138
温度特性 ——150
位相 ——70, 116
移送回路 ——205
インストール ——25
エミッタ・フォロア ——215
エミッタ接地回路 ——171, 187, 198
エミッタ電圧 ——193
オーバーライト ——21

オクターブ ——189
【か・カ行】
回転 ——59
回転アイコン ——58
回路図エディタ ——43
拡大 ——72
過渡解析 ——92, 98
カラーパレット・エディタ ——34
基本波 ——236
グラウンド ——63
クランプ・メータ ——93, 122
グリッド ——202
減衰係数 ——223
減衰率 ——220, 223
高調波 ——236, 239, 240
コレクタ-エミッタ間電流 ——194
コレクタ電圧 ——193, 194
コレクタ電流 ——155, 164, 194
コンデンサ ——47, 64
コンポーネント ——38

【さ・サ行】
最小値 ——118
最大値 ——118
実効値 ——118, 120, 138
周期 ——116
周波数特性 ——190
順方向電圧 ——149
ショートカット ——50
初期画面 ——25
信号源 ——64
シンボル ——79
スイッチング・レギュレータ ——119
スケール ——71
ステップ ——196
ステップ・シミュレーション ——195
正帰還回路 ——229
正弦波 ——82, 116, 198
正弦波発振回路 ——236
正弦波ファンクション ——109
精度 ——210, 211, 213,

索引 253

整流 —— 122
センタ・タップ —— 134, 137
全波整流回路 —— 134, 138
掃引タイプ —— 68
掃引信号 —— 102
増幅回路 —— 187, 219
増幅率 —— 198, 220
【た・タ行】
ダイオード —— 48
ダイオード・ブリッジ回路 —— 135
ダウンロード —— 19
直流電源 —— 88
ツール・バー —— 37
抵抗 —— 47, 57, 64
抵抗値 —— 66
ディケード —— 191
ディジタル・トランジスタ —— 182
デューティ・サイクル —— 231
電圧 —— 70
電圧源 —— 75, 88, 95, 108
電圧制御スイッチ —— 162, 163, 164
電流源 —— 75
動作点 —— 199
ドラッグ —— 72
トランジスタ —— 151
トランス —— 120
【な・ナ行】
内部抵抗 —— 129
【は・ハ行】
ハイカット・フィルタ —— 104, 105
配線 —— 62
バイポーラ・トランジスタ —— 157
波高値 —— 121
ばらつき —— 207

パラメータ変数 —— 195
パラメトリック解析 —— 131, 134
パルス波 —— 90
バンド・パス・フィルタ回路 —— 117
非反転増幅器 —— 85
フィードバック回路 —— 86
フィードバック抵抗 —— 219
フィルタ回路 —— 101
負荷抵抗 —— 168, 187, 213
ブリッジ整流回路 —— 143
ブレッドボード —— 206
プローブ —— 122
平滑回路 —— 139
平滑コンデンサ —— 147, 148
平均値 —— 118
ペイン —— 125, 127
ベース-エミッタ間電流 —— 194
ベース電圧 —— 155, 193
ベース電流 —— 155, 166
変数 —— 132, 133
方形波 —— 234
方形波発振回路 —— 228
【ま・マ行】
マクロモデル —— 243, 245
マクロモデル・ファイル —— 246
モンテカルロ解析 —— 207
モンテカルロ関数 —— 209, 210, 211
モンテカルロ法 —— 207
【ら・ラ行】
ラベル —— 80
リニア —— 191
リプル —— 130, 131, 140
レールtoレール —— 219, 224, 227
ローカット・フィルタ —— 104, 218

著者略歴

神崎　康宏（かんざき　やすひろ）
1946年生まれ
作りながら学ぶマイコン設計トレーニング　CQ出版社　1983年
Let's master 8086（ソフトマインド3）　CQ出版社　1986年
8086ファミリ・ハンドブック　CQ出版社　1990年（相沢一石名）
'98 IBM PC活用ハンドブック　CQ出版社　1998年（相沢一石名）
作りながら学ぶPICマイコン入門　CQ出版社　2005年
家庭でできるネットワーク遠隔制御　CQ出版社　2007年
プログラムによる計測・制御への第一歩　CQ出版社　2011年
Arduinoで計る，測る，量る　CQ出版社　2012年
などの著作がある
2015年より下記のサポート・ページで本書のフォローを兼ねてLTspiceの紹介，Arduinoなどの電子工作の紹介を行っている

本書のサポート・ページ
　https://www.denshi.club/ltspice/2015/03/ltspice1.html

- ●**本書記載の社名，製品名について** ── 本書に記載されている社名および製品名は，一般に開発メーカーの登録商標です．なお，本文中ではTM，®，©の各表示を明記していません．
- ●**本書掲載記事の利用についてのご注意** ── 本書掲載記事は著作権法により保護され，また産業財産権が確立されている場合があります．したがって，記事として掲載された技術情報をもとに製品化をするには，著作権者および産業財産権者の許可が必要です．また，掲載された技術情報を利用することにより発生した損害などに関して，CQ出版社および著作権者ならびに産業財産権者は責任を負いかねますのでご了承ください．
- ●**本書付属のCD-ROMについてのご注意** ── 本書付属のCD-ROMに収録したプログラムやデータなどは著作権法により保護されています．したがって，特別の表記がない限り，本書付属のCD-ROMの貸与または改変，複写複製（コピー）はできません．また，本書付属のCD-ROMに収録したプログラムやデータなどを利用することにより発生した損害などに関して，CQ出版社および著作権者は責任を負いかねますのでご了承ください．
- ●**本書に関するご質問について** ── 文章，数式などの記述上の不明点についてのご質問は，必ず往復はがきか返信用封筒を同封した封書でお願いいたします．ご質問は著者に回送し直接回答していただきますので，多少時間がかかります．また，本書の記載範囲を越えるご質問には応じられませんので，ご了承ください．
- ●**本書の複製等について** ── 本書のコピー，スキャン，デジタル化等の無断複製は著作権法上での例外を除き禁じられています．本書を代行業者等の第三者に依頼してスキャンやデジタル化することは，たとえ個人や家庭内の利用でも認められておりません．

JCOPY 〈出版者著作権管理機構委託出版物〉
本書の全部または一部を無断で複写複製（コピー）することは，著作権法上での例外を除き，禁じられています．本書からの複製を希望される場合は，出版者著作権管理機構（TEL：03-5244-5088）にご連絡ください．なお，本書付属CD-ROMの複写複製（コピー）は，特別の表記がない限り許可いたしません．

本書に付属のCD-ROMは，図書館およびそれに準ずる施設において，館外貸し出しを行うことができます．

電子回路シミュレータLTspice 入門編

CD-ROM付き

2009年 3月15日 初 版 発 行
2025年 5月 1日 第11版発行

© 神崎康宏 2009
（無断転載を禁じます）

編著者　　神　崎　康　宏
発行人　　櫻　田　洋　一
発行所　　CQ出版株式会社
〒112-8619　東京都文京区千石4-29-14
電話　販売　03-5395-2141

ISBN978-4-7898-3631-9
定価はカバーに表示してあります

乱丁，落丁本はお取り替えします

DTP・印刷・製本　三晃印刷㈱
カバー・表紙デザイン　千村　勝紀
本文イラスト　神崎　真理子
Printed in Japan